Joe Vogel / Oliver Lang

ÄXTE.

Das Handbuch

Auswahl | Handhabung | Pflege

pietsch

Inhalt.

Historisch – Die Axt schreibt Geschichte. Ab Seite 6

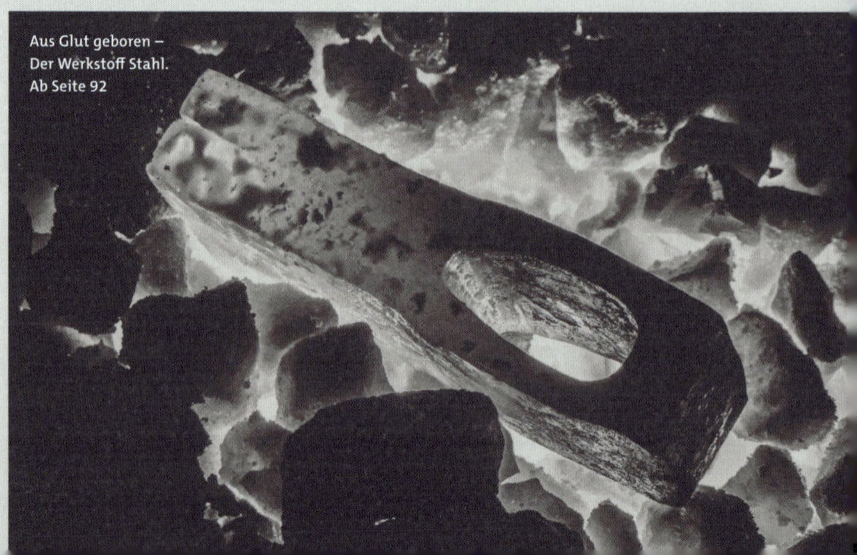

Aus Glut geboren – Der Werkstoff Stahl. Ab Seite 92

Der Baum selbst gibt zur Axt den Stiel, der seinem Leben setzt ein Ziel.

(Altes jüdisches Sprichwort)

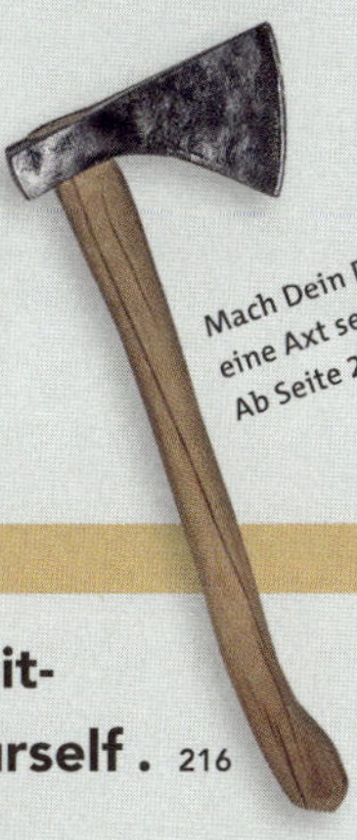

Mach Dein Ding –
eine Axt selber erschaffen.
Ab Seite 236

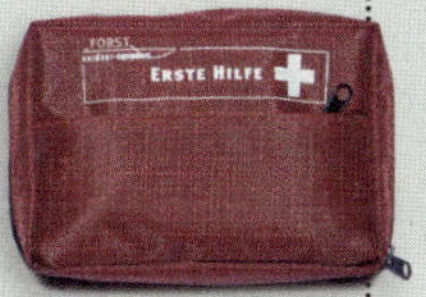

Korrektes Handling –
So geht man mit einer Axt um.
Ab Seite 156

Kapitel 1

Faszination Axt.

DER ERSTE HIEB.

Drei Millionen Jahre vom ersten behauenen Stein zur Kompositaxt.

Im heißen und trockenen Norden Tansanias, in einer weiten, nur von dürrem Gebüsch und Gras bewachsenen und von flachen Gräben durchzogenen Hochebene, liegt ein breites, ausgewaschenes Flussbett. Die **»Olduvai-Schlucht«.** Eine Schlucht ist sie nicht, eher eine kleine Senke und einen richtigen Fluss gibt es dort auch schon lange nicht mehr. In der seit Menschengedenken von Massai bewohnten Serengeti, in der sich die Schlucht befindet, ist Wasser rar. Und dennoch haben die geringen winterlichen Niederschläge über die Jahre ein für lange Zeit verborgenes Geheimnis an die Oberfläche gebracht.

FLUSSKIESEL

1960 wurde der Unterkiefer eines zehnjährigen Kindes gefunden, das später nach seinem Entdecker Jonathan Leakey **»Johnny's Child«** benannt werden sollte. Um den Unterkiefer verstreut fanden sich später noch weitere Knochen und Knochenfragmente. Fast noch wichtiger aber waren andere Fundstücke, die nicht weniger als die Revolution der Menschwerdung beschreiben sollten: **Die ersten bekannten Werkzeuge, die nun unmittelbar einer Gruppe des noch jungen Menschen zugeordnet werden konnten.**

Die Knochen von »Johnny's Child« lagen seit eindreiviertel Millionen Jahren im Staub versteckt. Sie wurden später von Archäologen dem Frühmenschen Homo habilis zugeschrieben.

Homo habilis, der erste »geschickte« Mensch wurde so genannt, weil ihm als erste Menschengruppe überhaupt die Befähigung nachgewiesen wurde, einfache Werkzeuge zu fertigen und zu nutzen. Diese Frühmenschen hatten äußerlich starke Ähnlichkeiten mit den heute lebenden Schimpansen und konnten sich noch nicht mittels Sprache verständigen. Doch mit dem Nutzbarmachen einer natürlichen Ressource

Natürlich nicht so effizient wie eine Klinge aus Stahl aber viel besser als Zähne und Fingernägel.

und ihrer Transformation zu Werkzeugen schlugen sie buchstäblich einen unumkehrbaren Weg ein, der bis heute anhält: Während der Körperbau des Menschen immer feingliedriger und schwächer wurde, wurden sein Hirn und seine Werkzeuge immer mächtiger.

Im Gegensatz zu anderen Primaten, die beispielsweise mit bloßen Ästchen nach Termiten angelten, stellte Homo habilis seine Werkzeuge mit anderen Steinwerkzeugen auf einem steinernen Amboss her. Die Technik war vermutlich schon durch das Aufschlagen von Tierknochen mit unbearbeitetem Stein bekannt.

Der Frühmensch nutzte die neuen Werkzeuge auch, um an das nahrhafte Knochenmark zu gelangen und rohes Fleisch zu zerteilen. Ebenfalls wurden vermutlich weitere Werkzeuge und Waffen aus anderen Materialien damit gefertigt. Von diesen Gegenständen oder Werkzeugen aus Holz und Knochen gibt es bislang aber keinen Nachweis.

Die im Steppensand gefundenen primitiven Schlaggeräte der frühen Altsteinzeit, die sogenannten Geröllgeräte oder **»Pebble Tools«** – da meist aus Flusskieseln hergestellt – verwechselt man schnell mit während kalter Winter im Frost gesprengten Steinen. Es sind flache, längliche und vom Flusswasser glatt geschliffe-

ne Steine, die mit einem oder wenigen Schlägen einstweilen nur einseitig angekantet und damit grob geschärft wurden. Nur wenn man sich die Kanten der teilweise vor mehr als 2,6 Millionen Jahren bearbeiteten Kiesel, den sogenannten **»Choppern«** ganz genau ansieht, entdeckt man Abrieb und Spuren von gezielten Aufschlägen. Später wurden präzisere Bruchkanten und feiner ausgearbeitete, zweiseitige, vermutlich spezialisierte Werkzeuge, die **»Chopping Tools«** geschlagen.
Heute lässt sich nicht mehr nachvollziehen, welche Werkstoffe damit jeweils verarbeitet worden sind. Dennoch ist klar, **dass das erste Steinwerkzeug des Menschen eine große Schabe- und Schlagklinge, quasi ein scharfer Hammerkopf – oder eben eine Axt ohne Stiel war.**

DIE BEGLEITERIN

Bald 3 Millionen Jahre später gibt es sie immer noch, die Axt – und sie war auch seit ihrer Entstehung nie wieder verschwunden oder hat irgendetwas von ihrer Faszination eingebüßt. Vielmehr hat sie neben dem Menschen eine »Koevolution« durchgemacht. Neue Technologien, Rohstoffe und Werkstoffe wurden lange Zeit zuerst in der Axt, dem wichtigsten und oft einzigen Werkzeug, erkennbar. So ist auch die Art und Ausformung der Axt oft für die archäologische Klassifizierung einer Kultur oder Epoche ausschlaggebend.

Die Axt war ein Treiber des Handels und des Technologietransfers. Zuerst wurden vermutlich besonders reine Feuersteine, die sich zu Faustkeilen und Axtköpfen schlagen, später schleifen ließen, über tausende Kilometer transportiert und getauscht.

Auch in Europa finden Archäologen vor allem an Höhleneingängen prähistorische Werkzeuge.

Aus den grob behauenen Flusskieseln entwickelten sich über die Jahrhunderttausende feine ausgearbeitete **Faustkeile und spezialisierte Klingen.** Die für die Steinzeit bekannten Faustkeile entstanden allerdings erst eine Million Jahre nach den »Pebble Tools«.

Schneidewerkzeuge wie Messer entstanden und unterschieden sich immer mehr von den Äxten. Letztere wurden später an einen Ast gebunden, was sich als erheblich effektiver zeigte, um Holz und Köpfe einzuschlagen. Es entwickelten sich allerdings auch kultische Äxte, die mit enormem Aufwand gefertigt, aber nie zum praktischen Einsatz kamen – Symbole der Macht.

Da der Axtkopf noch keine Bohrung für den Stiel hatte, war – im archäologischen Sinne – **das erste Beil mit Schäftung** erfunden. Allerdings musste sich hierfür erst die Herstellung von Leinen und Riemen entwickelt haben. Die mit zahlreichen feinen Abschlägen gefertigten, scharfen aber brüchigen Klingen wurden später zu einer stabileren, balligen Form geschliffen. Es konnten mit der neuen Technik auch weichere und besser verfügbare Steine als Rohstoff genutzt werden.

Auch die Schäftung entwickelte sich von der reinen Bindung mit Leine über eine Klemmbindung in einem gespaltenen Ast weiter. Hinten angespitzte Steine wurden entweder direkt oder über ein Zwischenfutter aus Horn in einen Holzstiel gesteckt und verklebt, oder aber **die Steine selbst wurden durchlocht, um einen Stiel einstecken zu können.** Diese festeste aller Verbindungen ist wegen der Bohrung mit hunderten von Arbeitsstunden verbunden – und hat sich dennoch durchgesetzt. Damit war die Axt, wie wir sie kennen, geboren.

AUS DER GLUT

Allerdings war damit die Entwicklung nicht abgeschlossen – vielmehr gab es eine scheinbare Rückentwicklung: Die Verarbeitung von Metallen war dem Umstand geschuldet, dass selbst das weiche **Kupfer** sich besser als Hack- und Schlagwerkzeug eignete als spröder Stein. Dabei war das Material so wertvoll und schwer zu bearbeiten, dass man vergleichsweise kleine, der Form nach an Steinbeile angelehnte

1 Oben: Mittelsteinzeitliches Beil aus Feuerstein. Unten: Jungsteinzeitlicher, geschliffener Beilkopf.

2 Geschäftetes Beil an einem sogenannten »Knieholm«.

Klingen in einen eigentlich schon überholten Klemmschaft in einen sogenannten Knieholm steckte, band oder klebte. Für große, durchbohrte Äxte aus Metall war die Zeit noch nicht gekommen.

Vor allem mit der beginnenden **Sesshaftigkeit des Menschen** wurden die Axt und die aus ihr entwickelten landwirtschaftlichen Geräte wichtiger denn je. Aus den nomadisch herumziehenden Jägern und Sammlern wurden Landwirte, die feste Häuser bewohnten und vor allem gerodete Freiflächen als Acker für den Anbau von Getreide und als Weide für das Vieh brauchten. Richtige Sägen waren damals noch lange nicht verfügbar. Mit unendlichem Fleiß und abertausenden Schlägen wurden mit den schmalen Kupferklingen dicke Eichen gefällt. Das berühmteste Kupferbeil aus dieser Zeit ist das fast vollständig erhaltene Modell, das zusammen mit der Eismumie des »Manns aus dem Eis« bzw. **»Ötzi«** gefunden worden ist. Vermutlich war es nicht nur Werkzeug und Waffe, sondern auch Statussymbol.

Das vor ungefähr 6.000 Jahren gefertigte, schon seinerzeit extrem wertvolle Werkzeug ist das einzige aus dieser Epoche, das noch komplett mit seiner Schäftung, also dem Stiel erhalten ist.

Während es noch während der gesamten sogenannten Kupfersteinzeit Steinbeile und -äxte gab, ging es ab dem ersten genutzten Metall plötzlich rasend schnell voran.
Die Gewinnung von **Bronze, der Legierung aus Kupfer und Zinn,** ließ nur 2.000 Jahre nach »Ötzi« die Werkzeuge noch stabiler, härter und schwerer werden. Bronze lässt sich leichter gießen und zusammen mit der besseren Verfügbarkeit jener Rohstoffe konnten deutlich bessere Axtköpfe gefertigt werden. Die »Klemmköpfe« erhielten zur Stabilisierung der Schäftung seitliche Leisten. Neben diesen sogenannten Absatzbeilen gab es endlich wieder neue »echte« Axtköpfe mit Augenloch oder einer Tüllenschäftung, in die der Axtstiel eingesteckt wurde.

Weitere 2.000 Jahre später wurde **Eisen** verhüttet – Werkzeuge wie wir sie heute kennen konnten geschmiedet werden. Der Einsatz von einfachen Rennöfen aus Lehm zum Erschmelzen von Eisen aus Erz ermöglichte den Bau stabiler Äxte – und vor allem Waffen. Das spröde Material war aber noch lange nicht ausreichend stabil für Langmesser oder gar Schwerter – für scharfe und wuchtige Axtköpfe reichte es aber allemal.

Evolution statt Revolution: Absatzbeile verbessern die Stabilität vor Einführung der Stielbohrung.

Rennofen für die primitive Verhüttung von Eisenerz zu Roheisen – Voraussetzung der ersten Eisenäxte.

Die gesamte Zeit begleiteten die Hack- und Schlagwerkzeuge den Menschen in seiner Geschichte, obwohl der Holzeinschlag mit der Entwicklung der Säge in der Antike und der Einführung der Kettensäge Anfang des letzten Jahrhunderts ebenso eine Zäsur erfuhr wie die ersten »Pebble Tools« eine Technologierevolution des Frühmenschen auslösten.
Die Axt hat bis heute nichts von ihrem Wert verloren. Im Gegenteil, es gibt mittlerweile Äxte, deren Preis sich auch in der »Hochzeit des manuellen Holzfällertums« kaum hätte vermitteln lassen.

Die Axt ist die Auszeichnung des praktisch begabten Menschen. Millionen Jahre nach dem Homo habilis sagt das Schwingen einer Axt (oft selbst schon der Kauf): »Ich kann mit meinen Händen arbeiten«. Ebenso wurden Äxte immer als Zeremonialgegenstand oder **Statussymbol der Reichen und Mächtigen** genutzt: Von Schaftlochäxten als Grabbeigabe über die Fasces-Äxte der Etrusker und Römer bis zum Richtbeil.

Die Axt sagt immer auch etwas über den Charakter ihres Besitzers aus. Sie kann zierlich und elegant, ja regelrecht feminin sein wie die langstielige skandinavische Forstaxt, brachial wie eine doppelköpfige Fällaxt oder ein Spalthammer oder aber martialisch wie eine keltische Streitaxt oder ein taktisches Tomahawk. Sie ist – obwohl auch gerne und gut von Frauen geführt – der Inbegriff der Männlichkeit, des ehrlichen Handwerks und der Bodenständigkeit.

Wir wollen der Axt, dieser seit so langer Zeit treuen Begleiterin, mit diesem Buch eine liebevolle Hommage erweisen. Wir hoffen, dass der Leser dem Zauber der Axt ebenso erliegen wird wie wir.

Die Entwicklung der Axt.

– 2,5 Mio. Jahre: Erste »Pebble Tools« erscheinen in Afrika.

– 1,6 Mio. Jahre: Feiner ausgearbeitete, eiförmige Faustkeile werden in Afrika geschlagen, in Europa und Asien werden sie erst eine Mio. Jahre später hergestellt.

– 1,2 Mio. Jahre: Messer, Klingen, Schaber und Schlagwerkzeuge (»Handbeile«) entwickeln sich.

– 400.000 Jahre: Die ersten nachgewiesenen Schäftungen entstehen. Möglicherweise wurden kleine Klingen schon früher geschäftet.

– 12.000 Jahre: Grobe ungeschliffene Feuersteinbeile aus Steinabschlägen mit Schäftung an Holzstielen werden genutzt.

– 7.500 Jahre: Symmetrisch überschliffene und geschliffene Querbeile der Bandkeramiker, erste Schaftlöcher.

– 7.000 Jahre: Mit den Kupferbeilen entstehen die ersten Metallwerkzeuge mit hohem praktischem und kultischem Wert.

– 4.000 Jahre: Nutzung von Bronze für Messer, Schwerter, landwirtschaftliche Werkzeuge – und natürlich Äxte. Absatz-, und Tüllenbeil sowie Axtköpfe mit Auge entstehen.

– 2.800 Jahre: Roheisen wird mit Rennöfen aus Erz geschmolzen. Durch Ausschmieden lassen sich Eisenwerkzeuge und Waffen herstellen.

– 100 Jahre: Die Industrialisierung vergünstigt Stahl als Werkstoff stark und ermöglicht die preiswerte Serienfertigung von Werkzeugen wie Äxten.

Kapitel 2

Die große Welt der Äxte.

GRÄNSFORS BRUKS
SWEDEN
CRKT
AMERICAN
TOMAHAWK
COMPANY
TRAIL BOSS
CONDOR

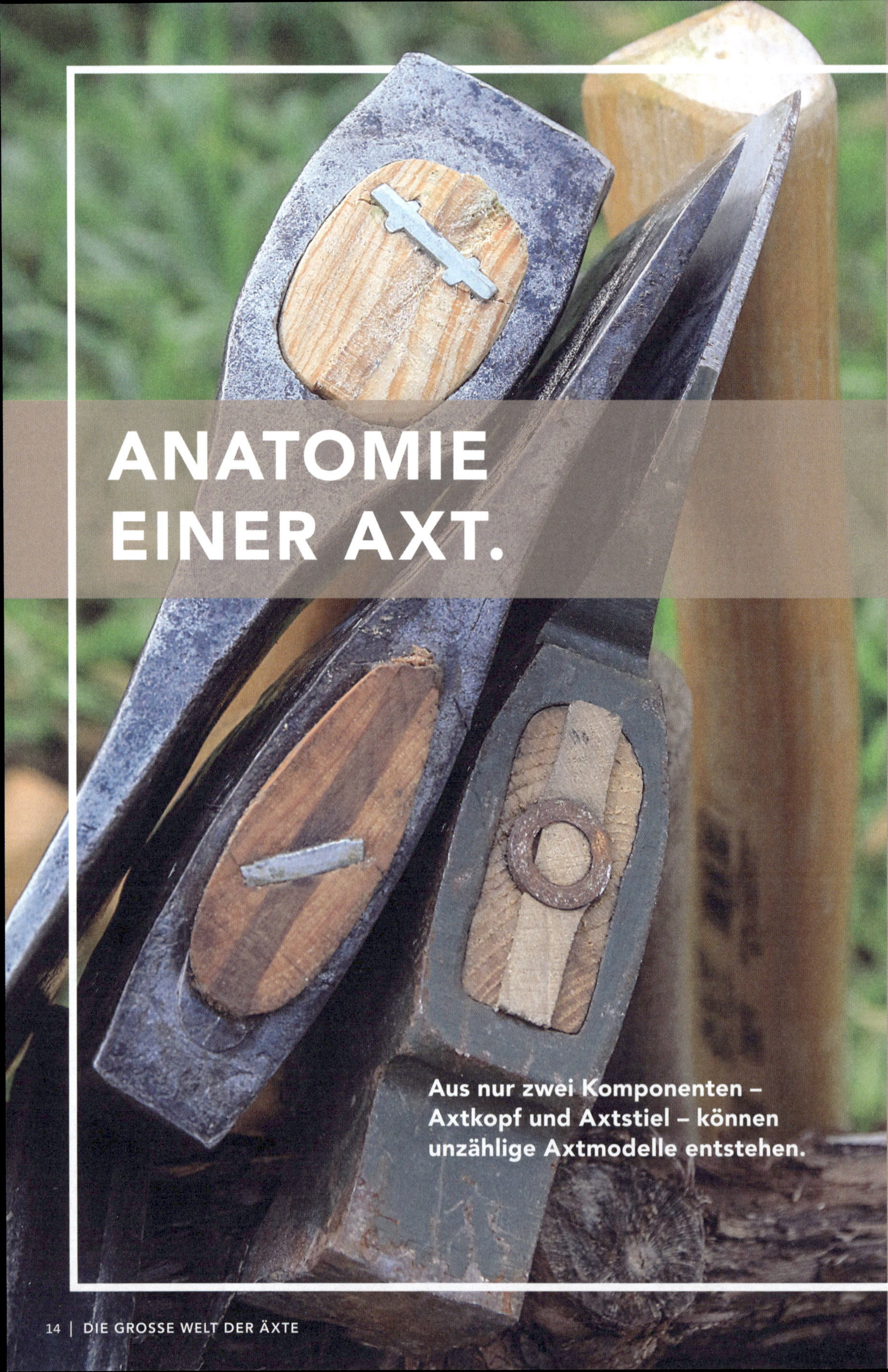

ANATOMIE EINER AXT.

Aus nur zwei Komponenten – Axtkopf und Axtstiel – können unzählige Axtmodelle entstehen.

Von der vorzeitlichen Steindechsel bis hin zur hochmodernen Kompositaxt haben sich nicht nur die Materialien weiterentwickelt. Vielmehr hat sich der **Archetypus zum Zerteilen von Holz, Fleisch und Knochen** in unzählige Formen diversifiziert und spezialisiert.

Für die Konzeption früher Äxte war neben dem Kopfmaterial die Schäftung der Axt, also die Verbindung zwischen Stiel und Kopf der buchstäbliche Dreh- und Angelpunkt. Durch verschiedene Methoden der Kopffixierung konnte der frühzeitige Bruch spröder Steinklingen verhindert werden. Bestimmte Kopf- bzw. Klingenformen konnten erst durch Einsatz eines elastischen Zwischenfutters aus Geweih dauerhaft genutzt werden. Frühe Metallbeile aus Kupfer mussten ständig nachgeschliffen werden und benötigten deshalb eine entsprechende Materialdicke. Der einschränkende Faktor hierbei war allerdings, dass Kupfer weich ist und in der Frühzeit ein ungemein teurer Werkstoff war, weshalb die Klingen klein und dick gehalten werden mussten. All diese Beschränkungen entfielen seit der Nutzung von geschmiedetem Stahl, was zu einer sprichwörtlichen **Explosion unterschiedlicher Axttypen** geführt hat, eine Entwicklung, die bis heute anhält.

Form und Geometrie von Äxten zur traditionellen Holzgewinnung oder -verarbeitung waren in der Blütezeit des manuellen Forstwerks schon perfektioniert und sind bis heute größtenteils konserviert geblieben. Allerdings sind die Ausführungen traditioneller Äxte stark von lokal vorherrschenden Waldbäumen und Handwerkstechniken beeinflusst, wenngleich sie allesamt für den Werkstoff »Holz« konzipiert wurden. Mit praktisch jedem neu entdeckten Rohstoff und Aufgabenfeld sind zusätzlich buchstäblich unendlich viele neue Anwendungsgebiete für hoch spezialisierte Axttypen entstanden.

Eine Axt ist gelebte Geschichte. Der Holzfäller arbeitet nicht nur mit, sondern immer auch an ihr.

Die Kombination von Stiellänge, Schneidegeometrie, Kopfform und -gewicht sowie dem jeweils eingesetzten Material bestimmt den Einsatzzweck des Werkzeugs. Äxte – und entsprechend die kürzeren Beile – lassen sich in **unterschiedliche Anwendungsgruppen** unterteilen. Betrachtet werden exemplarisch einige der wichtigsten, bekanntesten oder schönsten Modelle jedes Axttyps.

AUFBAU EINER AXT

Äxte und Beile scheinen einfach und übersichtlich aufgebaut zu sein: **Holzstiel und Axtkopf.** Tatsächlich gibt es unzählige Unterschiede und Feinheiten an diesen beiden Komponenten, die den Einsatzzweck und andere Eigenschaften wie Robustheit definieren. Gute Axtschmiede schaffen es, notwendige Attribute in eine stimmige Gesamtform zu bringen. Andere Hersteller konzentrieren sich auf Funktionalität oder Aussehen. Eine gute Axt zu finden, die nicht nur funktioniert, sondern auch dem eigenen ästhetischen Bedürfnis genügt, ist nicht immer einfach.

Der Kopf.

Als auffälligster Teil einer Axt scheint alleine der Kopf für die Funktion buchstäblich ausschlaggebend zu sein. Dennoch ist der beste Axtkopf für sich alleine nicht wirklich praktikabel. Tatsächlich gibt es nicht den besten Axtkopf – er ist jeweils nur für seinen speziellen Bereich geeignet, häufig sogar abhängig von derjenigen Person, die mit ihm arbeitet.
Was sich ein wenig nach einer »Esoterik der Hackwerkzeuge« anhört, wird klar, wenn man die zahlreichen Axtkopfvarianten und Ausführungen betrachtet.

HERSTELLUNG UND MATERIAL

Klar, niemand nutzt mehr eine Steinaxt oder ein Kupferbeil. **Robuste Axtköpfe aus Stahl halten heute prinzipiell ein Leben lang.** Das ist in Anbetracht der Belastung nicht selbstverständlich. Der Aufprall der Schneide auf Holz – oder bei Fehlschlägen auch mal auf einem Stein – erzeugt einen heftigen Impuls im Material. Bei ungeeignetem Rohstoff oder Fehler in der Fertigung kann sich der Axtkopf verziehen, verbiegen oder splittern.

Aufbau einer typischen Axt mit traditionellem Holzstiel.

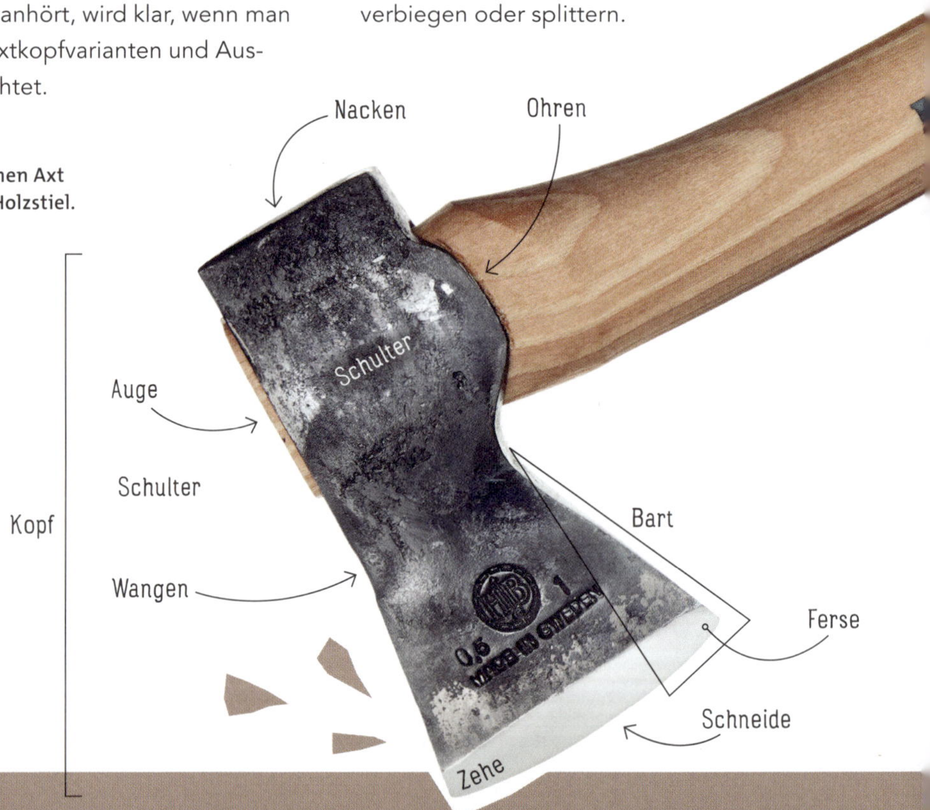

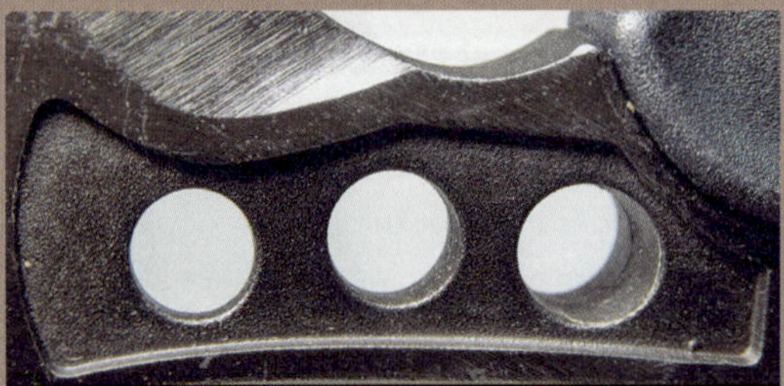

Industriell gefertigte Massenware wird mit Hilfe von Hydraulikpressen präzise in Form gepresst.

Kleine Schmiedefehler machen jede handgeschmiedete Axt zu einem wiedererkennbaren Einzelstück.

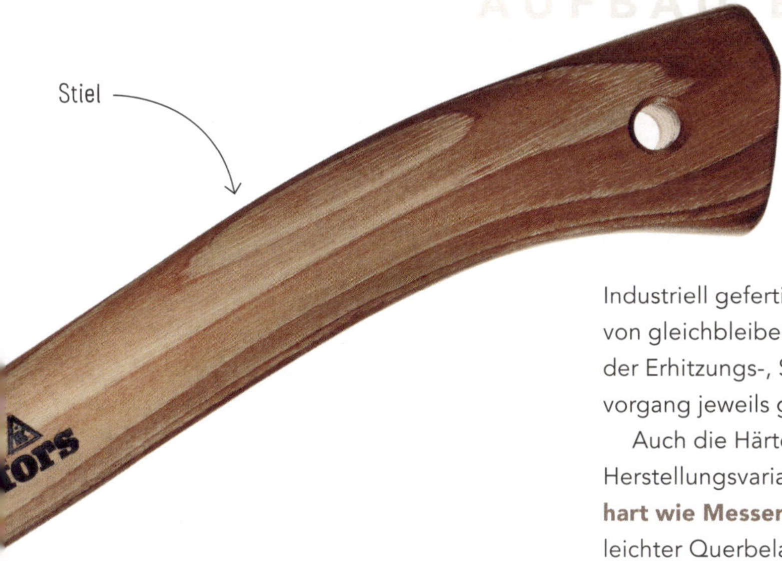

Industriell gefertigte Äxte sind praktisch immer von gleichbleibender Qualität und Härte, da der Erhitzungs-, Schmiede-, Härte- und Anlassvorgang jeweils gleich lang dauert.

Auch die Härte unterscheidet sich bei den Herstellungsvarianten. **Äxte dürfen nicht so hart wie Messer sein,** da sie selbst unter leichter Querbelastung sofort ausbrechen würden. Deshalb werden Axtköpfe nur etwa zwischen 50 und 55 Rockwell gehärtet. An der Schneide müssen sie härter sein als hinten. Beim Hammerschmieden macht man das durch händisches Eintauchen der glühenden Schneide in Wasser oder Öl – was starke Toleranzen erzeugt. Industriell gefertigte Äxte werden zum Härten teilweise durch Induktion erhitzt und maschinell – und damit vor allem reproduzierbar – abgeschreckt. Für spezielle Zwecke gibt es Axtköpfe mit »Messerhärte«, die ausschließlich für Weichholz geeignet sind und bei normalen Arbeiten Schaden nehmen. Bei Äxten für **Sonderanwendungen** oder individuell gefertigten Modellen variieren Material, Härte und Herstellungsprozess stark.

Bei der Herstellung klassischer Äxte und Beile wird häufig **kohlenstoffreicher, rostender Stahl** genutzt, da er sich gut formen, härten und schärfen lässt. Dabei sind zwei Herstellungsmethoden am häufigsten: Das klassische Formen durch Hammerschmieden, meist mit einem motorbetriebenen Hammer, und außerdem das Gesenkschmieden, bei dem der glühende Rohling von einer Hydraulikpresse in Form gestanzt und gepresst und einer Reckwalze ausgeschmiedet wird.

Das individuelle Ausformen unter dem Schmiedehammer macht aus jeder Axt ein Unikat. Allerdings kann es hier eher zu Fehlern kommen, die Stabilität und Lebensdauer verkürzen.

Bei handgeschmiedeten Modellen ist allerdings auch die Gefahr von problematischen Lunkern, Rissen und Schweißfehlern erhöht.

Handgeschmiedete Köpfe sind oft vom jeweiligen Schmied mit einem Stempelzeichen signiert.

OBERFLÄCHENBEHANDLUNG

Abhängig vom Material und der Verarbeitung werden Axtköpfe mit unterschiedlichen Oberflächen angeboten, die sowohl funktionelle als auch ästhetische Gründe haben.

Hammergeschmiedete Axtköpfe weisen oft Bearbeitungsspuren auf und die beim Schmieden entstandene Zunderschicht verbleibt als natürlicher Rostschutz auf dem Axtkopf. Nur der Bereich vor der Klinge wird blank geschliffen.

Maschinell gewalzte Modelle werden nach der Herstellung sand- oder glaskugelgestrahlt oder komplett abgeschliffen. Um die aufgeraute Oberfläche vor Korrosion zu schützen, wird sie mit Farblack oder transparentem Epoxid behandelt. Moderne Modelle mit Kunststoffstiel gibt es zudem häufig mit einer stabilen reibungsmindernden Teflonoberfläche.

Neben diesen häufigsten Formen gibt es Äxte mit diversen weiteren Beschichtungen.

1 Die beim Schmieden entstandene Schicht aus Eisenoxid bleibt bei hammergeschmiedeten Köpfen erhalten. Nur Wangen und Schneide sind blank.

2 Durch Abstrahlen mit Sand oder Glaskugeln erhält Schmiedestahl eine gleichmäßige und mattierte Oberfläche. Unbehandelt ist sie rostanfällig.

3 Moderne Axtköpfe sind mit einer abriebfesten, gleitfreudigen Schicht aus Teflon bedeckt.

4 Eine dicke Schicht Farblack wird bei einfachen Modellen von den Wangen bis zum Nacken aufgetragen. Sie arbeitet sich schnell ab.

5 Vor allem bei rostfesten Modellen werden Oberflächen in gebürsteter, Hammerschlag- und Hochglanzoptik eingesetzt.

SCHNEIDE

Form und Ausprägung der Schneide beeinflussen die Arbeit mit einer Axt ganz erheblich. Die Schneide ist derjenige Teil einer Axt, der die meiste Zeit als Erstes das Werkstück berührt. Mit Ausnahme des Arbeitens »quer zur Faser« macht die Schneide nur Platz für die Wangen, die die eigentliche Arbeit beim Spalten übernehmen. Die Schneide verfügt über zahlreiche Eigenschaften, deren Einfluss man auf den ersten Blick wahrscheinlich nicht erkennt, doch jeweils für sich die Anwendung beeinflussen.

NEIGUNG

Die universell einsetzbare Schneide steht mehr oder minder parallel zum Stiel. Einige Modelle besitzen eine stark **»fliehende Stirn«** oder einen **»Überbiss«**, die Schneide ist also im Vergleich zum Stiel geneigt. Für die normale Spaltarbeit sind solche Äxte oft nicht ideal – wohl aber beispielsweise zum Durchforsten, wenn zahlreiche Stämme nah am Boden durchgeschlagen oder Äste über Kopf entfernt werden. Hier würde eine parallele Schneide schräg aufkommen und abgleiten. Ebenfalls sind starke Neigungen (»Überbiss«) bei Wurfäxten gängig, da die nach vorne stehende Ecke besser eindringt als die flache Klinge. Für Universaläxte, mit denen auf Hüfthöhe, also etwas unterhalb der Schulter gearbeitet wird, eignen sich Äxte mit leichtem »Überbiss«.

> **Hang der Axt.**
>
> Die Neigung bzw. »der Hang« ist eine wichtige Eigenschaft, die den Einsatzbereich der Axt definiert. Äxte mit starkem Hang sehen zwar gut aus, sind aber meist nur für Spezialzwecke geeignet. Für die meisten Arbeiten eignen sich Äxte ohne Neigung der Schneide mit leichter Tendenz zum »Überbiss«.

\

Mit einem »Überbiss« können Schläge über Kopf gut ausgeführt werden. Außerdem eignen sie sich als Wurfaxt.

|

Eine mehr oder minder gerade Schneide ist meist die richtige Wahl für Spalt- und Allzweckäxte.

/

Die fliehende Stirn schlägt flach auf, wenn in Bodennähe gearbeitet wird. Die geeignete Kopfform zum Roden und Entasten kleiner Bäume.

FORM

Sieht man sich verschiedene Axtköpfe von der Seite an, fällt auf, dass die Schneide unterschiedliche Ausformungen haben kann. Die Schneide ist entweder **komplett gerade wie ein Messer oder hat eine mehr oder minder konvexe Form.** Gerade oder nur sehr wenig konvexe Schneiden werden bei schmalen Axtköpfen von Spaltäxten oder Spezialäxten für präzise Arbeiten wie dem Schnitzen genutzt. Schlägt man damit auf den Werkstoff, dringt die Klinge auf der gesamten Breite gleichzeitig ein. Klemmt die Axt – dann auf der kompletten Breite und sie lässt sich erheblich schwerer wieder entfernen als eine konvexe Form.

Konvexe Schneiden klemmen sich im Holz nie über die gesamte Fläche fest. Sie eignen sich für die meisten Arbeiten.

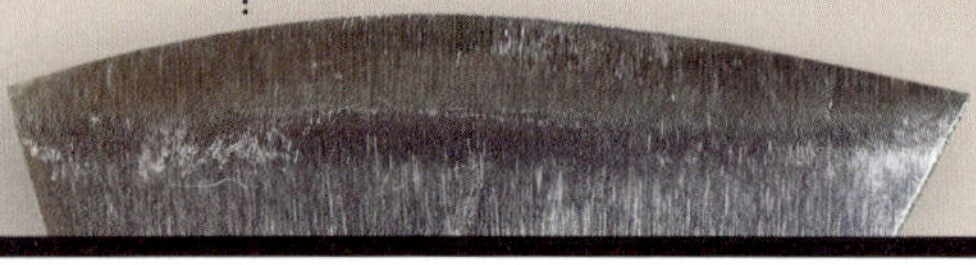

Eine gerade Schneide wird genutzt, wenn die Axt handwerklich eingesetzt wird und geschnitzt oder Schindeln gespalten werden sollen.

ANSCHLIFF

In den letzten Jahrzehnten gab es durch den Einsatz von Hochleistungsstählen beim Anschliff von Schneiden für den Universalgebrauch einen regelrechten Paradigmenwechsel. **Der traditionelle Schliff einer Axt ist ballig.**

Beim Arbeiten wird unmittelbar nach dem Eindringen der Schneide der Werkstoff zur Seite gepresst und die eigentliche Klinge entlastet, was die Schneide stabiler und langlebiger gemacht hat. Je nach Hersteller werden diese balligen Schneiden komplett »auf null« geschliffen oder – etwas robuster – mit einer Schleifphase versehen. Diese Äxte sind vergleichsweise schwer zu schleifen.

Die bisher selten genutzte Alternative waren Äxte mit Messeranschliff, die eher bei Handwerksäxten und Spezialgeräten genutzt wurden. **Mittlerweile gibt es zahlreiche Modelle mit Messeranschliff, die einfacher zu schärfen sind** und aufgrund der modernen Werkstoffe den balligen Klingen in Robustheit in nichts

Ein balliger Anschliff geht ohne Absatz von den Wangen bis zur Schneide über. Er ist besonders robust, aber schwierig nachzuschleifen.

Eine unter einem Millimeter breite und gerade Phase vor den Wangen findet sich vor allem an schnell gefertigter Massenware.

Der Messeranschliff ist einfach zu schärfen, extrem scharf, aber weniger robust als ein balliger Schliff.

Vor- und Nachteile unterschiedlicher Schliffarten.

An der Frage, welcher Anschliff der richtige ist, scheiden sich seit jeher die Geister. Das gilt nicht nur für Äxte, sondern natürlich auch für Messer. Richtig ist zwar, dass einige Anschliffe robuster sind als andere, allerdings sind **moderne Stähle erheblich robuster** und zäher als früher, wenn der falsche Anschliff bei entsprechendem Material oder kleinen Hackfehlern Ausbrüche provoziert hat. Generell sollte man bei der Wahl abschätzen, ob die Axt hauptsächlich zum **Spalten** (stumpf, ballig), zur **Forstarbeit** (spitzwinklig, ballig) oder zum **Schnitzen** (spitzwinklig, Messeranschliff) genutzt werden soll und welche Möglichkeiten man zum Schleifen hat bzw. beherrscht.

Für Anfänger sind einfache Äxte mit einer aufgebrachten **Schleifphase** meist die richtige Wahl. Beim Schleifen kann man relativ wenig falsch machen, da der Schleifwinkel vorgegeben und die Schneide hinreichend robust ist. Ballige Axtköpfe kann man dagegen beim falschen Anschleifen an den Wangen beschädigen und Messeranschliffe brechen bei anfänglichen Schlagfehlern am ehesten aus.

nachstehen. Neben dem Anschliff ist der Schleifwinkel für die Stabilität der Schneide ausschlaggebend. Feine Arbeiten werden mit Schleifwinkeln von etwa 25° durchgeführt, Spaltarbeiten mit 35° und mehr.

Eine Besonderheit bei Äxten sind **einseitige Anschliffe,** wie sie hauptsächlich bei Handwerksbeilen vorkommen. Bei diesen unsymmetrischen Schneiden (bei Messern würde man dazu »Tanto« sagen) ist eine Seite oft komplett glatt, die andere mit einer Schleifphase versehen. Äxte mit dieser Schneide können zum Zurichten bzw. Glätten von Balken glatt am Werkstück geführt werden, ohne dass der Schlag leicht schräg gesetzt werden muss. Dieser Anschliff ist nicht zum Spalten von Holz geeignet.

Ferner haben manche Spezialäxte für Metall oder Stein anstatt einer durchgehenden Schneide eine **zweigeteilte Klinge** mit einem gewöhnlichem Anschliff, der in eine falsche Schneide übergeht.

Eine spitzwinklige, in die schlanken Wangen übergehende Schneide einer Universalaxt.

Spitzer Messeranschliff einer modernen Fällaxt mit Kunststoffgriff.

Robuster und stumpfwinkeliger Messeranschliff, wie er an Spaltäxten gängig ist.

WANGEN

Unmittelbar hinter der Schneide bis zum Auge bzw. den Schultern liegen die Wangen der Axt. Sie sind es, die nach dem Aufschneiden durch die Klinge die eigentliche Arbeit durch das **Aufsprengen der Fasern** machen. Entsprechend wichtig ist deren Ausprägung für den geplanten Einsatzzweck.

Für Arbeiten, bei denen das Schneiden wichtig ist, gehen die Wangen in einen stark konkaven Gegenschwung in die Schultern über. Die Wangen behindern damit nicht das Holz bzw. sprengen den Werkstoff nicht vor der Schneide zu weit auseinander. Äxte mit solchen Wangen werden zum Schnitzen oder Entasten genutzt. Bei Äxten, die für den Fäll- oder Universaleinsatz dienen sollen, wählt man Wangen, die etwa dem Winkel des Anschliffs folgen. Durch das dickere Blatt sind sie robuster und haben eine größere Schwungmasse für Fällarbeiten und leichte Spaltarbeiten. Dick keilförmig bis konvex sind Spaltäxte und Spalthämmer. Bei Äxten ohne Schultern sollte die Verlängerung der Wangenwinkel an der Schäftung vorbeiführen die Wangen die breiteste Stelle sein, damit diese nicht beschädigt wird.

Die Wangen spalten den durch die Schneide angeschnittenen Werkstoff auseinander und leiten ihn auf die Schultern.

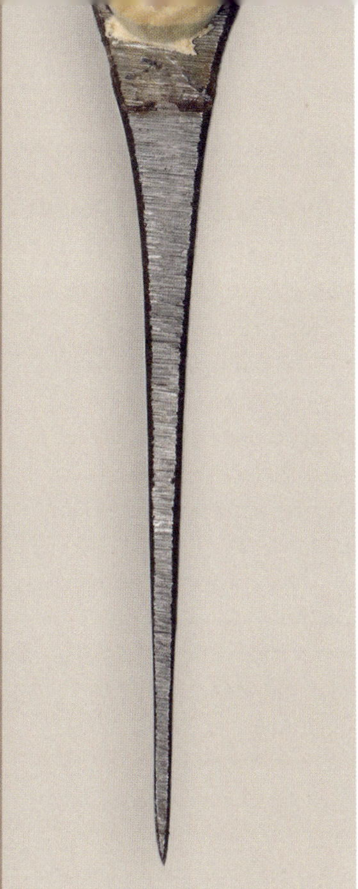

Sehr schlank und lang ausgeformte Wangen einer Schnitzaxt, die bis zur Schulter nur unmerklich zunehmen.

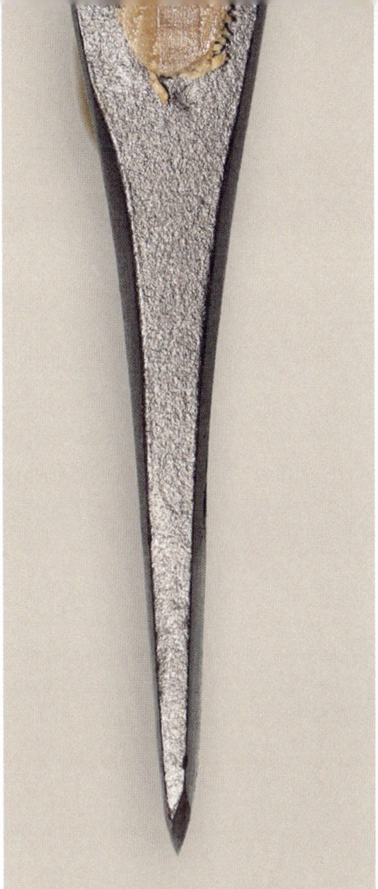

Zu den Schultern langsam konkav zunehmende Wangen einer Forst- und Fällaxt.

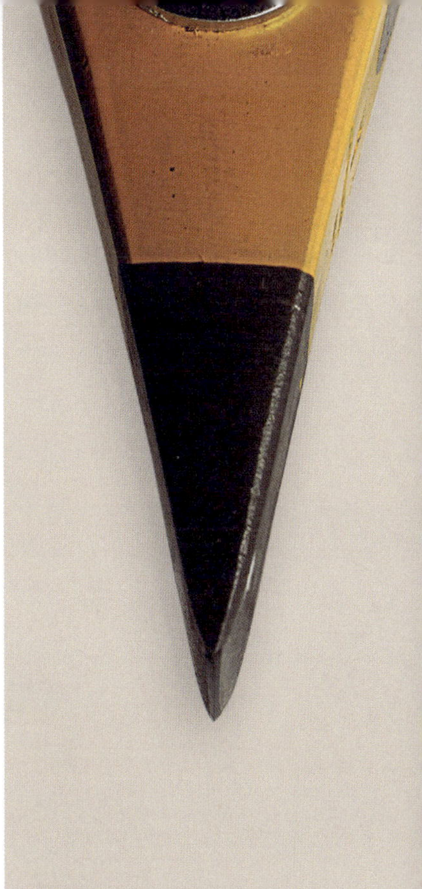

Massige, sehr schnell zunehmende konvexe Wangen einer Spaltaxt drängen kurz nach dem Eindringen das Holz zur Seite.

Bei Äxten ohne Stahlschultern darauf achten, dass der Wangenwinkel entweder an der Schäftung vorbeiführt ...

... oder der dickste Wangendurchmesser breiter ist als der Stiel.

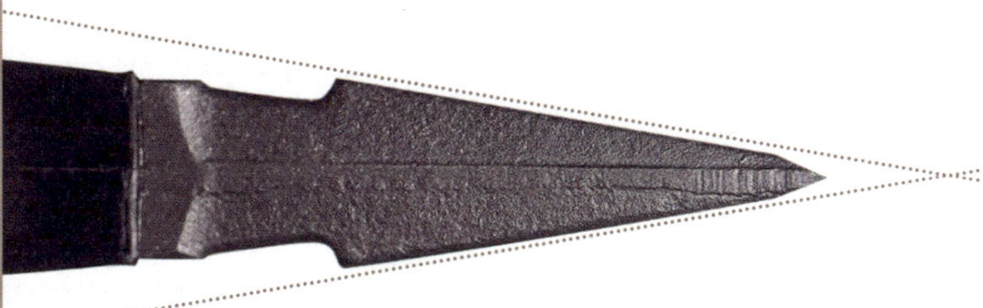

Ist der Wangenwinkel (1) zu spitz, kann der Werkstoff auf Dauer die Schäftung (2) beschädigen.

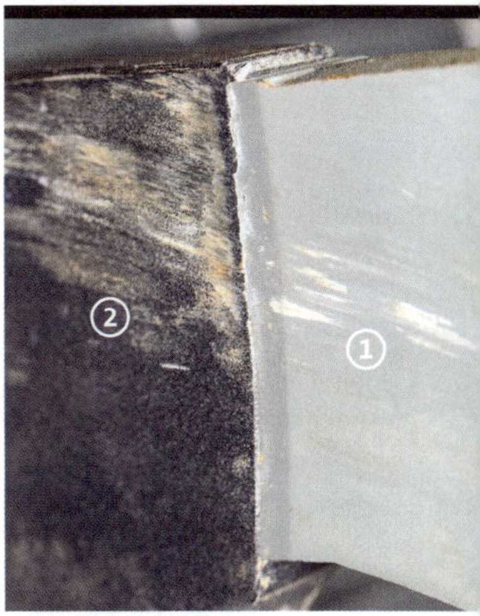

Kurz gegriffen können Bartäxte ebenso präzise wie ein Messer geführt werden. Man findet sie hauptsächlich bei Handwerks- und Spezialtypen. Nachteil eines stark ausgeprägten Barts ist, dass Werkstoffe unterhalb der Schulter auf den Stiel auftreffen können.

BART
Teile der Schneide und der Wangen, die in Griffrichtung über die Schultern stehen, werden als Bart bezeichnet. Mit Ausnahme von Spaltäxten sowie einiger Forst- und Fälläxte haben die meisten Äxte einen zumindest angedeuteten Bart. Stark ausgeprägt ist er allerdings nur bei **Spezialäxten, Handwerksäxten und historischen Modellen.** Der Bart verbreitert die Schneide, ohne dass Materialeinsatz und Kopfgewicht dadurch stark ansteigen. Eine Axt mit einem Bart kann unmittelbar unter den Schultern gegriffen und dadurch sehr kontrolliert geführt werden. Da die Wangen zum Stiel hin enden und nicht in die Schultern übergehen, kann es bei Bartbeilen allerdings geschehen, dass sich der Werkstoff zum Stiel zurücklegt und ihn beschädigt bzw. sich verklemmt.

SCHULTER
Die Wangen enden auf Höhe des Auges an den Schultern. Die Schultern bilden bei klassischen Äxten in der Regel die breiteste Stelle des Axtkopfs. Bei gut konzipierten Äxten sind Schneide, Wangen und Schultern so ausgeglichen, dass der Werkstoff beim Arbeiten zwischen den einzelnen Bereichen entlanggleitet, ohne sich zu verhaken oder durch einen schnellen Winkelwechsel unmittelbar und brachial auseinander gepresst zu werden. Bei Spaltäxten mit aufgeschweißtem oder angeschmiedetem Keil wird das Holz an den Schultern vorbeigeführt, ohne dass sie berührt werden. **Die Schulter ist das Verbindungsstück von Schneide und Nacken** und bildet gemeinsam mit ihnen das Auge. Deshalb kann die Schulter nicht beliebig zierlich ausgearbeitet sein – sie übernimmt beim Schlag vor allem Torsionskräfte, wenn die Klinge schräg aufkommt.

Weil beim Schmieden des Auges oft unsichtbare Risse und Fehlerstellen entstehen können, muss die Schulter genügend Reserven haben, um diese auszugleichen.

OHREN

Zahlreiche Äxte mit Holzstiel besitzen an den Schultern **seitlich in Richtung Stiel ausgezogene Stahllappen,** die Ohren genannt werden. Sie sind allerdings nicht nur Zierde. Beim Einpassen des Stiels in das Auge muss Holz entfernt werden – der Stieldurchmesser im Auge ist geringer als am Griff. Durch diese Verjüngung entsteht eine Schwachstelle im Stiel. Ohren vergrößern die Aufpressfläche und erweitern die Aufnahme nach unten, so dass die Durchmesseränderung nicht als Absatz an einer Stelle des Stiels erfolgt, sondern vom Stielende aus gesehen zuerst an den Seiten, dann in Schneide- und Nackenrichtung. Ohren schützen zudem den Stiel vor Beschädigung durch den vorbeigleitenden Werkstoff.

Ohren sind nach unten auslaufende Verlängerungen der Schulter. Sie haben nicht nur ästhetische Funktion, sondern schützen auch den Stiel.

Der Stiel verjüngt sich an den Ohren, hinter der Schneide und unter dem Nacken jeweils an einer anderen Stelle. Das vermeidet ringförmige Schwachstellen.

Die Schulter ist der stählerne Bereich auf Höhe des Axtstiels und bei holzgeschäfteten Äxten der breiteste Bereich des Kopfs.

Massive Schulter einer Axt, die zum Hämmern und Hebeln ausgelegt ist. Die breiten Stege nehmen auch sehr hohe Kräfte auf.

Relativ geringe Schulterbreite eines Trekkingbeils. Es ist größtenteils zum Spalten da. Zu harte Schläge können das Auge beschädigen bzw. verformen.

AUGE

Die meisten mit Holz eingestielten Äxte benötigen ein Auge, das große vertikale Loch durch den Körper des Axtkopfs zur Stielaufnahme. **Das Auge verjüngt sich je nach Einstielrichtung nach oben oder unten** und soll bestenfalls alleine durch seitliche Anpressung gegen den eingepassten Stiel halten. Abhängig von der hauptsächlichen Einsatzrichtung ist das Auge **eiförmig bis dreikantig,** wobei die Spitze in Richtung Schneide zeigt. Hierdurch entsteht funktionell ein Giebelbogen, der Kräfte von der Spitze weg seitlich ableitet und so erheblich stabiler ist, als eine rechteckige Form. Ist das Auge zum Nacken hin abgeflacht, ggf. sogar seitlich rechtwinklig, erzeugt das eine regelrechte Sollbruchstelle und stellt eine erhebliche Schwächung dar. Solche Werkzeuge können meist alleine schon durch die Augenausformung nicht zum Schlagen auf den Nacken genutzt werden. Runde oder fast runde Augen sind zwar schwächer als eiförmige, aber noch erheblich stabiler als quadratisch-abgerundete. Spaltäxte, Spalthämmer, Pionieräxte oder Doppeläxte, die für die Arbeit in beide Richtungen ähnlich stabil sein müssen, besitzen meist ein oval-symmetrisches Auge.

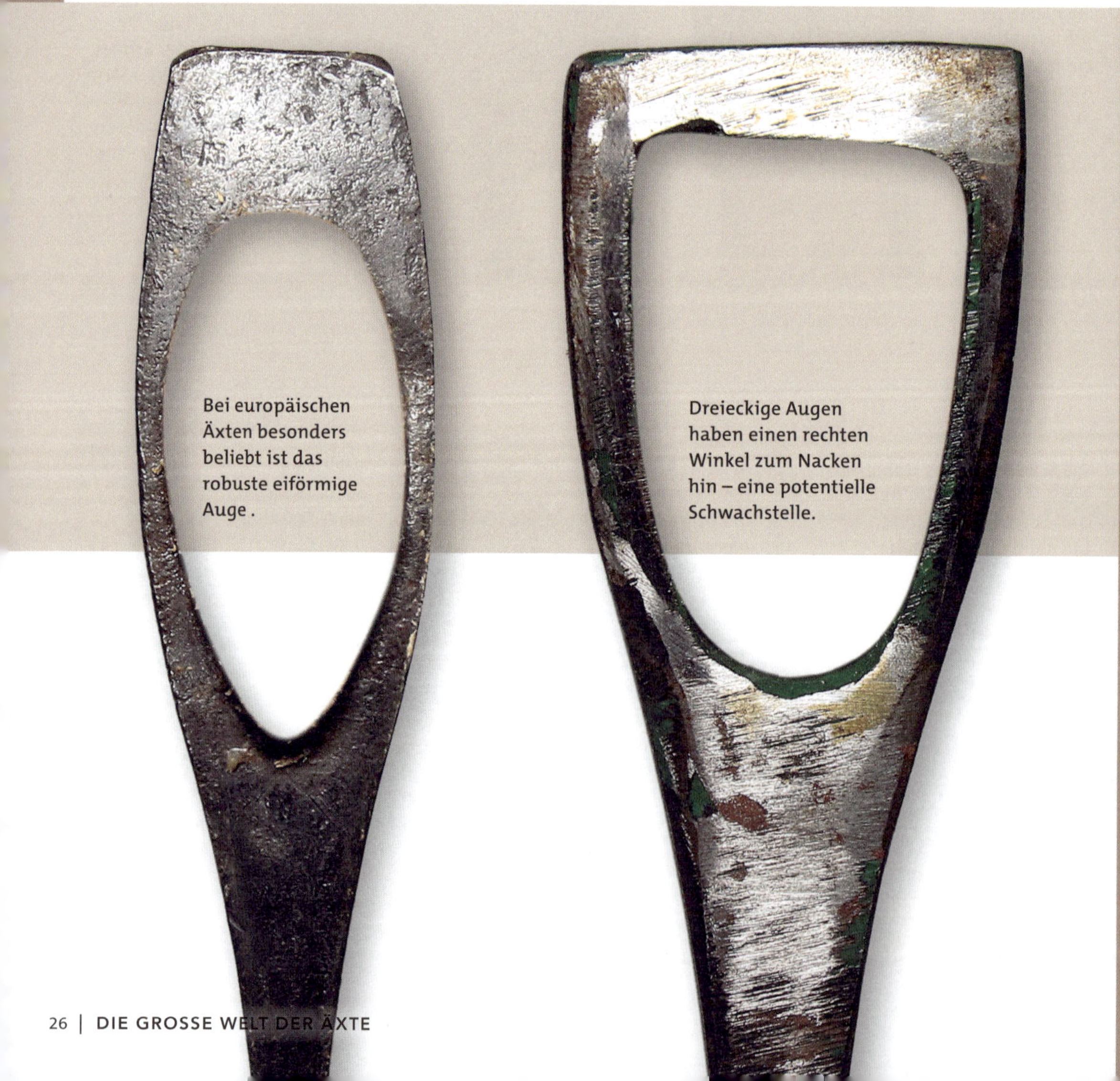

Bei europäischen Äxten besonders beliebt ist das robuste eiförmige Auge .

Dreieckige Augen haben einen rechten Winkel zum Nacken hin – eine potentielle Schwachstelle.

NACKEN

Den der Schneide abgewandte Teil des Kopfes nennt man Nacken. Je nach Ausführung kann er verschiedene Funktionen haben. Abhängig von seiner Materialstärke bietet der ungehärtete Nacken eine Art Federung (auch wenn man nie deren Elastizität wahrnehmen könnte). Bei Schlägen auf die Schneide gibt der das Auge begrenzende Nacken unmerklich nach und puffert damit den Impuls sowie Torsionskräfte im Stahl ab. Der Nacken ist zudem ein **Gegengewicht zur Schneide.** Die Trägheit der Masse verhindert ein starkes Umschlagen der Axt, wenn die Klinge leicht schräg aufkommt oder am Material abgleitet. Der Nacken kann auch funktionell ausgearbeitet sein. Mit den meisten klassisch geschäfteten Äxten kann man kleine Nägel oder auch mal einen Fällkeil aus Holz oder Kunststoff einschlagen. Um starke Schläge auf Metallkeile oder große Zimmermannsnägel abfedern zu können, muss der Nacken erheblich dicker sein. Je nach Einsatzzweck ist der Nacken flach als Klinge, Kralle, Dorn oder komplett einsatzfähiger Hammerkopf ausgeformt.

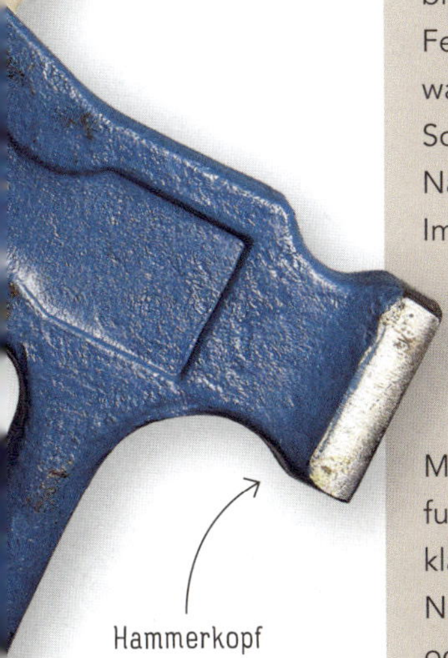

SCHNEIDENSCHUTZ

Zu jeder scharfen Axt gehört ein geeigneter Schneidenschutz. Er schützt nicht nur die Klinge vor Beschädigung beim Transport, sondern vor allem auch denjenigen, der die Axt führt. Neben einfachen Gummiüberziehern, die meist nur wenige Wochen halten und aufgrund fehlendem Luftaustausch schnell zu Rost führen, wenn sich Kondensat sammelt, gibt es hübsche und sichere Konzepte von diversen Herstellern.

Gängig sind Kappen aus **vegetabil gegerbtem Leder.** Zudem wird **Cordura** (Gewebe) und **Kydex** (stabiler Plattenkunststoff) eingesetzt. Genähte Scheiden müssen eine Zwischenlage (ein sogenannter Keder) für die Klinge besitzen. Sonst schneidet die Axt durch die Naht oder die Klinge wird durch Nieten beschädigt.

Bei zahlreichen modernen Äxten werden Kunststoffklemmkästen geliefert, die sehr sicher sind, teilweise im Fahrzeug als »Axtspender« befestigt werden können, aber nicht immer sehr elegant aussehen.

»Einsteiger«-Lederscheide aus weichem Leder und ohne Zwischenlage – die Schneide liegt auf Nieten auf.

Besserer Schneidenschutz aus festem Leder mit einer schnittfesten Zwischenlage.

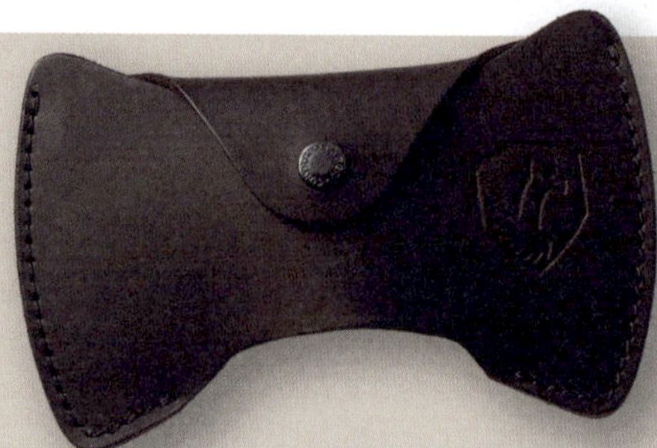

Bei Doppeläxten muss der Schneidenschutz beide Klingen sicher abdecken.

Pflegeleichter und robuster Kopfschutz aus Cordura.

Klassischer Schutz aus Leder mit guter Befestigung.

Sicherheit geht vor.

Man sollte den Schneidenschutz nicht nur beim Transport nutzen, sondern auch beim Arbeiten ständig griffbereit halten, um die Axt bei längeren Pausen – besser noch bei jedem Ablegen ohne Aufsicht – zu schützen. Nicht selten lockert sich eine in einem Block eingeschlagene, »gesicherte« Axt nach kurzer Zeit und landet mit der Schneide zuerst auf dem Steinboden. Dabei können hässliche und unnötige Scharten entstehen.

Zumindest bei Doppeläxten ist das Aufstecken des Schneidenschutzes **bei jedem Ablegen und während jeder Pause** Pflicht. Im Gegensatz zur einschneidigen Axt präsentiert die Doppelaxt ihre scharfe Nackenklinge – schon das Entlangstreifen im Vorbeigehen kann gefährliche Schnitte zur Folge haben.

Lieber Arm dran als Arm ab: Auch beim kurzen Transport Schneide abdecken.

Sehr einfacher, schnell abrutschender Lederschutz.

Stabiler und leichter Schutz des kompletten Kopfes.

Der Stiel.

Der Stiel ist beim Arbeiten die einzige Verbindung zum Körper – er muss den Axtkopf stark beschleunigen und präzise ins Ziel lenken.

AXT UND BEIL

Der Unterschied zwischen Axt und Beil ist relativ eindeutig: **Eine Axt wird normalerweise mit zwei Händen geführt, ein Beil mit einer.** Mit gut ausbalancierten Äxten mit nicht zu schwerem Kopf kann man aber auch mit einer Hand arbeiten. Beile mit einem kurzen Stiel erreichen dagegen bei weitem nicht die Schlaggeschwindigkeit von Axthieben. Insbesondere schwere Beile mit Stummelgriffen können nur mit viel Mühe zum Spalten von Anzündholz genutzt werden. Zum Fällen von Bäumen eignen sich selbst schwere Beile kaum, während man diese Arbeit mit Äxten mit langem Griff und leichtem Kopf gut durchführen kann. Der Unterschied zwischen Axt und Beil liegt also nicht im Kopfgewicht, sondern in der Stiellänge und im Einsatzbereich.

MATERIAL

Moderne Äxte können mit sehr unterschiedlichen Stielen ausgestattet sein. Überwiegend wird dennoch bei den meisten Modellen Holz eingesetzt, da es zahlreiche positive Eigenschaften vereint. Für spezielle Einsatzzwecke können andere Materialien allerdings von Vorteil sein.

HOLZ

Die allermeisten klassischen Äxte sind mit Holzstielen versehen. Holz als natürlicher Werkstoff für einen Werkzeugstiel bietet einige Vor-, aber auch Nachteile. Holz fühlt sich auch im Winter warm an und erlaubt einen sicheren Griff, ohne dass die Oberfläche zusätzlich angeraut sein muss. Ist der Griff unpassend oder hat störende Ecken und Kanten, kann er jederzeit bearbeitet oder ausgetauscht werden. Allerdings können Holzstiele im Gegensatz zu modernen Materialien beim Hacken brechen. Neben **Esche** und vor allem **Hickory**, einem Walnussverwandten aus Amerika, gibt es Axtstiele aus diversen anderen Holzsorten wie **Birke, Eibe oder**

Robinie. Während Axtstiele in Mitteleuropa bisher größtenteils wie andere Werkzeuge mit Eschenstielen als Mindestanforderung gemäß DIN-Norm versehen waren, hat sich bei den meisten Herstellern mittlerweile das stabilere Hickory durchgesetzt. Bricht ein Hickorystiel, trennt er sich im Gegensatz zu Esche nicht glatt durch, sondern fasert auf – der Kopf löst sich dabei nicht vollständig vom Stiel. Bei Brüchen von Eschenstielen kann der Axtkopf unkontrolliert fortgeschleudert werden.

Elastische Holzstiele federn beim Arbeiten generell den Rückschlag ab und verbessern damit das ermüdungsfreie Arbeiten. **Holz arbeitet – es quillt und schwindet je nach Luftfeuchtigkeit.** Äxte mit Holzstiel sind deshalb nicht geeignet, dauerhaft im Fahrzeug gelagert zu werden und sollten auch nicht auf Expeditionen in heiße und trockene Gegenden verbracht werden, wenn sie bei mittlerer Luftfeuchtigkeit geschäftet worden sind.

FASERVERSTÄRKTER KUNSTSTOFF

Zahlreiche Hersteller fertigen mittlerweile Äxte, deren Kopf fest an einem hohlen faserverstärkten Kunststoffgriff fixiert ist. Diese Stiele müssen speziell geschäftet sein und lassen sich bei Beschädigung nicht austauschen. Allerdings gibt es im Vergleich zu Holzgriffen nur extrem selten Materialversagen – selbst bei einem »Overstrike«. Die Axt wird durch den sehr leichten und hohlen Stiel stark kopflastig, was allerdings insbesondere beim Spalten kein Nachteil sein muss. Im Vergleich zu Holzstielen federt der Kunststoff weit weniger elastisch den Rückschlag ab, was bei Feststeckern an Astlöchern schmerzhaft sein kann. Bei normaler Hack- und Spaltarbeit fällt die **geringere Elastizität** allerdings weniger auf, als man denken könnte. Die Oberfläche ist für einen besseren Griff oft leicht aufgeraut. Eines der größten Nachteile der Kunststoffstiele ist letztendlich, dass es sie buchstäblich nur »von der Stange« gibt und sie auf professionelle Forstarbeit ausgerichtet und **oft signalfarben lackiert** nicht unbedingt den optischen Ansprüchen als archaisches Werkzeug gerecht wird. Einige Hersteller bieten mittlerweile Kunststoffstiele in Holzoptik an.

Axt oder Beil?

Der Übergang zwischen Beil und Axt ist fließend. Tatsächlich gibt es zahlreiche kurze und leichte Äxte, bzw. lange schwere Beile, die sehr gut mit einer oder zwei Händen geführt werden können.

Für Axteinsteiger sind solche Modelle sehr viel eher geeignet als Stummelbeile, wie sie oft von Anfängern genutzt werden oder schwere Äxte, die Erfahrung und Übung erfordern. Je weiter die Klinge vom Körper entfernt ist, desto geringer ist die Verletzungsgefahr durch sie.

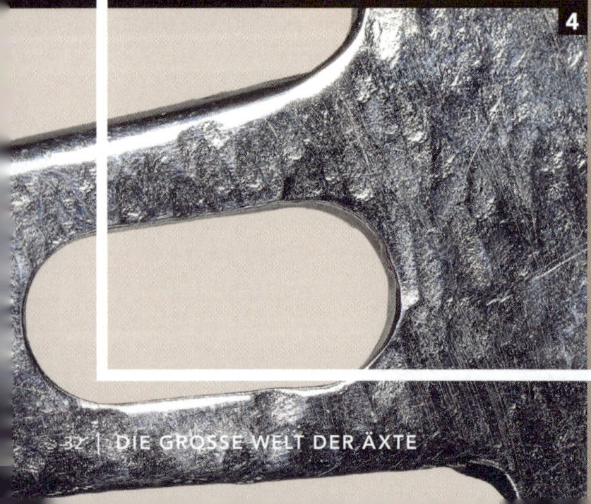

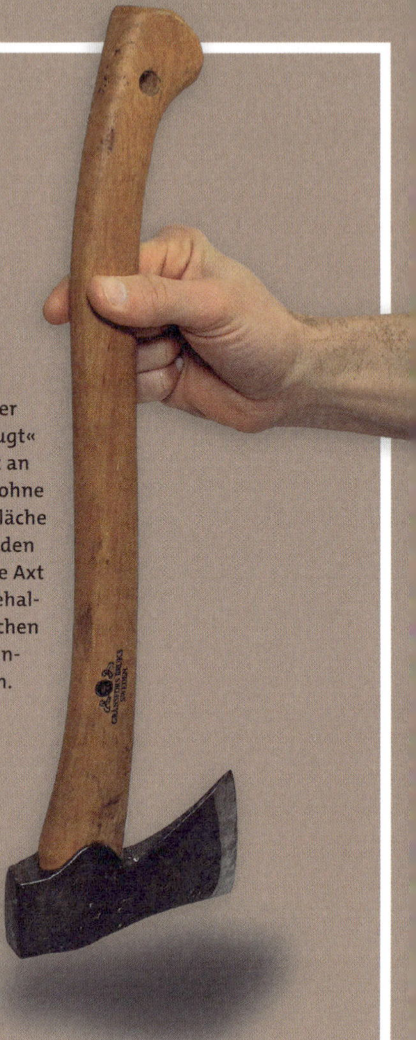

Die natürliche Maserung guter Holzstiele »saugt« sich regelrecht an der Haut fest, ohne dass die Oberfläche aufgeraut worden sein muss. Eine Axt sollte locker gehalten nicht zwischen den Fingern hindurch rutschen.

1 Eschenholzstiele sind zäh, die Oberfläche hell und vergleichsweise glatt. Die dunklen Nadelrisse sind angeschnittene Gefäße des Frühholzes.

2 Das rötlich gelbe Hickoryholz hat eine offene und gleichmäßige Maßerung, die sich angenehm greifen lässt.

3 Moderne Stiele aus Faserkunststoff besitzen eine sandpapierartige Oberfläche, die das sichere Greifen ermöglicht, dafür jedoch Schwielen begünstigt. Der Griff ist zum besseren Auffinden abgelegter Werkzeuge oft farbig.

4 Stiele, die aus demselben Stück wie der Kopf gefertigt wurden, bilden mit ihm eine absolut feste Verbindung. Stöße und Schläge werden ungedämpft weitergeleitet.

STAHL

Eine Sonderform des Axtstiels, der komplett ohne Schäftung auskommt, ist die Fertigung von **Kopf und Stiel aus einem Stück.** Diese »Full-Tang« Äxte sind nur als Spezialwerkzeuge mit sehr leichtem Kopf oder aber sehr kurzem Griff brauchbar und beschränken sich auf den Einsatz bei Camping, Rettungsdienst und Militär. Ein Stiel aus Stahl ist primär robust. Allerdings muss alleine schon aus Gewichtsgründen Material eingespart werden, weshalb die Griffe in manchen Fällen entweder hohl oder skelettiert sind. Der komplette Schlagimpuls wird bei festem Griff auf die Hand übertragen und bei Fehlschlägen kann es regelrecht zu Verletzungen kommen. Um den Prellschlag abzumindern, muss der Griff zwangsweise mit Gummi, Leder oder ähnlichem ummantelt sein. Zum ernsthaften Spalten oder Fällen eigen sich solche Äxte kaum.

SCHWUNG

Abhängig von der Neigung des Kopfs, der Schäftung und dem nativen Einsatzzweck einer Axt, ist ihr Stiel unterschiedlich geschwungen. Beile und Spezialäxte haben meist einen bogenartig einfachen Schwung, der den Axtkopf in Richtung Griff richtet.

Die meisten Universaläxte besitzen einen doppelt geschwungenen, also S-förmigen Stiel, deren Radien sich gegenseitig ausgleichen. **Ein so geschwungener Stiel wird auch »Kuhfuß« genannt.** Er federt den Schlag gut ab und hilft, den Schlagwinkel einzuhalten und ergonomisch zu arbeiten. Doppeläxte und Sportäxte sowie einige militärische Modelle haben einen komplett geraden Axtstiel, um die Nutzungssymmetrie zu erhalten oder beim Wurf gerade aus der Hand gleiten zu können.

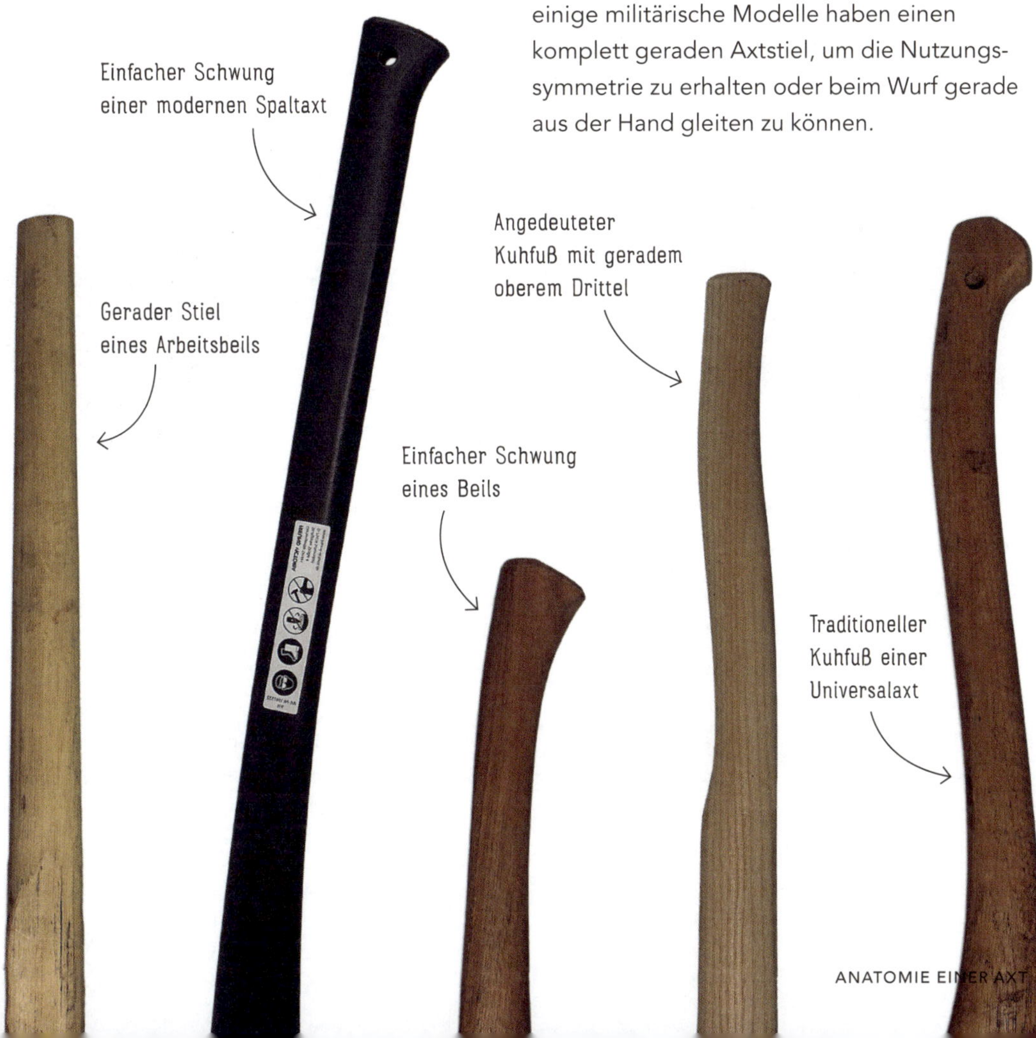

QUERSCHNITT

Neben dem Schwung spielt der Querschnitt im Griffbereich bei der Anwendung eine herausragende Rolle. Am häufigsten findet man leicht eiförmige, nach oben hin zunehmende Stielquerschnitte, die sich besonders angenehm und sicher greifen lassen. Verdickungen und Griffmulden stören beim Arbeiten mit zwei Händen und kommen eher bei Beilen bzw. kurzen Stiellängen vor.

Einfache runde oder oval-symmetrische Stiele findet man vor allem bei doppelköpfigen Werkzeugen in Kombination mit einer geraden Stielform. Außerhalb dieses engen Anwendungsbereichs gibt es runde und nach oben gleichmäßig konisch zunehmende Axtstiele bei Werkzeugen, die wie Gartengeräte durch Einstecken und Festklemmen am oberen Stielende geschäftet werden. Beim Arbeiten damit besteht bei runden Griffen die Gefahr einer Drehung des Kopfes.

Vollstahlgriffe sind naturgemäß flach oder kreisrund. Sie benötigen Griffauflagen, um sicher gegriffen werden zu können.

Rund-symmetrischer Stielquerschnitt einer Wurfaxt.

Oval-symmetrischer Stiel eines Klauenbeils zum beidseitigen Arbeiten.

Eiförmiger Querschnitt einer Universalaxt.

Oval sticht rund.

Während des Beschleunigens und beim Aufschlag sowie vor allem bei Schlagfehlern wird der Stiel hauptsächlich in der **Schneiden-Nacken-Achse** belastet.

Um dem Stiel genügend Stabilität zu geben, muss er einen gewissen Durchmesser haben. Wird die Axt allerdings nicht in Querrichtung zum Hebeln genutzt (wie etwa militärische Äxte oder Äxte des Rettungswesens), können die Flanken des Stiels deutlich schmaler sein.

Vernachlässigt man Sonderfälle, sind runde Axtstiele deshalb per se auf den Seiten überdimensioniert und oft im Grenzbereich des noch bequem und ermüdungsfrei Greifbaren.

DER KNAUF

Läuft das Ende des Axtstiels nicht gerade oder bei gleichbleibendem Radius aus, spricht man von einem Knauf. Der Knauf ist oft verdickt und gibt der Griffhand genügend Kontrolle zum **Leiten der Axt und verhindert das Abrutschen.** Da ein rechtwinklig endender Knauf an Fingern, Handballen und Unterarm Druckstellen erzeugt, ist er rund geschliffen oder durch einen tangential angedeuteten Kreis entschärft. Äxte ohne ausgeprägten Knauf rutschen schnell durch die Hand – was bei Sport- bzw. Wurfäxten so erwünscht ist.

Eine Sonderform eines Knaufs besteht aus **Applikationen** wie Nageleisen, Schlagdorn, Schraubenzieher oder Blechschneider, wie sie bei taktischen Äxten und Rettungswerkzeugen häufig vorkommen.

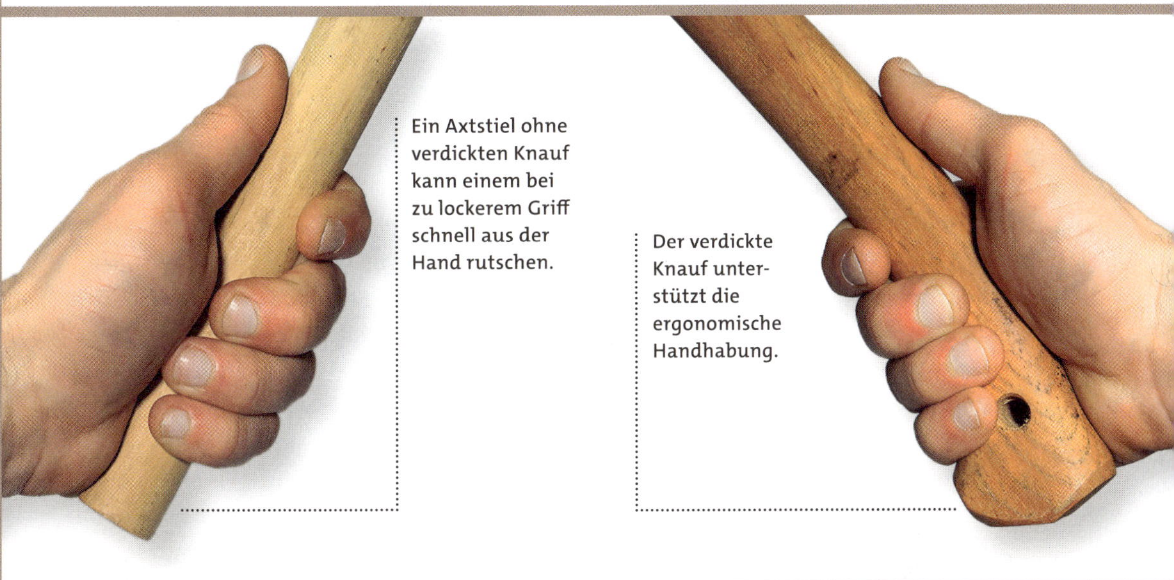

Ein Axtstiel ohne verdickten Knauf kann einem bei zu lockerem Griff schnell aus der Hand rutschen.

Der verdickte Knauf unterstützt die ergonomische Handhabung.

Von Schraubendreher über Nageleisen, Blechschneider bis hin zum gehärteten Dorn gibt es am Knauf zahlreiche Applikationen. Sie behindern allerdings die Hackarbeit mit der Schneide beträchtlich.

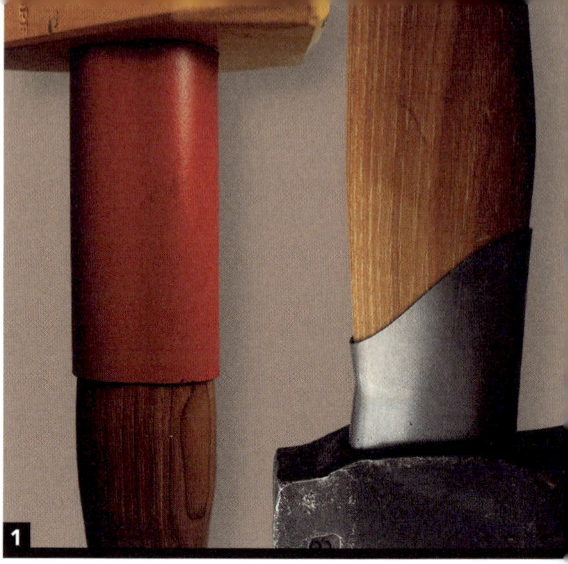
1

DIE FANGÖSE

Zahlreiche Äxte besitzen kurz oberhalb des Knaufs ein kleines Loch. Gedacht ist es – wenig verwunderlich – als Öse für eine Fangschnur. Sinn macht eine solche vor allem bei Modellen, die außen am Rucksack oder in einer Scheide getragen und während des Transports mit einem Lederriemen oder einem Stück Fallschirmleine gesichert werden sollen. Ebenfalls kann man die Axt mit einem Klingenschutz versehen nach der Pflege oder nach dem Arbeiten im Regen daran aufhängen und abtrocknen lassen, ohne dass Wasserreste an der Auflagestelle zu gequollenem und aufgeplatztem Holz führen.

An einer Stelle hat die Fangleine allerdings nie etwas zu suchen: am Handgelenk. Rutscht die Axt beim Hieb aus der Hand, darf sie gerne weit vom Nutzer entfernt landen. Am Körper mit einer Leine fixiert, wird sie mit gefährlicher Zerstörungsmacht zurückschwingen und auf ihrem Weg Kleidung, Haut, Fleisch und Knochen zerteilen.

SCHLAGSCHUTZ

Spaltäxte mit Holzstiel sind unterhalb des Kopfes oft mit einer den Stiel umfassenden Manschette aus Stahl oder Leder ausgestattet. Sie verteilt den Aufprall bei sogenannten **»Overstrikes«,** also dem Überschlagen und Verfehlens des Werkstoffs, wobei der Stiel auftrifft. Der Aufprall wird dabei auf einer größeren Fläche verteilt und vermindert damit die Bruchgefahr des Stiels unmittelbar unter dem Kopf. Bei handgeschmiedeten Varianten gibt es den Schlagschutz als am Kopf angebrachte Feder. Ein Schlagschutz ist allerdings kein sicherer Schutz vor Materialversagen.

GRIFFAUFLAGEN

Ein nicht zu glatt geschliffener Holzstiel besitzt zahlreiche kleine, natürliche Vertiefungen, an denen die Fingerkuppen sicher haften. Selbst locker mit zwei Fingern gehalten, sollte die Hand nicht abrutschen. Diese natürliche Reibung zwischen Haut und Holz ist die sicherste und angenehmste, zumal beim Arbeiten das kontrollierte Rutschen am Schaft möglich sein muss. Bei Äxten für den Einsatz im nassen und glitschigen Umfeld wird der Griff durch leichte

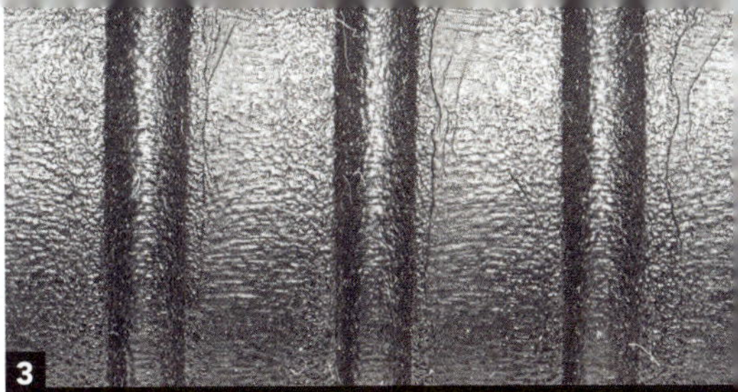

Verdickungen, ein eingeschnitztes **Fischgrätmuster** oder **radiale Rillen** verbessert. Jene Strukturen führen aber auch zu Abrieb an den Fingern, was bei dauerhafter Arbeit zu vermehrten Schwielen und Rötungen führt. Stielen, die nicht aus Holz sind, fehlt die natürliche Oberflächenhaftung. Kunststoffgriffe sind darum oft mit einer feinen, **aufgerauten Struktur** bedruckt. Stahlgriffe bleiben nur selten blank, sondern sind entweder mit einem Gummigriff, Griffschalen aus strukturiertem Holz oder Kunststoff versehen oder mindestens mit Fallschirmleine umwickelt.

Ein sicheres Halten ist an **ausgeprägten Griffmulden** möglich. Allerdings schließen die kantigen Strukturen das ernsthafte Arbeiten komplett aus und sind deshalb auf Camping-, Rettungs- und Phantasiemodelle beschränkt.

SCHÄFTUNG

Eine feste Verbindung der beiden wichtigen Axtkomponenten Kopf und Stiel lässt sich auf sehr unterschiedliche Art und Weise bewerkstelligen. Zur einfachsten Methode gehört das **Einstecken des konisch erweiterten Stiels** von oben in das Auge, wo er sich bei jedem Schlag

1 Das »Overstrike Collar« bzw. die Schlagschutzmanschette verhindert das Abknicken der Schäftung bei einem Fehlschlag. Selbst gemachte Varianten aus Schnurwicklungen oder Leder sind nicht annähernd so wirksam wie Stahlmanschetten, verringern aber dennoch die Bruchgefahr.

2 Unterschiedliche Griffe, jeweils bei »Full-Tang«-Beilen mit durchgehendem Stiel aus verschiedenen Materialien und leichten Griffmulden.

3 Rillen an einem Druckgussgriff. Sie verhindern das Entgleiten des Stiels zuverlässig, sind aber unangenehm zu greifen.

4 Eingeschnitzte Fischhaut an einer Jägeraxt mit Hickorystiel. Solche individuelle Griffgestaltungen sind Handarbeit.

Hat die Axt ohnehin Griffauflagen, achtet man darauf, dass sie zu den eigenen Händen passen.

Typische Befestigungskeile aus Metall und Holz. Je nach Methode werden sie einzeln oder kombiniert genutzt.

von selbst festsetzt. Der Stiel darf dabei keinen abgesetzten Knauf haben, da er sich sonst nicht durch das Auge führen lässt. Diese Schäftung ist vor allem dann von Vorteil, wenn die Axt demontiert transportiert oder in sehr unterschiedlichen Klimazonen genutzt wird, da sich diese Schäftung selbst nachstellt, wenn das Holz bei trockenem Klima schwindet. Bei Bruch des Stiels lässt sich einfach ein Ersatz aus Holz schnitzen und einpassen.

Bei den meisten Äxten mit Holzstiel wird der Schaft allerdings **von unten in das Auge eingepasst** und durch einen oder mehrere Keile aus Holz oder Metall gespreizt und teilweise zusätzlich verklebt. Diese Verbindung hält sicher und lange, sofern der Axtstiel nicht komplett austrocknet. In diesem Fall kann der Kopf Spiel bekommen und sich im ungünstigsten Fall sogar lösen. Für sehr schwere Äxte gibt es als Schutz gegen das Abfliegen eine von oben in den Stiel geschraubte **Halteplatte.**

Eine bei modernen Äxten relativ neue Schäftung ist eine Art **Wangen- oder Stiellochschäftung,** die bei Modellen mit Kunststoffholm genutzt wird. Der Axtkopf wird in einer Aussparung am Stielende verpresst und teilweise verklebt oder verschraubt. Auch wenn diese Verbindung aus Kunststoff nicht sehr vertrauens-

Die häufigsten Schäftungen sind Spreizung durch Holzkeile, teilweise in Kombination mit einem oder mehreren Metallkeilen oder Ringkeilen.

Die häufigste Befestigungsmethode von Holzstielen ist das Festpressen im Auge durch Spreizung eines Spalts am oberen Stielende.

Sehr schwere Axtköpfe von Spalthammern werden zusätzlich durch eine im Stirnholz des Stiels eingeschraubte Stahlplatte gesichert.

erweckend erscheint, ist sie extrem stabil und löst sich nur in sehr seltenen Fällen. Diese Schäftung schließt allerdings aus, dass solche Modelle umgedreht als Hammer zum Einschlagen von Keilen genutzt werden. Außerdem kann das Abgleiten am Werkstück durch Schäden an den Kunststoffflanken auf Dauer zu einer Schwächung der Verbindung führen.

Axtköpfe von Rettungstools und taktischen Äxten werden oft mit einer ähnlichen, zusätzlich verschraubten Wangenschäftung fixiert.

Verbindung fürs Leben.

Ein mit einem Holzkeil fixierter Axtkopf lockert sich beim normalen Arbeiten in der Regel nur, wenn der Stiel austrocknet oder morsch wird.

Einen losen Kopf bemerkt man an einem »klackernden« Gefühl beim Schwung. In diesem Fall hilft nur eine neue Schäftung oder ein Austauschstiel. Aufschlagen auf den Knauf setzt ihn nur für kurze Zeit wieder fest.

Die Steckschäftung lässt sich leicht lösen und sichert sich von selbst.

Eine moderne Methode ist die Schäftung des Kopfs in einer Kunststofftülle.

DIE WICHTIGSTEN AXTTYPEN.

Weil die Axt so eine lange Tradition hat, wird sie in allen möglichen Formen und Größen hergestellt. Der Verwendungszweck bestimmt die Form.

Äxte – und entsprechend die kürzeren Beile – lassen sich in unterschiedliche Gruppen unterteilen. Nachdem die wichtigsten Bestandteile und deren unterschiedlichen Attribute benannt und beschrieben worden sind, können wir uns einen Blick auf die **Vielzahl der Axtgruppen und deren wichtigsten Vertreter** erlauben. Dabei werden die im Laufe des vorherigen Abschnitts eingeführten Begriffe benutzt.

Es muss klar sein: So scheinbar eng begrenzt man den Begriff »Axt« bzw. »Beil« im Alltag benutzt, gehören zahlreiche Werkzeuge und Waffen zu dieser Gruppe, auch wenn man sie nicht intuitiv dort einordnen würde. Andererseits werden manche Werkzeuge als Axt bezeichnet, die in ihrer Form und Funktion weit von denjenigen der klassischen Äxte entfernt sind.

Dechseln zählen eindeutig zu den Beil- und Axtverwandten – der Unterschied zu Agrarwerkzeugen wie Kreuzhacke oder Widehopfhaue ist nicht groß.

Die Gemeinsamkeit zahlreicher Werkzeuge der »Axtfamilie« ist, dass eine **robuste und massige Schneide** nach manueller Beschleunigung durch einen Schwung auf einen Werkstoff trifft und diesen durch die gespeicherte Bewegungsenergie **schneidend, spaltend, schabend oder auflockernd** bearbeitet. Während Keulen, Hämmer und dergleichen stumpfe Schlagwerkzeuge sind, haben Äxte also immer eine auf irgendeine Weise ausgearbeitete Klinge. Diese kann im Fall von Dechseln auch quer zum Stiel stehen. Tatsächlich ist diese Form ein »Urtyp« der Axt.

Im selben Entwicklungsschritt entstanden allerdings auch Kniestielhacken, wie sie über Jahrtausende als landwirtschaftliches Werkzeug eingesetzt worden sind. Beide Formen haben sich in Grundzügen bis heute erhalten. Dabei werden Decheln zur Holzbearbeitung als »Querbeil« zu den Äxten gezählt. Ebenfalls zum Beispiel Dolabrae, römische Bauäxte, wobei wiederum deren modernen Nachfolger wie Kreuzhacke, Wiedehopfhacke und Reute zu den landwirtschaftlichen Werkzeugen zählen, wenngleich sie eigentlich Dechseln sind und beim Roden wie eine Axt zum Durchhacken von Wurzelwerk genutzt werden.

Bei der Einteilung spielt der zu bearbeitende Werkstoff keine ausschlaggebende Rolle – sowohl Rettungsäxte, Eisäxte, Gipserbeile oder taktische Tomahawks werden nicht zur Bearbeitung von Holz eingesetzt. Zudem gibt es zahlreiche Äxte wie lange Fleischerbeile, Räumäxte oder das Daxgrai, die irgendwo zwischen Axt und Machete liegen. **Eine Axt ist – so scheint es – was der Schmied als Axt bezeichnet.**

Wir konzentrieren uns deshalb hauptsächlich auf die wichtigsten Vertreter der klassischen und besonders oft genutzten Formen.

Forst- und Fälläxte.

Manuelles Handwerk statt Kettensäge: Forstliche Äxte erleben ihr Comeback.

Ein Mann, seine Axt und der Wald. Wenig beschreibt das Lebensgefühl der kernigen Männlichkeit so gut wie das Leben des traditionellen Holzfällers. Bei der gefährlichen Arbeit werden besonders robuste und lange, aber nicht zu schwere Äxte eingesetzt.

Die anspruchsvolle Arbeit erfordert einen absolut scharfen, schlanken und langen Axtkopf. Schräg zur Faser des Baums muss eine präzise Kerbe gehackt werden – ihre Ausarbeitung entscheidet, ob der Baum richtig fällt. Dabei wird das Holz geschnitten und nicht gespalten. Die langstielige Fällaxt wird an dicken Stämmen viele hundert Mal geführt, bis sich der Kopf tief in das Kernholz gearbeitet hat. Dabei erfolgt der Schwung seitlich und nicht vertikal, wobei ein genauer Winkel eingehalten werden muss, damit präzise Keile aus dem Stamm geschnitten werden können, ohne dass sich die Axt verkantet oder abrutscht.

Der **Stiel von Fälläxten ist oft geschwungen,** um die Hackrichtung besser zu kontrollieren und den Aufschlag abzumildern. Ermüdungsfreies und sicheres Fällen funktioniert nur mit der passenden Fällaxt, die den Holzfäller oft ein Leben lang begleitet. Um bei der Fällarbeit unterschiedlich geschärfte Schneiden am selben Werkzeug zum Fällen und Entasten verfügbar zu haben, ist die traditionelle Holzfälleraxt eigentlich als Doppelaxt mit unterschiedlichen Klingen ausgeführt. Aufgrund der höheren Verletzungsgefahr und dem größeren Gewicht des Doppelkopfes und weil es heute meist problemlos möglich ist, mehrere Äxte für unterschiedliche Zwecke mit in den Wald zu transportieren, werden praktisch nur noch einschneidige Forst- und Fälläxte gefertigt und genutzt. Doppeläxte werden heute dagegen als Sportgerät geführt.

Die Forst- und Fällaxt wird häufig auch als **»Universalaxt«** beschrieben – und das ist sie aufgrund ihrer zahlreichen Anwendungsmöglichkeiten auch.

Abgebildetes Modell	Forstaxt
Hersteller	Gränsfors
Preis	ca. 130 EUR
Gesamtlänge	64 cm
Gewicht	1.200 g

AXT-KONZEPTE:
FÜR DEN WALD

① Beil im Walde.

Skandinavische Äxte wie das Gränsfors Bruks Forstbeil sind mittlerweile auch in Deutschland extrem beliebt. Dabei lehnt sich der hauptsächlich eingesetzte Kopf der Skandinavier der »Berliner Form« mit leicht ausgezogenem Bart an. Die relativ gerade obere Nacken-Schneidenlinie und der ballige Anschliff machen die leichte und kurze Axt bzw. das lange und schwere Beil zur **idealen Begleiterin für den Wald.** Die Wangen besitzen einen leicht konvexen Gegenschwung und machen den Kopf vergleichsweise leicht. Sie ist gut zum zum Entasten und Fällen von borealem Nadelholz geeignet. Schweres Holz ist dagegen nicht ihr nativer Einsatzbereich.

Mit 50 Zentimetern Gesamtlänge und 900 Gramm Gewicht kann das Forstbeil auch gut mit einer Hand geführt werden. Beim Transport ist es durch den vegetabil gegerbten Schneidenschutz sicher verwahrt. Wie die meisten skandinavischen Modelle ist auch das Gränsfors Forstbeil mit einem elegant geschwungenen Hickorystiel mit deutlichem Knauf versehen.

Das elegante Forstbeil gehört zu den beliebtesten Modellen für Waldläufer.

② Like a Boss.

Cold Steel hat in der Messer-, Schwert- und Axtszene nicht nur aufgrund zahlreicher sehr unterhaltsamer Werbevideos Kultstatus. Vielmehr werden **qualitativ hochwertige Werkzeuge in industriellem Maßstab** angeboten, die ein sehr gutes Preis-Leistungs-Verhältnis haben.

Die Trail Boss ist mit 70 Zentimetern Länge ein ziemlich brachiales Werkzeug. Der Kopf in »rheinischer Form« mit hoher, konvexer Schneide ist vergleichsweise lang. Aufgrund ihrer Länge (auf den wenig geschwungenen Stiel entfallen 65 Zentimeter) ist sie eher etwas für große und kräftige Holzfäller.

Die brachiale Fällaxt Trail Boss ist nichts für den Rucksack.

	①	②	③
Abgebildete Modelle	Forstbeil	Trail Boss	Double Bit Michigan
Hersteller	Gränsfors	Cold Steel	Condor
Preis	ca. 120 EUR	ca. 45 EUR	ca. 90 EUR
Gesamtlänge	50 cm	70 cm	66 cm
Gewicht	900 g	1.200 g	1.400 g

Die Doube Bit ist ein preiswertes Modell für den Axtprofi und Doppelaxteinsteiger.

③ Moderner Klassiker.

In alter Holzfällertradition ist die Condor Double Bit eine sogenannte **»Michigan«-Axt mit geradem Stiel mit leicht angedeutetem Knauf.** Die preiswerte Axt lässt sich zwar als Wurfaxt verwenden, durch den Knauf ist sie aber eher in der Praxis angesiedelt. Die beiden Klingen sind im Gegensatz zu klassischen Doppeläxten nicht deutlich unterschiedlich ausgebildet (zum Fällen und Entasten) sondern bilden eine Redundanz, um länger ohne Schärfen arbeiten zu können.

Mit mehr als 1.300 Gramm Gesamtgewicht und den zwei Klingen ist sie eher für den erfahrenen Anwender gedacht.

Ochsenkopfäxte sind nicht umsonst beim »Forst« beliebte Arbeitsmodelle.

① Arbeitstier.

Ochsenkopf ist eine deutsche Axtschmiede, die Äxte für den **professionellen und kompromisslosen Forsteinsatz** herstellt. Der industriell gefertigte Kopf der »Gold-Äxte« ist hochglanzpoliert und hat eine breite leicht ballige und lange Schneide. Das Eisen in der »Rheinischen Form« ist mit einem Ringkeil geschäftet. Zusätzlich wird der Kopf durch eine über dem Auge eingeschraubte Platte aus Stahl gegen Verlust gesichert. Eine weitere Sicherungseinrichtung ist der lange Overstrike-Schutz am klassischen Kuh-Fuß aus Hickory.

Die zusätzliche Sicherheit schlägt sich in einem recht hohen Gesamtgewicht von rund 2.100 Gramm nieder.

	①	②	③
Abgebildete Modelle	Gold-Forstaxt	Amerikanische Fällaxt	Hacha Catalana #3
Hersteller	Ochsenkopf	Gränsfors	Pallares
Preis	ca. 80 EUR	ca. 200 EUR	ca. 50 EUR
Gesamtlänge	70 cm	80–90 cm	55 cm
Gewicht	2.100 g	2.400 g	800 g

② Amerikanischer Fällmeister.

Die Amerikanischen Fälläxte von Gränsfors haben einen langen, breiten, balligen und massiven Kopf mit langem Nacken und scharfer, relativ gerader Schneide. Mit einer Gesamtlänge von bis zu 90 Zentimetern können **extrem kräftige Schläge quer zur Faser** ausgeführt werden. Die Kopfgeometrie erleichtert dabei das tiefe Eindringen und verhindert das Feststecken im Holz.

Ebenfalls lässt sich der Kopf gut zum Spalten nutzen. Alleine das Entasten ist mit der langen und insgesamt über 2.400 Gramm schweren Axt mühsam.

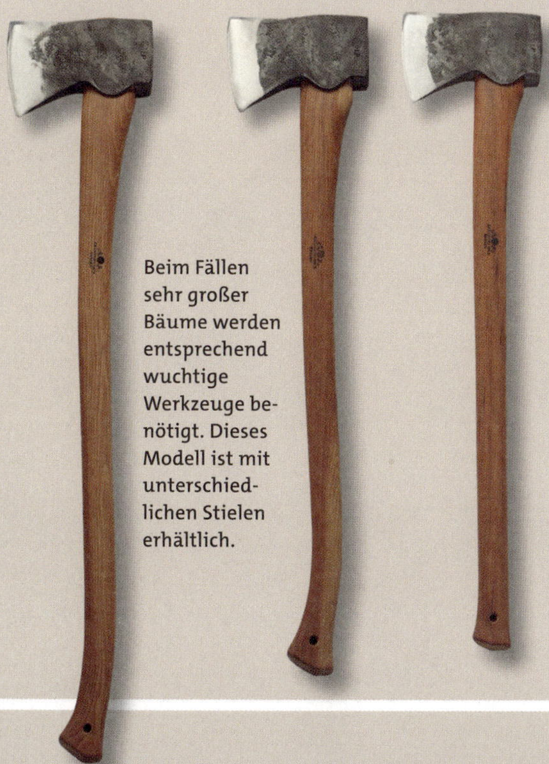

Beim Fällen sehr großer Bäume werden entsprechend wuchtige Werkzeuge benötigt. Dieses Modell ist mit unterschiedlichen Stielen erhältlich.

③ Katalanischer Sonderling.

Nicht nur auf den ersten Blick ist die Katalanische Forstaxt von der spanischen Messermanufaktur Pallares etwas Spezielles. Schon die Kopfform lässt sich kaum in ein bekanntes Schema einordnen. Nacken und Schultern sitzen als dünner Ring über einem fast runden und geraden Stiel. Die Wangen ziehen sich in einem Schwung nach oben, wobei die Klingenbreite fast ausschließlich durch eine Erweiterung der Oberseite definiert wird. Die scharfe und fast gerade Schneide sitzt mit leichtem Hang zum »Überbiss« fast komplett oberhalb des Auges.

Die Form erinnert ein wenig an die fränkische »Franszíska«, kommt aber von einem komplett anderen Anwendungsbereich: Die Form der so genannten katalanischen Äxte eignet sich zum **Schälen und Beschneiden von Korkeichen.** Durch die schmale Schneide ist sie eine sehr ästhetische Axt zum Entasten und Roden von Jungbestand.

Eine sehr spezielle Axt mit katalanischem Temperament.

Spaltäxte und -hämmer.

Heizen mit Holz ist klimaneutral und preiswert – sofern man es von Hand aufbereitet.

Bäume wachsen im Laufe ihres langen Lebens, indem sie unter der Borke jährlich eine Doppelreihe von Jahresringen anlegen – lange und parallele Fasern, die die tonnenschwere Last der Krone auch während der Herbststürme sicher tragen.

Untereinander sind die Fasern allerdings nur schwach verbunden. Deshalb lassen sie sich einfach voneinander sprengen. Diese robuste Arbeit zur Vorbereitung des Feuerholzes wird mit Spaltbeilen oder -hämmern durchgeführt. Mit den **massigen Köpfen** lassen sich auch knorrige Eichenstämme in wenigen Schlägen auf dem Hackblock zerteilen.

Dazu muss das Holz allerdings auf eine spaltbare Länge gekürzt worden sein. Bei längerem und langfaserigem Holz oder um Astlöcher herum kann es vorkommen, dass sich der Axtkopf im Holz verklemmt und nur mit großer Mühe wieder entfernt werden kann. Um diesem Problem zu begegnen, haben Spaltäxte nicht nur eine teils **sehr scharfe Schneide,** mit der quer liegende Fasern durchtrennt werden können, sondern auch einen **sehr breiten Kopf.**

Konvexe Wangen dringen einfacher tief in das Holz ein und drücken die Holzfasern beim Spalten von der Klinge weg. Dabei hat nur jeweils ein kleiner Bereich der Flanken direkten Kontakt mit dem Holz. Einige Modelle haben seitlich am Kopf einen Keil angebracht. Spitzwinklige und leicht konkav geschliffene Universaläxte haben diesen Vorteil dagegen nicht, werden stärker abgebremst und verklemmen sich erheblich schneller.

Noch massiver als Spaltäxte sind Spalthämmer. Sie haben einen **rückseitigen Hammernacken** zum Einschlagen von Keilen. Aufgrund der schieren Gewalt, mit der Spaltwerkzeuge geführt werden, muss die Kopfverbindung außerordentlich stabil sein und ist oft durch eine Leder- oder Stahlmanschette gegen Beschädigung geschützt. Spaltgeräte lassen sich nur mühsam für andere Zwecke nutzen.

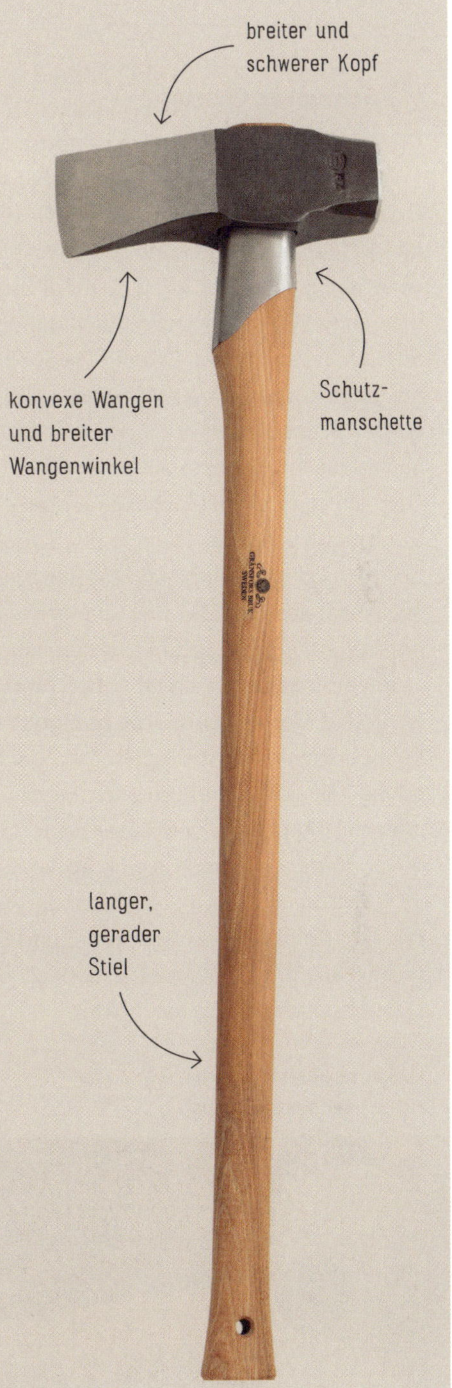

Abgebildetes Modell	Spalthammer
Hersteller	Gränsfors
Preis	ca. 160 EUR
Gesamtlänge	80 cm
Gewicht	3.200 g
Nackenschläge	vorgesehen

① Schwerer Ochse.

Die Arbeit mit Spalthämmern ist Vertrauenssache. Wer einen 3-Kilogramm-Kopf über seinen eigenen anhebt, um sie mit großer Geschwindigkeit in eine verwachsene Eichenscheibe zu schlagen, möchte sich auf eine möglichst bleibende Verbindung zwischen Axtkopf und Stiel verlassen können. Der Big Ox Spalthammer mit lange ausgezogenen Wangen, einem sehr großen Schneidenwinkel und einem riesigen und schweren Hammernacken ist ebenso wie die Gold-Universalaxt mit **Sicherungsplatte und Stielschutz** versehen. Denn Fehlschläge bleiben bei der niedrigen Klinge und diesem Einsatzbereich nicht aus. Der Stiel des Spalthammers ist gerade und mit 90 Zentimetern sehr lang.

In Verbindung mit einem hohen Kopfgewicht ist die Axt ideal für Einsteiger geeignet: Bei Fehlschlägen reagiert sie gutmütig, der Prellschlag hält sich in Grenzen und unterschätzt man mal die Energie und zerteilt den Hackblock, landet sie zuverlässig im Boden und nicht im Fuß. Zudem muss man sich bei der Arbeit mit dem Koloss die richtige Hebe- und Schlagtechnik aneignen, sofern man mehr als ein paar Lagerfeuerscheite spalten möchte.

Sicherungsplatte und Stielmanschette sichern den massigen Kopf.

Baukastenprinzip: Spaltaxt und -hammer in einem.

② Halblast.

Der innovative Spalthammer von Datum-Werkzeuge verbindet das ermüdungsfreie Arbeiten einer leichten Spaltaxt mit der Wucht eines vollwertigen Spalthammers. Der **modular aufgebaute Kopf** klemmt mit einer von vier Schrauben angespannten Platte auf dem geraden Eschenstiel. Zusätzlich wird er vor Verlust mit einer durch den Stiel gehenden Schraube gesichert.

Die Klemmtülle ist gleichzeitig ein Overstrike-Schutz. Der mit einem Kunststoffpuffer geschützte Hammernacken ist vom sehr breiten Kopf abnehmbar. Das Kopfgewicht kann so von 3 kg auf 1,5 kg halbiert werden.

	①	②	③	
Abgebildete Modelle	Big Ox 635	Spalthammer	Spaltaxt X17	Norden N12
Hersteller	Ochsenkopf	Datum-Werkzeuge	Fiskars	Fiskars
Preis	ca. 90 EUR	ca. 160 EUR	ca. 50 EUR	ca. 65 Euro
Gesamtlänge	90 cm	90 cm	60 cm	52 cm
Gewicht	4.200 g	2.000 g – 3.500 g	1.500 g	1.300 g
Nackenschläge	vorgesehen	vorgesehen	nicht möglich	nicht möglich

Mittlerweile als »unzerbrechlich« bekannt, aber immer noch gewöhnungsbedürftig im Aussehen sind die modernen Axtstiele von Fiskars.

③ Industriestandard.

Man muss die modernen Äxte mit Glasfaserstiel und beschichtetem Kopf nicht schön finden. Allerdings sind die industriell gefertigten Modelle von Fiskars nicht nur preiswert und leicht, sondern auch sehr zuverlässig. Mit nur gut anderthalb Kilogramm Gesamtgewicht lässt sich die Spaltaxt auf **hohe Geschwindigkeiten** bringen. Den geraden Messeranschliff kann man einfachst nachschleifen. Ein einseitig an der Wange sitzender konkaver Spaltkeil sprengt Holz zuverlässig und leitet es von der Schäftung. Allerdings überträgt der steife, gerade Stiel schmerzhafte Prellschläge auf die Hand. Nackenschläge zerstören die Axt.

Traditionssynthese: Seit 2020 gibt es die Fiskars »Norden« mit eingelassenem Hickorygriff.

Handwerkeräxte .

Mit der Axt vom grob behauenen Balken zum fein ausgearbeiteten Möbelstück.

In Zeiten, zu denen Holz der wichtigste Werkstoff zum Bau von Häusern und Möbeln war, haben sich eine große Anzahl unterschiedlicher und spezialisierter Äxte entwickelt.

Beim Bau eines Blockhauses nutzt man derbe querschneidige Dechseln, um die Stämme abzuflachen oder einzukerben, Breitbeile werden zum Ausformen von Balken eingesetzt. Das Mobiliar fertigt man mit sehr scharfen Schnitz- und Tischlerbeilen, deren Schneide je nach Einsatz gerade, abgerundet, schräg gestellt und teilweise mit einem langen Bart versehen ist.

Handwerksäxte mit Bart haben den Vorteil, dass man sie unmittelbar hinter der Schäftung fassen und so die komplette Klinge führen kann, ohne gegen die Hebelwirkung des Stiels zu arbeiten. Die Klinge ist im Gegensatz zu anderen Axttypen oft **flach angeschliffen und selten ballig,** da mit den Werkzeugen nur geschnitten und nicht gesprengt werden soll. Einige Handwerksäxte für die Bearbeitung von Oberflächen sind an der Klinge nur einseitig geschliffen, während die abgewandte Seite flach ist. Bei einigen, heute allerdings kaum noch gebräuchlichen Handwerksäxten ist die Klinge dezentral am Kopf angeschmiedet oder so gebogen, dass die Schäftung beim Arbeiten nicht am Werkstoff anliegt. Vor allem bei solchen asymmetrisch aufgebauten, sogenannten Seitbeilen ist darauf zu achten, dass nicht jedes Modell sowohl für Rechtshänder als auch für Linkshänder geeignet ist.

Die unterschiedlichen Formen der Handwerksäxte sind ebenso zahlreich wie deren traditionelle Anwendungsgebiete im Holzbau und der Tischlerei. Gemein haben sie allerdings, dass sie **oft fein und leicht** ausgeführt sind und keine allzu grobe Behandlung akzeptieren – möchte man mit ihnen doch zarte Kanten brechen, ebene Bretter zuschneiden und präzise Nutverbindungen herstellen, die auch noch nach Jahrhunderten die Form halten.

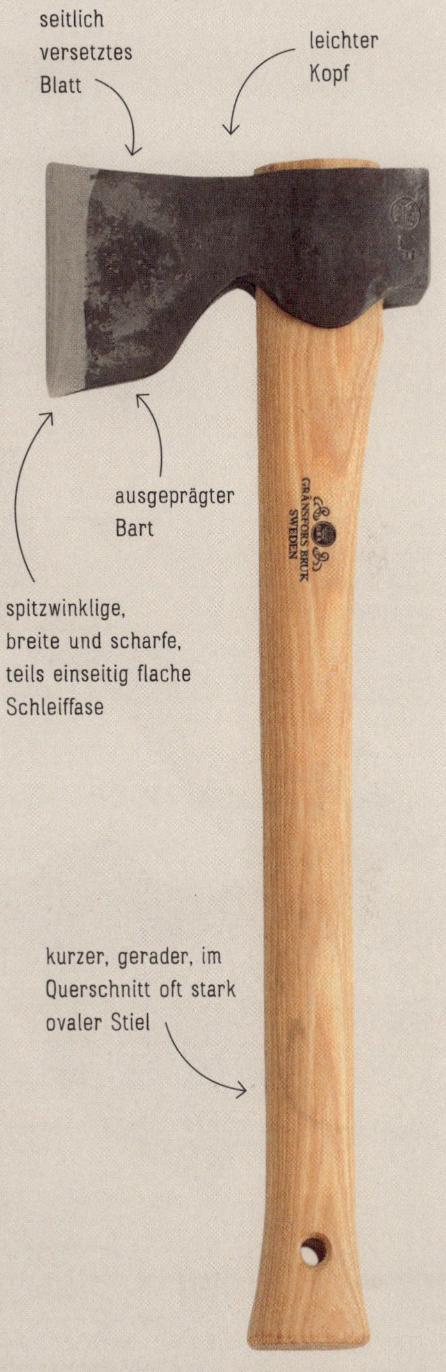

Abgebildetes Modell	Tischlerbeil
Hersteller	Gränsfors
Preis	ca. 150 EUR
Gesamtlänge	45 cm
Gewicht	900 g

Das riesige Blatt täuscht. Durch die dünnen Wangen ist das Zimmermansbeil leicht und führig.

① Blockhausmacher.

Zimmermannsbeile sind beim traditionellen Bau von Dachstühlen und Holzständerwerken von Fachwerkhäusern neben der Säge das wichtigste Werkzeug. Mit ihnen werden eckige Balken aus Stämmen geschnitten. Dabei arbeitet man längs zur Faser. Die Form der sehr hohen und sehr scharfe Schneide ist ausgeprägt konvex. Mit ihr werden **weiche Schnittschläge** durchgeführt. Die Wangen sind flach gehalten und gehen nur unmerklich in die Schultern über. Dadurch kann die Axt sehr nah am Holz geführt werden.

Das Gränsfors Zimmermannsbeil 1900 ist speziell für diese Aufgabe in einer Variation mit leicht abgeknicktem Blatt verfügbar.

	①	②	③
Abgebildete Modelle	1900	Hohl-/Flach-dechsel	Schnitzaxt
Hersteller	Gränsfors	Gränsfors	Gränsfors
Preis	ca. 250 EUR	ca. 240 EUR	ca. 180 EUR
Gesamtlänge	37 cm	65 cm	37 cm
Gewicht	1.000 g	1.400 g	1.000 g

② Querkopf.

Möchte man große Balken zum Bau von Blockhütten, Wänden, Brücken und dergleichen aufbocken, müssen mindestens 2 Seiten abgeflacht oder eine Seite zur Nut hohl geschlagen werden. Kleinere Balken, die man aufbocken kann, werden von der Seite mit der breiten Zimmermannsaxt bearbeitet. **Ganze Stämme flacht man dagegen mit Dechseln von oben.** Dabei dringt die Dechsel im flachen Winkel quer zur Faser ein, weshalb die Werkzeuge in Richtung Stiel eine einseitig angeschliffene Schneide an ihrer Querklinge haben.

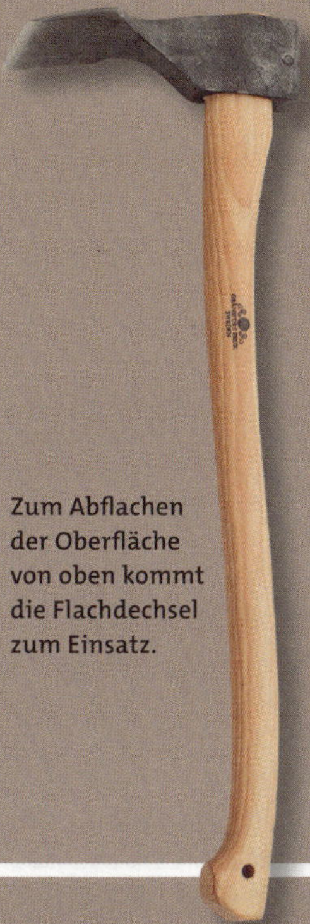

Zum Abflachen der Oberfläche von oben kommt die Flachdechsel zum Einsatz.

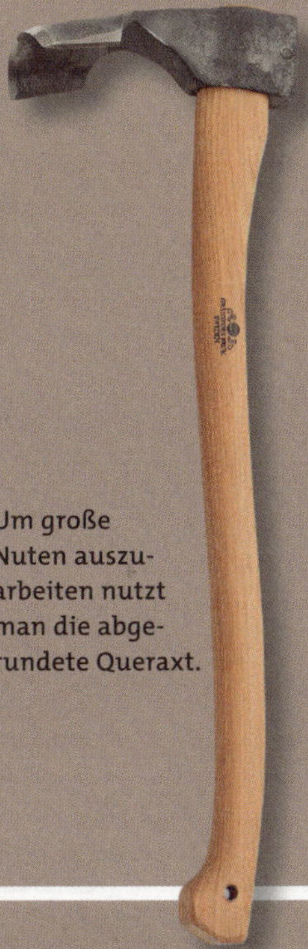

Um große Nuten auszuarbeiten nutzt man die abgerundete Queraxt.

③ Grobe Feinheiten.

Äxte werden in aller Regel zum groben Ausformen von Werkstücken genutzt. Die beschleunigte Schneide ist schlicht zu grobschlächtig, um feine Strukturen auszuarbeiten, ohne sie zu zerstören. Schnitzbeile und Schnitzäxte sind in ihrer Kopfgeopmetrie an sehr **feines und schwungarmes Arbeiten** ausgelegt. Der nach oben gerichtete Hang und die spitz auslaufende obere Schneidenecke ermöglichen das Schnitzen wie mit einem Messer. Der Bart ermöglicht das sehr kurze Greifen, ohne dass die Klingenhöhe reduziert werden muss. Deshalb lassen sich Schnitzäxte zum Glätten und Abrichten kleiner Flächen ebenso nutzen wie zum Einschnitzen von einfachen Intarsien.

Die Schneide ist leicht ballig – bei manchen Modellen mit unterschiedlichen Schleiffasenbreiten für Rechts- oder Linkshänder, die Wangen fast gerade, um ein flaches Anlegen an den Werkstoff zu ermöglichen.

Eine gute Schnitzaxt schneidet Holz nicht schlechter als ein Messer.

Jagdbeile.

Waidwerkzeug für Hochsitzbau, Zerwirken, Feuerholz – und falls die Sau nicht liegen bleibt.

Als Jäger noch nur mit Büchse und Rucksack ausgestattet für längere Zeit durch Wald und Flur streiften, war das Jagdbeil ein wichtiges Werkzeug für die Bewältigung täglich anfallender Aufgaben.

Um es immer dabeihaben zu können, muss es leicht und kompakt sein. Allerdings sollte damit dennoch ein Unterstand aus Tannenstangen gefertigt, eine Schussschneiße freigehalten oder Feuerholz gespalten werden können. Hier hilft ein für den leichten Kopf langer Stiel. Modelle mit kurzem Stiel sind leichter zu transportieren, dafür bei weitem nicht so universell nutzbar.

Nach dem Erlegen eines Tieres eignet sich die **fein ausgearbeitete und rasiermesserscharfe Klinge** von Jagdbeilen zum Aufbrechen. Dabei werden nicht nur die Körperhöhlen geöffnet, sondern auch der Brustkorb und der sogenannte Schlossknochen der Hüfte »aufgebrochen«. Beim Häuten – der Jäger sagt »aus der Decke schlagen« – gleitet der hinten abgerundete und oft sogar polierte Nacken des Axtkopfes unter die Haut des Tieres und löst sie so vom Fleisch, ohne dass Verletzungen an Fell oder Wildbret entstehen. Auch beim Zerteilen großer Wildarten für den Abtransport aus abgelegenen Regionen ist ein Jagbeil ein hilfreiches Werkzeug. Mit ihm können Gelenke durchschlagen werden, die im Schlachtraum mit einer Knochensäge durchtrennt werden würden.

Da das Aufbrechen eine blutige Angelegenheit ist und oft mit klammen Fingern einhergeht, sind bei Jagdäxten **Rillen oder eine »Fischhaut«** im Stiel eingeschnitten, die die Gefahr des Abrutschens verringern. Heute werden Jagdäxte aus Gründen der Lebensmittelhygiene nur noch selten für die »Rote Arbeit« genutzt. Möchte man dies machen, sollte man bei der Pflege von Jagdäxten darauf achten, sie nur mit lebensmittelechten Produkten zu behandeln und sie vor und nach dem Einsatz am Fleisch gut zu reinigen.

Abgebildetes Modell	Jägerbeil
Hersteller	Gränsfors
Preis	ca. 140 EUR
Gesamtlänge	50 cm
Gewicht	900 g

① Schmuckstück.

Das Unna Aksu Brun ist ein zierliches Jagdbeilchen, das eigentlich zu schade für den Einsatz ist. Der Edelstahlkopf mit Ohren und Bart ist nicht nur scharf, sondern auch lebensmittelecht.

Zusammen mit dem abgerundeten Nacken ist sie zum **Verarbeiten von leichterem Wild** gut geeignet. Der Griff der zierlichen Axt ist aus Maserbirke, der Knauf mit einer Knochenscheibe besetzt. Für kleinere Arbeiten lässt sich das Beil gut einsetzen.

Die fehlende Faserstruktur im Stiel verbietet den harten Spalteinsatz.

Kein Spalter, aber ein wunderbares Geschenk für Jungjäger.

② Jagdanwärter.

Dass Jagdäxte wuchtig sein können, zeigt Hultafors mit seiner Jagdaxt Ekelund. Die winterliche Jagd im kalten Norden erfordert eine Axt, mit der auch **Feuerholz** gespalten werden kann, und im Erfolgsfall muss auch mal ein **Elch zerlegt** werden. Der klassische Kuhfuß ist für das geringe Kopfgewicht lang. Der Griffschwerpunkt liegt im oberen Drittel – nicht unmittelbar unter dem Kopf. So kann man mit der Axt mit einer Hand angenehm hacken. Die Schneide ist ballig, die Wangen gehen fast gerade in die Schultern über.

Wer die Ekelund für Jagdzwecke nutzen möchte, kommt um eines nicht herum: Mit Feile und Schleifstein muss der für das Enthäuten deutlich zu kantige Nacken abgerundet werden.

Für die Jagd mit kleinem Vorbehalt geeignet: die elegante Ekelund.

Beim »Enthäuten« wird der abgerundete Nacken zum Ablösen des Fells genutzt.

	①	②	③
Abgebildete Modelle	Unna Aksu	Ekelund	Camping Hatchet
Hersteller	Karesuando	Hultafors	Condor
Preis	ca. 170 EUR	ca. 100 EUR	ca. 70 EUR
Gesamtlänge	25 cm	50 cm	35 cm
Gewicht	350 g	850 g	800 g

③ Kompakter Begleiter.

Eigentlich als Reiseaxt konzipiert, bringt die Camping Hatchet von Condor alles mit, was eine Jagdaxt braucht. Der kleine Kopf im Stil einer Amerikanischen bzw. Kanadischen Fällaxt geht von der balligen Schneide fast keilförmig in die Schultern über. Die niedrige Schneide erlaubt es, sowohl leichtere **Rodungs- und Entastungsmaßnahmen** durchzuführen, als auch kleinere Scheite zu spalten.

Beim Verarbeiten von Wild können damit kleine und präzise Schnitte gemacht werden, ohne das Wildbret großflächig anzuschneiden. Der Nacken ist abgerundet und eignet sich zum **Abziehen und Abschwarten.**

Eine ungeplant gute Jägeraxt.

Eine Axt ist immer ein treuer Weggefährte.

Reise- und Trekkingäxte.

In den Regionen des borealen Nadelwaldes ist eine gute Trekkingaxt oder ein Trekkingbeil seit jeher unverzichtbarer Bestandteil der Ausrüstung und wird von Anwendern nicht weniger geschätzt als ein Messer, dessen nativer Einsatzzweck das Schneiden und viel weniger das Hacken oder Spalten ist.

Viele Reisende verlassen sich deshalb auf die Kombination eines handlichen Messers und einer guten Reiseaxt. Geeignete Modelle müssen problemlos am Rucksack befestigt, im Kanu oder in der Satteltasche des Pferdes verstaut werden können. Kleine Beile, die beispielsweise beim Reisigsammeln oder dem Anlegen von Pfaden häufig genutzt werden, können zudem an einer Gürtelschlaufe fixiert werden und bleiben so ständig zugriff- und einsatzbereit.

Ein **durchschnittfester Schneidenschutz** ist Pflicht. Er verhindert auch bei einem Sturz auf die scharfe Klinge Beschädigung der Ausrüstung oder Verletzung von Mensch und Tier. Auch mit kleinen reisetauglichen Outdoorbeilen lassen sich dicke Äste abhacken, kleinere Bäume fällen und Feuerholz spalten. Als Universalbeil besitzen sie eine scharfe, eine leicht ballig geschliffenen Schneide mit einem spitzen Keilwinkel. Das Kopfgewicht ist gering und liegt bei vielen Trekkingäxten unter einem Kilogramm. Der Stiel ist bei einigen Modellen gerade noch ausreichend zum sicheren Greifen.

Um mit so einem Beil genügend Wucht zum Arbeiten zu erzeugen, muss es mit fast gestrecktem Arm geschwungen werden. Zudem ist der Griff so nahe am Axtkopf, dass beim Spalten oder Abrutschen Verletzungen der Finger durch den Werkstoff kaum vermieden werden können. Häufiger findet man deshalb Stiellängen, die zwischen typischen Beil- und Axtlängen liegen und so sowohl zum **einhändigen** als auch – eingeschränkt – zum **zweihändigen Schwingen** geeignet sind.

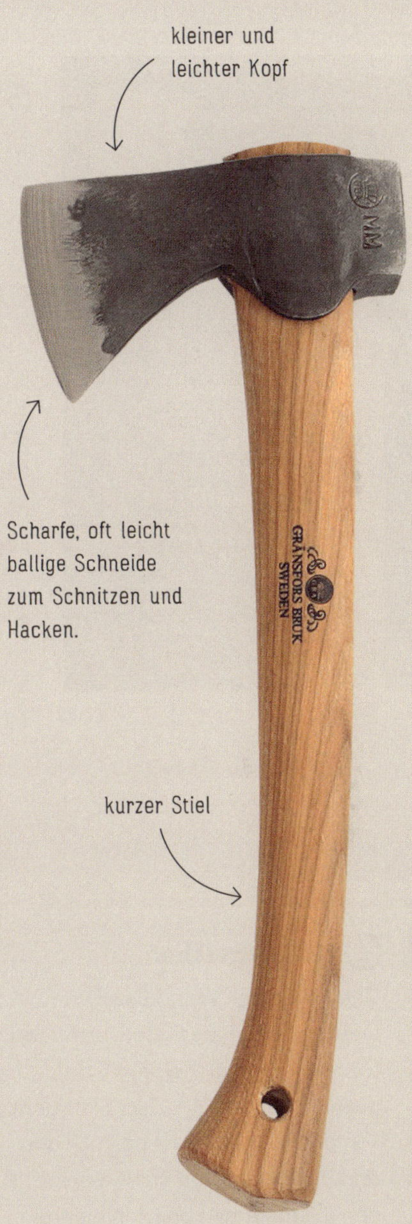

Abgebildetes Modell	Minibeil
Hersteller	Gränsfors
Preis	ca. 120 EUR
Gesamtlänge	26 cm
Gewicht	350 g

Schrauben statt Keilen – Stielwechsel in wenigen Momenten.

① Reisestecker.

Die kleine Trierer Axtmanufaktur Datum-Werkzeuge hat mit dem »Beil 32« ein sehr spannendes Werkzeugkonzept entwickelt, das sich ideal für Reisen nutzen lässt, auch wenn das sicher nicht die eigentliche Intention gewesen ist. **Der Kopf sitzt mit einer Schelle befestigt auf dem Stiel aus Esche.** Dabei liegt die Klemmstelle in einer leichten Verjüngung, so dass auch bei gelockerter Schelle der Kopf nicht wegfliegt. Das schnelle Abnehmen vom Stiel ermöglicht getrennten Transport der beiden Teile im Rucksack oder Kajak. Braucht man mehr Wucht, lässt sich mit etwas Geschick auch unterwegs ein längerer Stiel fertigen, der nach Nutzung wieder gewechselt wird.

Der 600 g leichte Kopf hat einen leicht verbreiteten Hammernacken und ein dünnes, zwischen Wangen und Schultern nur leicht konkaves Blatt.

② Holzengelchen.

Das kleine Beil Wood Devil von Outdoor Edge steht stellvertretend für zahlreiche, **aus einem Stück gefertigte** Modelle. Das Blatt geht von der Schneide in eine angedeutet konvexe Wange über, die vor den »Schultern« abrupt in einem Absatz auf einem halben Zentimeter endet. Die Schneidfase ist flach und einzige sichtbare blanke Stelle – der restliche Stahl – ist dunkel passiviert. Der Stiel ist in einem Kunststoffgriff eingesteckt. Fäll- oder Spaltarbeiten wird kaum jemand mit dieser Beilform durchführen – die geringe Dicke an den Schultern erzeugt dafür zu wenig Druck und jeder Schlag erzeugt einen entsprechenden Prellschlag. Dennoch hat auch dieses robuste Beil seine Berechtigung in zahlreichen kleineren Arbeiten.

Zu Holz mehr Engelchen als Wood Devil.

	①	②	③
Abgebildete Modelle	Beil 32	Wood Devil	X5
Hersteller	Datum-Werkzeuge	Outdoor Edge	Fiskars
Preis	ca. 65 EUR	ca. 50 EUR	ca. 30 EUR
Gesamtlänge	32 cm	25 cm	23 cm
Gewicht	800 g	400 g	550 g

Funktionell, aber nicht für Anfänger geeignet.

③ Minimalkonsens.

Während man über Ästhetik diskutieren kann, spricht die technische Ausführung eine deutliche Sprache. Der Stiel und der hohe Kopf des Stummelbeils lassen gerade mal Platz für die Hand. Dennoch hat die X5 **alles, was ein Beil braucht.** Die leicht konvexe Form, der Messeranschliff und die keilförmigen Wangen wären richtig zum Schnitzen, Roden oder Spalten. Alleine: es fehlt der Stiel. Die Ausführung ist pragmatisch. Orangene Farbe verhindert das Verlegen, ein Plastikschnittschutz bedeckt den Kopf beim Transport. Durch die fehlende Schwunglänge muss mit dem kompletten Arm ausgeholt und gehackt werden. Diese Arbeitsweise macht die Axt trotz ihres niedlichen Aussehens gefährlich und nur etwas für erfahrene Anwender.

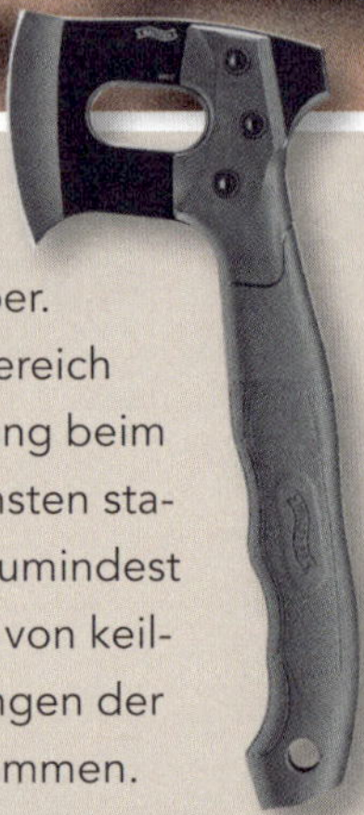

① Diesmal Bleifrei.

Man mag dem Design der Walther Compact Axe ansehen, dass der Hersteller ansonsten eher Handfeuerwaffen fertigt. Zumindest hat der **rutschfeste Polymerstiel,** in dem der Kopf in einer geschraubten **Klemmschäftung** fixiert ist, große Ähnlichkeit mit einem Pistolengriff. Das Blatt der Axt ist mit spitzer Ferse und einer einfachen Messerschleiffase versehen. In einem leicht konkaven Schwung geht diese nach wenigen Zentimetern in komplett flache Wangen über.
Die im hinteren Bereich fehlende Sprengung beim Hacken des ansonsten stabilen Blatts wird zumindest bei leichtem Holz von keilförmigen Erhebungen der Schäftung übernommen. Härteres Material verklemmt.

Bei weniger als 300 Gramm Gesamtgewicht ist es ein Werkzeug, das man für kleinere und kleinste Arbeiten immer dabeihat.

Ungewöhnliche Designs können Gewicht sparen – sind aber nicht universell nutzbar.

	①	②	③
Abgebildete Modelle	Compact Axe	Agelsjön	W1
Hersteller	Walther/Umarex	Hultafors	EKA
Preis	ca. 30 EUR	ca. 80 EUR	ca. 90 EUR
Gesamtlänge	23 cm	25 cm	32
Gewicht	300 g	800 g	700 g

② Vandring.

Mit etwa 25 Zentimetern Gesamtlänge ist dieses Trekkingbeil kein Riese. Der Kopf in typisch schwedischer Ausführung mit balliger Schneide, konkaver Wange, Ohren und angedeutetem Bart bildet aber einen Schwerpunkt, der es erlaubt, mit **Schlägen aus dem Handgelenk zu hacken.** Mit dem hohen Nacken und der bewährten Augenschäftung lässt sich außerdem die angesetzte Schneide mit Schlägen eines Holzknüppels schadlos durch dickeres Material treiben und somit Feuerholz spalten. Hilfreich ist dabei auch der geschwungene Hickorystiel mit deutlichem Knauf.

Das Agelsjön sieht wegen des relativ dicken Stiels etwas pummelig aus.

Durchdachtes Design in kompakter Form.

③ Durchdachte Schwungmasse.

Vergleicht man das EKA Hatchblade mit anderen Vollmetallbeilen, fallen einige Besonderheiten auf, die ihren Gebrauchswert deutlich steigern. Der kompakte Kopf mit mit leichtem Hang nach hinten ist aus einem **schnitthaltigen Sandvik-Stahl** gefertigt, der sich sehr scharf ausschleifen lässt. Feinere Strukturen können mit Griff über den Nacken bearbeitet werden, wobei ein Finger für bessere Kontrolle durch das Loch im Kopf gesteckt wird. Der Kopf selbst ist erheblich dicker als der Stiel. Er verdickt sich ganz leicht konvex keilförmig bis zum Nacken auf immerhin 13 Millimeter. Diese Geometrie verklemmt sich allerdings gerne in festem Holz.

Der **skelettierte Stiel und die rutschfesten Griffschalen** aus Glasfaserkunststoff in Holzoptik erhöhen die Kopflastigkeit und federn den Prellschlag etwas ab.

Pionier- und Campingbeile.

Das Klauenbeil ist ein hunderttausendfach bewährter Arbeitskollege.

Nur für den gemäßigten Spalt- und Hackeinsatz, aber vielmehr als Universalwerkzeug dienen Pionieräxte und deren Verwandte, die oft zahlreiche Funktionen vereinen.

Mit Ausnahme einiger traditioneller Militärmodelle wie dem Klauenbeil der Bundeswehr, sind moderne Pionier- und Campingbeile nicht an einem Holzstiel geschäftet, sondern bestehen **aus einem einzelnen gegossenen oder geschmiedeten Stahlstück** oder sind an einem Stahlrohr geschäftet. Dies gibt außerordentliche Festigkeit beim Hebeln und Hacken, geht aber auch mit einem unangenehmen Rückschlag auf den Griff einher. Um diesen zu reduzieren, sind solche Modelle oft mit federnden Griffauflagen versehen.

Ein häufiges Merkmal ist eine **»Klaue« bzw. ein Nagelauszieher,** der im Campingeinsatz zum Herausheben von festsitzenden Heringen genutzt wird. Der Nacken vieler Pionier- und Campingbeile ist abgeflacht oder wie ein klassischer und vollständig funktionsfähiger Hammerkopf ausgeformt. Zudem sind teilweise Schraubendreher, Säge, Kapselheber, Ringschlüssel und dergleichen mehr in Kopf oder Griff eingearbeitet. Berüchtigt sind hierfür die Pionieräxte der ehemaligen Sowjetunion, die heute weniger Gebrauchs- als Sammlerwert als Kuriosum haben.

Die meist nicht allzu scharf geschliffene Schneide eines Campingbeils nutzt man sowohl **zum Spalten kleinerer Stämmchen, zum Schälen von Holzstangen als auch zum Auflockern des Bodens.** Nur wenige Modelle eignen sich tatsächlich auch zum ernsthaften Spalten von Brennholz und nur ganz selten haben sie eine Schneide, die zum Durchtrennen quer zur Faser geeignet sind.

Bei sehr preiswerten Modellen ist der »Kopf« vielmehr aus dickem Blech ausgestanzt und nicht sehr vertrauenserweckend mit Nieten am Stiel oder einem Zwischenfutter befestigt.

Abgebildetes Modell	BW-Klauenbeil
Hersteller	Div. nach BW-TL
Preis	ca. 30 EUR
Gesamtlänge	37 cm
Gewicht	1.100 g

Der lange Stiel erzeugt mächtig Dampf.

① Hammeraxt.

Der amerikanische Messerhersteller Spyderco fertigt mit dem Hatchet-Hawk eine **extrem belastbare Axt im Tomahawkstil.** Das Blatt aus zähem Kohlenstoffstahl hat einen Hang zum »Überbiss«, eine ausgeprägt spitze Zehe und einen Bart mit falscher Schneide. Die minimal ballige Schneide geht über leicht konkave, fast keilförmige Wangen in die abgerundeten Schultern über.

Am auffälligsten ist aber der lang nach hinten ausgezogene, **vierkantige Hammerkopf.** In den geschwungenen Stiel ist zur Stabilisierung ein Aluminiumkern vergossen.

	①	②	③
Abgebildete Modelle	HatchetHawk	Universalbeil	Black Giant
Hersteller	Spyderco	Estwing	Picard
Preis	ca. 270 EUR	ca. 90 EUR	ca. 30 EUR
Gesamtlänge	40 cm	33 cm	32 cm
Gewicht	700	900 g	850 g

② Pfadfinder.

Immer dort, wo kleine **Konstruktions- und Ausbesserungsarbeiten** notwendig werden, hilft das einfache, aus einem Stück gefertigte Universalbeil mit Hammerkopf und Nagelauszieher. Die nicht allzu breite oder scharfe, fast gerade Schneide geht keilförmig in schmale Schultern über. Schläge werden durch den **Lederscheibengriff** etwas abgefedert.

Zum Spalten ist das Beil nicht geeignet: störrische Scheite bremsen am Hammerkopf ab.

Nicht nur Nägel einschlagen und ausziehen – man kann auch leichtes Holz spalten.

Preiswertes Profiwerkzeug: geschärft lässt sich mit einem Gipserbeil einiges anstellen.

③ Handwerker.

Ein Gipserbeil ist eigentlich zum Abschlagen von Putz gedacht. Schärft man die stark ballige Schneide des »BlackGiant«, kann man kleinere Scheite durchaus zerteilen. Eine Schnitzaxt wird sie dadurch aber nicht. Die keilförmigen Wangen enden in einer Stufe. Bis zu den Schultern ist das Blatt gleichbleibend. Spaltet man damit, wird das Holz ohne zu hakeln auf die ovalen Schultern geleitet. Die eigentlichen Stärken liegen allerdings in Stiel und Nacken.

Die Hammerfläche ist strukturiert und **ein vollwertiger Hammer.** Der extrem stabile Griff aus ummanteltem Stahlrohr gibt auch bei ruppigster Behandlung nicht nach. Außerdem ist der Griff rutschfest und dämpft den Aufschlag.

① Русский.

Die mittlerweile oft kopierte und nur noch gebraucht verfügbare aber sehr gefragte russische Pionier- oder Survivalaxt wird zumindest in den Anfangszeiten ihrer Produktion den Sowjetischen Luftstreitkräften ВДВ zugeschrieben. Später fand die Fertigung in Bruderstaaten – wie Ostdeutschland – statt. Das Blatt besteht aus dickem Blech.

Kombiniert werden mit dem hohlen Griff ein Spatenblatt, eine geschränkte Säge, Meißel und Hammer (eine Sichel ist allerdings nicht vorgesehen). **Ein kreatives Konzept – vor allem für Sammler.**

Eine Axt mit der Ästhetik eines sowjetischen Weltkriegspanzers.

	①	②
Abgebildete Modelle	Survivalbeil	Fahrtenbeil
Hersteller	USSR/unbek.	VEB Press- und Schmiedewerke
Preis	gebr. ca. 100 EUR	gebr. ca. 35 EUR
Gesamtlänge	32 cm	25 cm
Gewicht	1.300 g	400 g

Robuste Verarbeitung, zeitloses Design.

② Freundschaft!

Das berühmte DDR-Fahrtenbeil wurde nicht nur von Generationen Jungpionieren genutzt. Es ist ein Abkömmling der Camping-Axt einer sogenannten »Jugendorganisation« aus der unmittelbaren Vorkriegszeit – allerdings ist nach dem Krieg zum **Hammerkopf, Nagelzieher und Schraubendreher** ein lebensbejahender **Flaschenöffner** dazu gekommen. Die DDR-Version mit blauer Lackierung und Buchenholzgriff lässt sich gut schärfen und ist auch heute noch beliebte Begleiterin im Rucksack.

Kampf- und Militäräxte.

Tut ganz sicher weh – taktische Tomahawks sind dennoch mehr Werkzeug als Waffe.

Neben den Pionieräxten zu Bau- und Konstruktionszwecken und der traditionellen Sappeursaxt als Uniformteil werden in Armeen weltweit heute vor allem taktische Äxte eingesetzt.

Die oft als »Tomahawk« bezeichneten Werkzeuge und Waffen haben allerdings keine Gemeinsamkeiten mit den ebenso genannten indianischen Wurfkeulen, sondern entsprechen in ihrer Grundform vielmehr dem römischen Dolabra oder einer sehr kleinen Streitaxt mit Dorn am Nacken. Im Vietnamkrieg wurde das moderne Tomahawk mit Holzgriff als LaGana-Hawk bei der US Armee als Werkzeug zur Befreiung aus abgestürzten Helikoptern und Nahkampfwaffe eingeführt.

Anders als man erwarten könnte, werdenTomahawks im Einsatz als **Hack-, Hebel- und Schlagwerkzeug,** nicht aber als Wurfwaffe genutzt. Dafür eignet sich diese Form aufgrund des geringen Gewichts und der kleinen Auftrefffläche ohnehin nicht. Vielmehr werden militärische Tomahawks vor allem als sogenanntes »Breaching Tool« zum schnellen Aufbrechen von Türen, Fahrzeugen und Behältnissen eingesetzt. Dabei müssen sie leicht genug sein, um neben der normalen Bewaffnung am Mann mitgeführt werden zu können.

Das offizielle Tomahawk des US-Militärs, das sogenannte VTAC ist mit einem vergleichsweise breiten Nackendorn ausgestattet, der sich zum Aufreißen von Blech und Aufhebeln von Türen eignet. Ein taktisches Tomahawk muss **beschädigungsfrei durch Glas, Stahl und Holz** geschlagen werden und hohe Biege- und Torsionskräfte überstehen können. Hilfreich ist eine »falsche Schneide« an der rückwärtigen Seite des Barts, als überdimensionierter »Dosenöffner«. Zu scharfe Schneiden, insbesondere am Nackendorn, sind zu empfindlich, erhöhen die Selbstverletzungsgefahr und sind deshalb eher ein Nachteil. Muss ein taktisches Tomahawk als Waffe eingesetzt werden, spielt es keine Rolle, ob der Nackendorn angeschärft ist oder eine Blutrille hat.

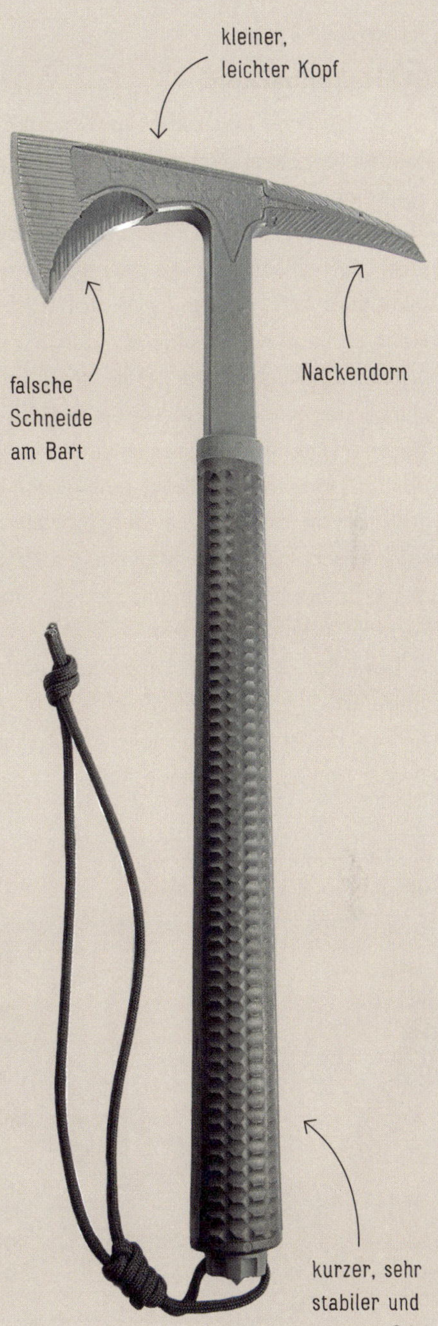

Abgebildetes Modell	Tactical Shrike
Hersteller	RMJ
Preis	ca. 500 EUR
Maße	40 cm cm
Gewicht	750 g

① Hakennacken.

Der Nutzen von **Taktischen Tomahawks** als Aufbruchswerkzeug ist neben der Robustheit von seinem Gewicht abhängig. Das War Hawk von Cold Steel ist mit knapp 50 Zentimetern nicht ganz so handlich wie die meisten anderen taktischen Äxte. Allerdings vergrößert das den Hebelarm und die Schlagkraft des stark kopflastigen Werkzeugs. Der lange, gekrümmte Nacken eignet sich besonders zum **Öffnen von Türen** – seine Spitze lässt sich auch in schmale Spalten pressen. Das Blatt ist mit einem Bart ausgezogen, die Ferse ist sehr spitz und hat keine falsche Schneide. Man muss vorsichtig mit der Axt umgehen, wenn man sich die Finger bei kurzem Griff nicht verletzen will.

Der lange Stiel aus Polypropylen umfasst im vorderen Viertel das Heft. Zwei Schrauben sichern ihn. Ist der lange Hebel mal beschädigt, lässt er sich einfach austauschen.

Der gekrümmte Nackendorn eignet sich gut zum Hebeln und Anheben.

② Moderner Veteran.

Mittlerweile gibt es zahlreiche Nachbauten des La-Gana Hawks. Die Kopfgeometrie des SOG Modells orientiert sich eindeutig am Urgestein. Die Schneide hat praktisch keinen Hang und ist komplett gerade. Der recht stumpfe Dorn ist sehr massiv ausgeführt und hat eine **brachiale Durchschlagskraft.** Im Gegensatz zum Original hat die moderne Version allerdings keinen Holzstiel, sondern einen aufgeschraubten Kunststoffgriff. Um beim Hebeln das Ausbrechen zu verhindern, ist eine Manschette unterhalb der Schrauben angebracht.

③ Wertanlage.

Auch für Liebhaber der taktischen Äxte gibt es Modelle, deren Wert sich weniger im Gebrauch als in ihrer Ästhetik messen. Auch wenn das WK Ranger von Daniel Winkler mit durchgehendem, **skelettiertem Stiel, Micarta-Griffauflagen, Glasdorn und Paracordwicklung** für die US-Ranger entwickelt worden ist, ist es weniger ein Gebrauchsmodell. Natürlich ist die komplette Axt aus einem mattierten Hochleistungsstahl gefertigt, aber dennoch hätte man Angst, bei robustem Einsatz eine Macke in die Schneide zu schlagen.

	①	②	③	④
Abgebildete Modelle	War Hawk	Tactical Tomahawk	WK Ranger	Rune
Hersteller	Cold Steel	SOG	Winklerknives	CRKT
Preis	ca. 60 EUR	ca. 60 EUR	ca. 500 EUR	ca. 150 EUR
Gesamtlänge	50 cm	40 cm	32 cm	31 cm
Gewicht	840 g	750 g	650 g	650 g

Robuste Allrounder brauchen keine spitzen Kanten..

④ Breaching-Praxis.

Das Model Rune von CRKT gehört zwar nicht zu den preiswertesten taktischen Äxten, vereinigt dafür aber alles, was man von einem solchen Werkzeug erwartet. Die aus einem Stück gefertigte Axt hat einen bis zum Knauf durchgehenden Griff mit aufgeschraubten Griffschalen aus Kunststoff. Die konvexe Schneide **dringt ebenfalls wie der spitze, aber robuste Nackendorn gut durch Blech.** Die falsche Schneide eignet sich gut zum Aufreißen durch Zurückhebeln der Axt. Unnötig gefährliche Stellen wie eine spitze Ferse fehlen.

Rettungsäxte.

Einen ähnlichen Einsatzzweck wie Tomahawks, allerdings ohne die Zweitnutzung als Hiebwaffe, haben axtartige Werkzeuge des Rettungswesens. Ihre Funktion leitet sich vom jeweiligen Einsatzszenario ab.

Die klassische Feuerwehraxt für bewohnte Gegenden ist ein **brachiales Werkzeug** zum Einschlagen und Aufhebeln von Fenstern, Türen oder Wänden sowie dem Verteilen von Abraum auf der Suche von Glutnestern.

Wenn sie einen Dorn am Nacken besitzen, ist er relativ kurz und zum Stiel hin gebogen. Voraussetzung zum Anheben von schweren Gegenständen wie Hydrantendeckeln oder Betonbauteilen. Kleinere Feuerwehrbeile mit ebengleichen Funktionen haben zusätzlich am Stielknauf einem Dreikantschlüssel, mit dem man Absperrpfosten öffnen kann.

Eine moderne Version sind axtartige **Schlag- und Hebelgeräte für den Rettungsdienst.** Mit ihnen kann man bis zum Eintreffen größerer Gerätschaften Scheiben aus Unfallautos herausschneiden, verklemmte Türen aufhebeln oder ein komplettes Loch ins Fahrzeugdach schneiden.

Da sich das alles in aller Regel in unmittelbarer Nähe zu einer verletzten Person abspielt, schließen sich bei Rettungsäxten und -beilen gerade und spitze Dorne sowie sehr scharfe Schneiden aus. Zum Bearbeiten von Stahlblech ist bei entsprechenden Rettungstools oft an irgendeiner Stelle, manchmal sogar unmittelbar an der Schneide ein abgesetzter und kurzer Dorn angebracht. Damit wird ein Loch zum Ansetzen des »Dosenöffners« gestanzt – ohne dass eine sich ggf. hinter dem Blech befindliche Person stark gefährdet wird. Anstatt eines Dreikantschlüssels haben die heutigen Rettungsbeile teilweise einen **gehärteten Stahldorn** am Stielknauf zum Zerschlagen von Sicherheitsglas und Autoscheiben.

Neben dem besonders geformten, kaum noch axtähnlichen Kopf sorgen speziell legierte Stahlsorten und ein starker, bei Beilen und kleinen Rettungstools oft durchgehend aus Metall gefertigter Stiel für die notwendige Robustheit. Rettungswerkzeuge dieser Art werden vor allem in Fahrzeugen mitgeführt, um Material zur Fremdenrettung im Bedarfsfall bei der Hand zu haben.

1 Rettungsäxte nutzt man vor allem, um möglichst schnell und schonend den Weg frei zu machen.

2 Um Blech einschneiden zu können, haben viele Äxte einen Dorn an der Schneide.

1

2

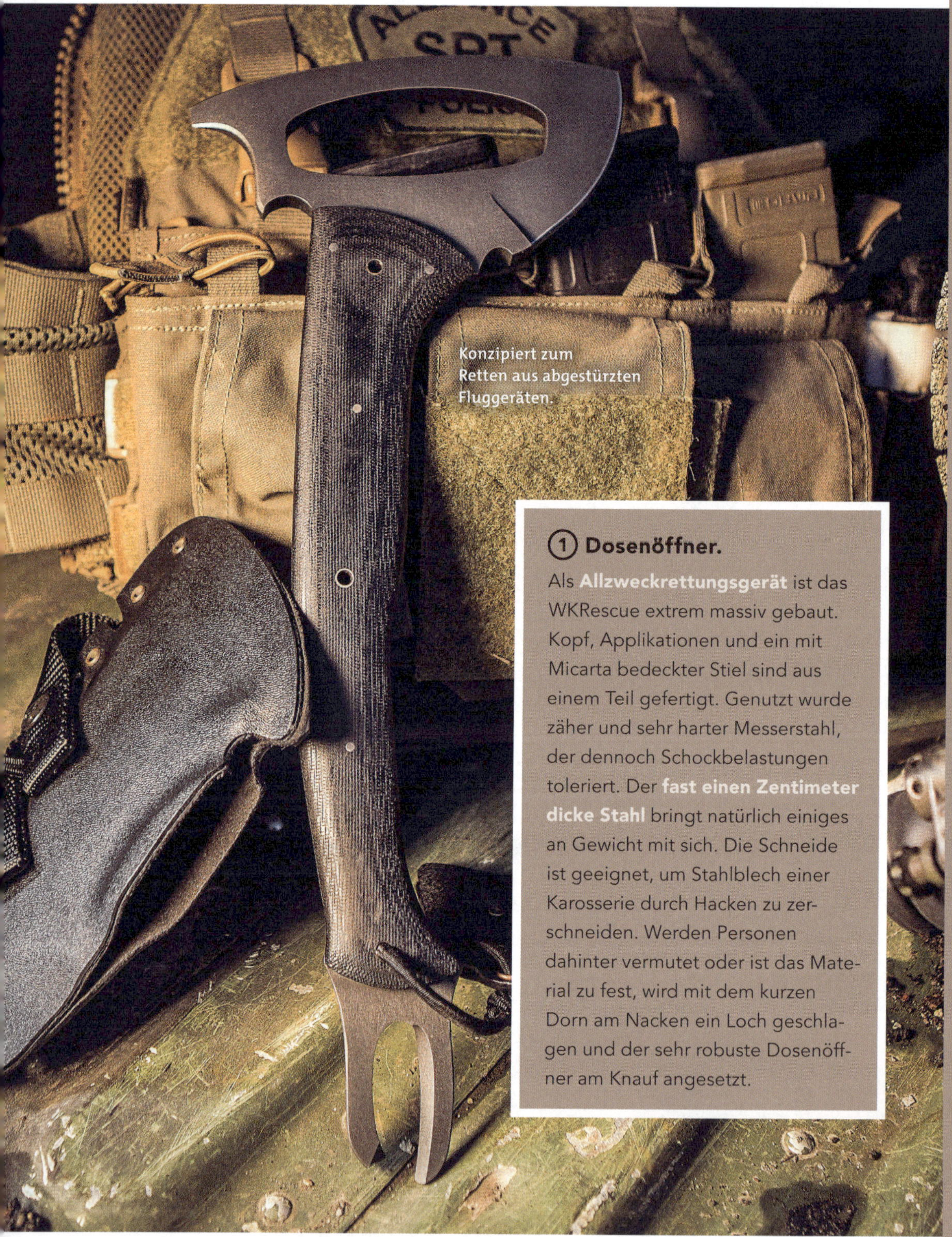

Konzipiert zum Retten aus abgestürzten Fluggeräten.

① Dosenöffner.

Als **Allzweckrettungsgerät** ist das WKRescue extrem massiv gebaut. Kopf, Applikationen und ein mit Micarta bedeckter Stiel sind aus einem Teil gefertigt. Genutzt wurde zäher und sehr harter Messerstahl, der dennoch Schockbelastungen toleriert. Der **fast einen Zentimeter dicke Stahl** bringt natürlich einiges an Gewicht mit sich. Die Schneide ist geeignet, um Stahlblech einer Karosserie durch Hacken zu zerschneiden. Werden Personen dahinter vermutet oder ist das Material zu fest, wird mit dem kurzen Dorn am Nacken ein Loch geschlagen und der sehr robuste Dosenöffner am Knauf angesetzt.

	①	②	③	④
Abgebildete Modelle	WK Rescue	Feuerwehraxt	Feuerwehrbeil	Crash Axe
Hersteller	Winklerknives	Dönges	Dönges	Dönges
Preis	ca. 800 EUR	ca. 50 EUR	ca. 30 EUR	ca. 350 EUR
Gesamtlänge	38 cm	90 cm	33 cm	40 cm
Gewicht	1.800 g	2.500 g	1.200 g	1.000 g

Jack Torrance hätte seine Freude gehabt.

② Generalschlüssel.

Die (natürlich DIN-) normierte Feuerwehraxt von Dönges ist auf zahllosen Fahrzeugen der Freiwilligen- und Berufsfeuerwehren im Einsatz. Ihre Aufgabe ist das **Einschlagen von Türen und Mauern, Anheben von Kanaldeckeln und eingestürzten Mauerteilen** auf der Suche nach Verletzten und Brandherden. Die Schneide ist für diesen Zweck relativ schmal gehalten, der Nackendorn leicht geschwungen und kantig angespitzt.

Um den Kopf am geraden Eschenstiel zu halten und ebendiesen zu schützen, ist die Ringkeilung mit breiten, den Stiel umlaufenden und geschraubten Metallfedern gesichert.

③ Persönliches.

Ein robustes Einsatzbeil gehört zur **Standardausrüstung jedes Feuerwehrmanns.** Es ist mit 1.200 Gramm erheblich leichter als eine ausgewachsene Axt, aber nicht weniger robust. Die breite Schneide lässt sich zum Einschlagen in den Türspalt ebenso nutzen wie zum Entfernen von Scheiben oder Trockenbauwänden. Der Nackendorn ist flach und gebogen. Er wird zum Anheben und Aufhebeln genutzt. Im Knauf unterhalb des Gummigriffs ist ein Dreikantschlüssel für Absperrpfosten und Poller angebracht.

④ Gut isoliert.

Die Crash Axe ist eine Entwicklung für die verpflichtende Mitnahme in **Fluggeräten mit mehr als 9 Sitzplätzen.** Zum »Herauskommen« ist Vorsicht weniger wichtig als bei der Personenbergung. Entsprechend aggressiv ist der lange Nackendorn ausgeführt. Die konvexe Schneide mit starkem Hang durchtrennt auch Sicherheitsglas mit Folieneinlage. Der Stiel ist komplett mit einem elektrisch isolierenden Kunststoffgriff ummantelt.

Historische Axtformen.

Wie bei allen Entwicklungen bedeuten Verbesserungen und Neuerungen auf dem Feld der Äxte auch die Obsoleszenz nicht mehr zeitgemäßer Typen.

Ein wichtiger Grund dafür ist, dass Äxte seit jeher spezialisiertes Arbeitswerkzeug waren und es mit dem Aussterben bestimmter Berufsgruppen oder durch technische Neuentwicklungen für bestimmte Äxte schlicht keine Verwendung mehr gab. Beispielsweise wurde die berüchtigte, überaus ästhetische fränkische Streitaxt »Franziska« vermutlich nur etwa vom 5. bis ins 7. Jahrhundert genutzt.

Streitäxte im allgemeinen verschwanden mit der Entwicklung neuer Schmiedetechniken und zäher Stähle, die die Fertigung bruchfester Schwerter ermöglichten. Schwerter waren Äxten nicht nur auf dem Schlachtfeld in vielerlei Hinsicht überlegen, sondern wurden im Gegensatz zum Arbeitsgerät »Axt« nativ als Waffe wahrgenommen und waren viel eher als **Statussymbol eines Kriegers** geeignet.

Ähnlich ist es Imker- Schäfer-, Eis-, Streit-, Richt- und Stichäxten ergangen, die mit der Einführung von Schusswaffen, Fräsen, Vollerntern und mobiler Sägewerke keine Verwendung mehr fanden oder mit der Zeit ihre Strahlkraft als Zunft- und Statussymbol verloren.

Dies bedeutet allerdings nicht, dass diese Äxte heute nicht mehr produziert oder genutzt werden, sondern vielmehr dass sich ihre Verfügbarkeit und Formenvielfalt wieder reduziert hat. Oft fertigen nur noch kleine spezialisierte Schmieden historische Axtformen für **Museen, Liebhaber, Sport und Reenactment oder aber für Idealisten,** die komplett auf moderne Werkzeuge verzichten möchten und alles in Handarbeit fertigen.

Nur wenige, besonders bekannte und oft beeindruckende Äxte werden auch von großen Schmieden hergestellt und sind entsprechend für den Massenmarkt verfügbar. Dabei orientieren sich die Formen nicht immer am authentischen Vorbild, sondern lassen teilweise moderne popkulturelle Erwartungen einfließen, wie die Herstellung von Axtköpfen aus dafür ungeeignetem Damaststahl bis hin zu reinen Phantasieprodukten.

Historische Äxte, egal ob als Artefakt oder als originalgetreue Reproduktion, sagen viel über die genutzten altertümlichen Techniken, die vorherrschende Ästhetik und den Arbeitsalltag vergangener Generationen aus.

1 Historische Äxte haben eine ganz besondere Ästhetik und sind deshalb bei Sammlern gefragt.

2 Aussterben alter Modelle bedeutet immer auch Neuentwicklung.

① Stichhaltig.

Seit mehreren tausend Jahren werden Häuser in einem Fachwerk aufgebaut. Erst seit relativ kurzer Zeit besteht das Grundgerüst von Gebäuden aus Stahlbeton. In der traditionellen Bauweise wurden dabei keine Nägel, Winkel oder gar Schrauben genutzt. Vielmehr sind Balken miteinander verzapft und mit einem Holzzapfen gesichert worden. Der Vorteil liegt auf der Hand – Schrauben und Winkel rosten und können Ermüdungsbrüche erleiden, wenn das Holz über viele Jahre arbeitet.

Das **Ausstoßen der Nuten für die Balkenverzapfung** ist die Arbeit von Beiteln oder Stemm- bzw. Stichäxten. Mit letzteren lassen sich in kurzer Zeit sehr tiefe und dennoch präzise Öffnungen durch Holz stoßen. Mittlerweile werden Stoßäxte vor allem bei der Restaurierung von denkmalgeschützten Gebäuden eingesetzt. Allerdings werden sie immer weiter durch Handfräsen und Kettensägen verdrängt. Eine Wiederbesinnung erfolgte aber beim **Bau von Blockhäusen:** Türangeln, Fenster und dergleichen werden damit eingepasst.

Die Stichaxt wird oft ohne Stiel geführt.

② Schindelmacher.

Das Herstellen gebrannter Ziegel war immer mit enormem Energie- und Arbeitsaufwand verbunden. Zudem musste eine brauchbare Tongrube in der Nähe sein. Vor allem in holzreichen Gegenden wurden Dächer mit **Holzschindeln** eingedeckt. Hauptsächlich das sehr verwitterungsbeständige Lärchenholz kam dabei zum Einsatz. Die Schindeln wurden aus breiten Scheiten mit dem Schindelspalter abgespalten. Dabei wurde der Faserverlauf berücksichtigt. Traditionell gespaltene Schindeln sind langlebiger als gesägte und gefräste – aber auch sehr viel teurer.

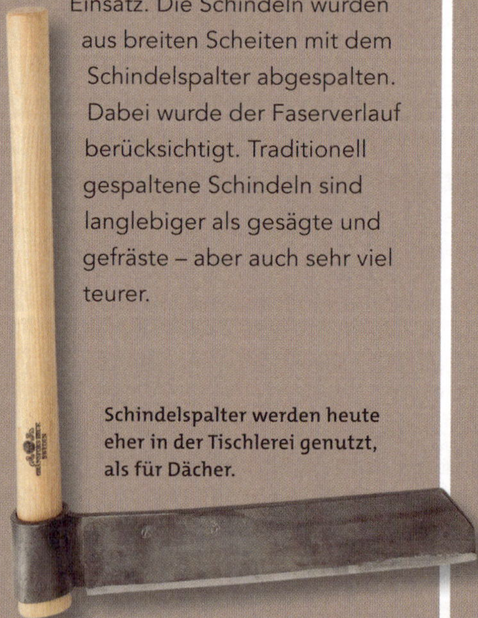

Schindelspalter werden heute eher in der Tischlerei genutzt, als für Dächer.

	①	②	③
Abgebildete Modelle	Stichaxt	Schindelspalter	Viking
Hersteller	Mirko Günther	Gränsfors	Cold Steel
Preis	ca. 60 EUR	ca. 140 EUR	ca. 50 EUR
Gesamtlänge	50 cm	30 cm (Klinge)	75 cm
Gewicht	1.500 g	1.500 g	600 g

Das Skeggöx war Spazierstock, Krücke, Streitaxt, Enterhaken und Abzeichen – aber keine Fällaxt.

③ Wikinger.

Als während der Eisenzeit Äxte ihre Blütephase hatten, wurden sie natürlich auch als Waffe verwendet. Besonders beliebt war das Skeggöx, **eine Bartaxt mit eingeschweißter Schneide** *(Workshop ab Seite 220)*. Streitäxte waren nicht als Fälläxte geeignet – Fälläxte als Waffe verpönt. Dennoch hatten sie große Ähnlichkeiten. Die Streitaxt war jedoch mit einem sehr langen Stiel versehen – um die schlanken Wangen gehalten, konnte man sie als Wanderstock und Krücke (nach der Schlacht) nutzen. Der Bart des Skeggöx vergrößerte nicht nur die Schneide: bei Seeschlachten wurde er als **Enterhaken** genutzt.

Typisch für die Franziska war das geschwungene Blatt.

① Wurfstahl.

Die fränkische Streitaxt Franziska hat das Zeug für Legenden. Während zahlreiche Axtköpfe auf Schlachtfeldern gefunden wurden, weiß man bis heute nicht genau, wie der Holzstiel aussah. In Filmen wird ihr **Einsatz als Wurfwaffe** herausgestellt. Die Durchschlagskraft ist zwar ausreichend, um jemanden zu verletzen, allerdings muss derjenige auch im richtigen Abstand stehen – sonst schlägt ihm nur der Stiel gegen die Rüstung. Vielmehr sah der Einsatz der aus einer Forstaxt entstandenen Waffe vermutlich so aus, dass sie vielfach aus der heranstürmenden Horde auf den Feind geschleudert wurde, um ihn zu verwirren.

	①	②	③
Abgebildete Modelle	Franciska	Sappeursaxt	Eisaxt
Hersteller	Condor	Mirko Günther	Mirko Günther
Preis	ca. 90 EUR	ca. 220 EUR	ca. 95 EUR
Gesamtlänge	50 cm	90 cm	55 cm (Kopf)
Gewicht	900 g	2.600 g	2.200 g

② Auszeichnung.

Mitte des achtzehnten Jahrhunderts entwickelte in den Armeen eine neue Einheit, die später mal zu den Pionieren werden sollte: Die Sappeure waren besonders kräftige und geschickte Soldaten, die an der langen Sappeursaxt zu erkennen waren, die stets über der Schulter getragen wurde. Mit ihr wurde das Schlachtfeld gerodet, Sperren an der Front durchbrochen und Unterkünfte gebaut. Die Axt wurde in der Praxis gegen Kettensäge, Räumpanzer und Sprengstoff getauscht. Dennoch ist sie manchen Armeen erhalten geblieben. **Weniger als Werkzeug, aber umso mehr als Auszeichnung und Uniformteil** in Erinnerung an die tüchtigen und mutigen Regimentszimmerleute.

Hochglanzpolierte aber praxistaugliche Zieraxt.

③ Crushed Ice

Als es in der Vergangenheit – also vor dem anthropogenen Klimawandel – im Winter noch richtig kalt geworden ist, musste das Eis von Hand freigeschlagen werden. Das war beim Fischfang notwendig, oder wenn Schiffe im Eis eingeschlossen wurden – die Außenhülle hätte sonst Schaden nehmen können. Damit enge und tiefe **Löcher in das Eis getrieben** werden konnten, nutzte man die Eisaxt mit einem sehr langen Blatt. So konnte man auf der Eisoberfläche stehend auch mehr als einen Meter tiefe Löcher schlagen.

Dass die Eisaxt praktisch ausgestorben ist, hat weniger damit zu tun, dass die Arbeit nicht mehr anfällt – es gibt immer noch winterkalte Gebiete – sondern, dass wie bei der Forstarbeit die Tätigkeiten heute mit der Kettensäge durchgeführt werden.

Sonderbare Form für sehr spezielle Arbeiten.

Weitere Werkzeuge zur Holzbearbeitung.

Man kann fast alle Tätigkeiten mit einer Axt durchführen. Manchmal ist ein wenig Hilfe dennoch sinnvoll.

Nachdem wir einen Blick auf die wichtigsten Axt- und Beilkonzepte geworfen haben, ist es sinnvoll, die wichtigsten Holzverarbeitungswerkzeuge zu kennen, **die das Arbeiten mit der Axt komplementieren.** Bei der Auswahl orientieren wir uns an der Aufgabe, Holz komplett manuell durch hackende Techniken zu zerkleinern oder für den Einbau als Konstruktionsholz etwa beim Bau einer Blockhütte vorzubereiten. Während das mit Äxten und Beilen gut und rasch gemacht werden *kann*, ist es – vor allem für eher Ungeübte – zum Beispiel sehr schwierig, den richtigen Winkel beim Schneidhacken und Zurichten einzuhalten, oder eine sauber ausgearbeitete und gerade Nut mit dem Beil oder der Dechsel auszuarbeiten.

Nicht ohne Grund gehören solche Tischlerarbeiten zu den anspruchsvollsten Techniken mit der Axt und sind vielfach schwieriger als beispielsweise das vergleichsweise einfache Bucking, Spalten oder Entasten. Durch die Nähe zu den Händen sind die Feinarbeiten zudem nicht weniger gefährlich als das Hacken mit vollem Schwung.

Bei der manuellen Feinarbeit helfen Klingen, die das Holz entweder mit einem vorsichtigen Schlag des Axtnackens quer zur Faser trennen oder mit Zug oder Druck mit beiden Armen am Holz vorbeigezogen werden. Ähnlich einem großen Hobel ohne Spanbegrenzung oder einem Messer mit zwei Griffen wird dabei Span um Span aus dem Verbund geschnitten. Fehler bei Winkel oder Druck kann man durch **Abstoppen, Anpassen der Haltung oder Gegenschneiden** ausbügeln – bei der schnellen Axt mit ihrer destruktiven Energie kann solch ein Fehler zur kompletten Zerstörung des Werkstücks führen. Besonders, wenn Schnitte parallel zur Faser geführt werden.

Immer dabei: Zum Durchschlagen des Haltebands zum Keilen oder für tiefere Rückschnitte sind Stemmmesser erheblich präziser als die Axtzehe.

Daneben sind **Werkzeuge für das bessere Handling des eingeschlagenen Holzes** sehr hilfreich. Selbst kleinere Fichtenstangen sind zum Entasten nicht ganz so einfach zu wenden oder anzuheben. Der untere Stammbereich ist rund und dick und bietet deshalb kaum Haltemöglichkeit. Der lange Hebel des Stamms und seine Elastizität führen dazu, dass er sich beim Anheben durchbiegt und die Äste am Boden schleifen. Um jene zu entfernen, müsste man den Stamm aber wiederum komplett anheben und in erhöhter Position halten können. Ebenfalls ist das Transportieren von Meterstücken ohne Hilfsmittel nicht ganz einfach und alles andere als angenehm – die Arme sind schlicht zu kurz, um beide Stirnkanten fest mit den Händen zu ergreifen.

Die meisten Aufgaben kann man tatsächlich mit einer entsprechenden Axt durchführen. Beispielsweise kann ein mit spitzer Ferse ausgeprägter Bart oder ein Dornnacken eines taktischen Beils als »Rückehaken« bzw. Sappie genutzt werden. Für die Arbeit mit den meisten Universaläxten sind einige Werkzeuge dennoch wertvolle Hilfen.

① Hobelklinge.

Zugmesser sind sehr **breite, einseitig geschliffene Klingen** mit zwei abgewinkelten Griffen. Sie sind breit genug, um auch dicke Stangen abzuflachen, einzukerben und zu schälen. Zudem werden sie zum schnellen Ausarbeiten von Werkzeugstielen und dergleichen eingesetzt. Die Eindringtiefe wird durch den Haltewinkel vorgegeben.

Mit wenig Übung kann man zuverlässig die Spantiefe von weniger als einem halben Millimeter bis zu etwa 3 Millimetern einhalten. Das ist vor allem beim **Schälen von Konstruktionsholz** wichtig, da Schnitte in die Faser Schwachstellen verursachen.

Mit dem Fassschaber können auch Anfänger saubere Nuten ausarbeiten.

	①	②	③	④
Abgebildete Modelle	Zugmesser/Fassschaber	Sappie XA2	Stichaxt	Fäustel
Hersteller	Kirschen	Fiskars	Mirko Günther	Picard
Preis	ca. 50 EUR	ca. 25 EUR	ca. 90 EUR	ca. 10 EUR
Gesamtlänge	20–30cm (Klinge)	37 cm	70 cm	26 cm
Gewicht	600 g	300 g	1.800 g	1.300 g

② Wendehammer.

Zum **Wenden, Anheben und Transportieren** kleinerer Stämme bis hin zu Meterlingen nutzt man das Sappie. Es wird mit seiner **aggressiven Hakenspitze** in die Stirn oder die Borke geschlagen und beißt sich fest. Man erspart sich häufiges Abbücken und hat das Holz erheblich sicherer gehalten als mit den Händen – was oft in einer »Umarmung« des Holzes endet. Zum Schleifen schlägt man das Sappie in die Borke nahe des Stammendes. Sappies gibt es in unzähligen Längen und Ausführungen.

Die aggressive Spitze des Sappie verkrallt sich fest im Holz.

③ Anstößig.

Der natürliche Feind vieler Arbeiten mit der Axt sind **nicht parallele Verwachsungen** der Längsfaser. Treten sie zahlreich auf (z. B. bei Obstbäumen), bieten sie vehementesten Widerstand gegen das Spalten. Vor allem wer Meterlinge oder ganze Stämme spalten möchte, verflucht die tief im Spalt liegenden Fasern, an die mit der normalen Axt kein Herankommen ist. Solange diese bestehen, reißt der Spalt nicht auf. Mit der langen Stoßaxt kann man diese Querverbindungen auch in tiefen Spalten durchtrennen.

④ Guter Vorschlag.

Wenn beim Arbeiten mir der Axt gar nichts mehr geht, weil sie sich tief im Spalt festgefressen hat, oder Keile mit großer Wucht eingeschlagen werden sollen, hilft die allseits beliebte rohe Gewalt weiter. **Ein schwerer Hammerkopf aus weichem Stahl,** der je nach Stiel zum Fäustel oder Vorschlaghammer wird, ist in vielen Fällen die Rettung.

Ein Fäustling hilft, wenn ein Stahlkeil eingetrieben werden muss.

Kapitel 3

Materialkunde.

WAS DIE AXT ZUSAMMENHÄLT.

Der innere Aufbau und die Physik von Äxten sind gar nicht so simpel. Ein guter Grund für einen genauen Blick darauf.

Frühe Axtschneiden aus Metall waren aus Kupfer gefertigt, einem sehr weichen Metall, das sich zwar schnell, aber nicht sonderlich scharf schleifen ließ. Außerdem wurde es nach kurzer Zeit wieder stumpf. **Eine kleine Revolution in der Metallherstellung** war die Verwendung von Bronze. Bronze besteht aus Kupfer mit dem Zusatz (man sagt auch »Zuschlag«) von Zinn.

Vor etwa 4.000 Jahren wurde mit der Bronze eine erste Legierung regelmäßig genutzt – und vor allem aufgrund ihrer Eigenschaften gezielt hergestellt. Legierungen sind Mischungen von Metallen, die in der Regel in einer Schmelze miteinander vermengt werden und gemeinsam abgekühlt völlig andere Eigenschaften haben als die jeweiligen Ausgangsmaterialien. Bronze hat im Vergleich zu reinem Kupfer einen niedrigeren Schmelzpunkt, ist aber deutlich härter. Durch die höhere Härte mussten die Werkzeuge nicht nur seltener nachgeschliffen werden, sondern waren zudem auch schärfer. Allerdings gab es durch die Verwendung verunreinigter Erze zusätzlich Legierungen mit Metallen wie Arsen und Blei – wobei manche Legierungsbestandteile nachteilige Effekte für den gewünschten Gebrauch haben können.

Kupfer wird schon lange nicht mehr als Ausgangsstoff für Äxte und andere Werkstoffe verwendet, allerdings basieren auch moderne Metalle auf dem Prinzip der Legierung. Eisen wird in einer Schmelze mit maximal 2 Masseprozent Kohlenstoff zur **Legierung »Stahl«** verschmolzen. Diesem Stahl werden je nach Einsatzzweck verschiedene Zuschläge wie beispielsweise Chrom oder Vanadium zugegeben, die dessen Eigenschaften teils erheblich verändern.

Stähle können heute auf diese Weise zuverlässig und gezielt plastisch verformbar, elastisch oder glashart, abriebfest oder sehr weich gemacht werden.

Das Schmieden eines guten Axtkopfs ist nur erfolgreich, wenn die Stahlmischung stimmt.

Dafür sind allerdings nicht nur die Mischungsverhältnisse von Eisen, Kohlenstoff und weiteren Zusätzen alleine verantwortlich, sondern die sogenannte **»Vergütung«**, eine spezielle Wärmebehandlung, die in der Lage ist, die innere Struktur, man spricht hier auch vom **»Gefüge«** des Stahls, zu verändern. Dabei weichen die Ergebnisse erheblich vom unvergüteten Ursprungsmaterial ab. Da die Umformung von Stahl fast immer im glühenden Zustand erfolgt, wodurch seine Eigenschaften dauerhaft verändert werden, müssen die gewünschten Attribute im Anschluss an das Gießen, Schmieden oder Pressen durch die Vergütungsschritte »Härten« und »Anlassen« eingestellt werden.

STAHL

Wenn man im Allgemeinen von Stahl spricht, meint man meist irgendein »hartes Metall«. Dabei ist genau vorgegeben, woraus welche Stahlsorte bestehen darf und welche Eigenschaften sie haben muss. Nur so ist es möglich, zuverlässige Werkzeuge herzustellen. Zwischen Erzabbau und Vollendung einer Axt kann viel passieren.

Vom Eisenerz zum Stahl.

Ohne Stahl wäre unsere moderne Welt schlichtweg nicht denkbar: Stahl ist die Grundlage fast aller Maschinen und Werkzeuge, Baustahl stützt unsere höchsten Gebäude und Stahlbleche formen die Karosserie unserer Autos oder die Außenwände von Schiffscontainern. Für jede Aufgabe gibt es den passenden Stahl.

Auch bei der Herstellung von Axtköpfen führt heute kein Weg am Stahl vorbei. Denn für gleichermaßen belastbare wie lange scharf bleibende Axtköpfe gibt es kein anderes Material, das so viele gewünschte Eigenschaften in sich vereint. **Guter Stahl lässt sich auf Bruchteile eines Millimeters ausschleifen** und ist dabei so stabil, dass man damit sogar mächtige Bäume fällen und entasten oder Stein sowie auch andere Metalle bearbeiten kann.

Bis aus dem abgebauten Eisenerz ein Axtkopf entsteht, sind zahlreiche Schritte nötig. Das Eisenerz wird in Stahlwerken zunächst in Hochöfen in Roheisen verhüttet, von störenden Stoffen befreit und durch die Beimengung von Koks, Schrott und durch Einblasen von Sauerstoff bei Temperaturen von über 2.000 Grad Celsius in die Stahlschmelze umgewandelt.

Um den unterschiedlichsten Anforderungen gerecht zu werden, gibt es buchstäblich hunderte unterschiedlicher Stahlzusammensetzungen – wie bei der Bronze spricht man hier von **»Legierungen«**, die im Anschluss aus der reinen Stahlschmelze hergestellt werden. Ingenieure steuern exakt das Mischungsverhältnis von Eisen und Zuschlägen wie Kohlenstoff, Chrom, Molybdän oder Vanadium. Diese Feinabstimmung ist maßgeblich verantwortlich für die späteren Eigenschaften des Werkstoffs.

Oberflächliches Eisen ist nicht selten. Allerdings lässt sich aus dem Erz nur mit erheblichem Aufwand Stahl herstellen.

Das Resultat dieser Arbeit sind **tonnenschwere Stahlblöcke** mit einer genau festgelegten Rezeptur. In Walzstraßen werden sie zu unterschiedlich dicken Blechen gewalzt oder zu Strängen geformt.

Vom Stahlbarren zum Axtkopf.

Dicke Stahlstränge aus entsprechend geeigneten Legierungen bilden die Ausgangsbasis für den größten Teil der Äxte. Von ihnen werden kleinere Blöcke heruntergeschnitten und weiterverarbeitet.

Schmiede erhitzen den Stahl im Elektroofen, am Gasfeuer oder in der Holzkohleesse, bis er so heiß wird, dass er durch Hammerschläge auf dem Amboss geformt werden kann. Das Ziel beim Schmieden ist es, möglichst nahe an die endgültige Form des Axtkopfs zu kommen. Das präzise Ausformen der Konturen und Stärken wird meistens durch **»Zerspanen«**, also Materialabnahme mit der Fräße, dem Bandschleifer, der Feile oder Schleifleinen erledigt. Das ist nur deshalb möglich, weil geschmiedeter Stahl durch das Glühen zunächst sehr weich und erst durch die Vergütung nach dem Ausformen des Kopfs wieder hart und abriebfest wird.

Das Schmieden.

Wie ein Axtkopf mit Hammer und Amboss hergestellt wird, erfährt man auf Seite 220.

Bei der Ausformung der Axtköpfe gibt es **fünf hauptsächlich genutzte Varianten,** die je nach Herstellungsqualität auch miteinander kombiniert werden. Einfachere Äxte, die zum Beispiel in Asien in großer Anzahl industriell gefertigt werden, verzichten fast vollständig auf manuellen Eingriff und werden in Maschinen gefertigt.

Ausgangsstoff für die weitere Verarbeitung sind Stahlstränge oder gewalzte Stahlbleche.

FREIFORMSCHMIEDEN

Beim Freiform- oder Hammerschmieden wird aus einem Block glühendem Stahls die Form **mit manuellen Werkzeugen auf einem Amboss** geformt. Die komplett manuelle Arbeit des Schmiedens wurde früher durchweg mit einem handgeführten Hammer durchgeführt. Nur noch wenige Schmiede nutzen diese Methode, nicht nur, weil sie sehr ermüdend ist, sondern vor allem auf Dauer zu schwerwiegenden Gelenk- und Knochenerkrankungen des Hammerarms führen. Deshalb wird heute selbst in Traditionsschmieden größtenteils mit motorisierten Hämmern gearbeitet. Das Freiformschmieden bildet den Abschluss bei der Ausformung von Qualitätsäxten großer Hersteller, nachdem sie durch andere maschinelle Vorgänge vorgeformt worden sind.

GESENKSCHMIEDEN

Eine modernere Methode der Axtkopfherstellung ist das Gesenkschmieden. Gesenke sind massive Aufsätze für Amboss (Untergesenk) und Hammer bzw. Hydraulikstempel (Obergesenk). Die Gesenke bilden eine **Matrize, ähnlich einer Gussform,** in der glühende Rohlinge in die gewünschte Form gepresst oder geschlagen werden. Dabei wird für jede Seitenform des Axtkopfs mindestens ein Gesenkpaar benötigt. Nachdem der glühende Stahlblock eine Reihe von verschiedenen Gesenken durchlaufen hat, wird der entstandene Rohling durch Zerspanen oder Freiformschmieden in seine endgültige Form gebracht.

STANZEN

Bei der großindustriellen Produktion von Axtköpfen spielt Stanzen zumindest bei der Vorproduktion von Axtkopfrohlingen eine gewisse Rolle. **Moderne Hydraulikpressen** sind in der Lage, auch dickere Stahlplatten in präzise Formen zu schneiden. Sofern die Axtköpfe nicht im Übermaß gestanzt und durch Schmieden weiterverarbeitet werden, handelt es sich um flache Kopfformen, die nur im Campingbereich oder bei sehr einfachen Militärmodellen genutzt werden. Manche Hersteller vernieten flache Stanzklingen an einer Blechtülle, die wiederum mit dem Stiel verbunden wird. Diesen Modellen fehlt das Schwunggewicht für ernsthafte Fäll- oder Spaltarbeiten. Da sich dünne Klingen zudem nicht zuverlässig vergüten lassen, verbiegen sie häufig bei der Produktion oder bei der späteren Benutzung. Ausnahmen machen hier nur Hochleistungsstähle, die allerdings von »stanzenden Herstellern« selten verwendet werden.

1

2

RECKWALZEN

Um große Mengen von Axtköpfen zeitsparend herzustellen, nutzen einige Hersteller Reckwalzen. Man kann sich eine Reckwalze vorstellen wie ein massives Wellholz, unter dem die sehr grob in Form gepressten und mit einem Augloch versehenen **Axtkopfrohlinge flach ausgewalzt** und dadurch in Höhe und Länge vergrößert werden. Beim Reckwalzen treten massive Kräfte auf, die in der Lage sind, auch schon kühler gewordenen Stahl zu verformen. Die geplätteten und sehr rudimentär ausgeformten Rohlinge werden anschließend mit einem Gesenk an automatisierten Fräßen oder durch Freiformschmieden in die abschließende Form gebracht.

GIESSEN

Besonders Massenware aus Fernost, sowie bei Großserien behördlich bzw. militärisch genutzter Äxte wird das Gießen durchgeführt. Beim Guss wird das flüssige Metall in die **dem späteren Axtkopf entsprechende Gussform** gegeben und abgekühlt. Dabei ist es extrem schwierig und aufwändig, »echten Stahl« mit unter 2% Kohlenstoffanteil zu gießen, da er einen höheren Schmelzpunkt hat und sich schlechter in den Gussformen verteilt als das für diese Methode bevorzugte Gusseisen. Gusseisen ist jedoch grobkörnig und splittert schnell. Die genutzten Gussstähle für Axtköpfe entsprechen bei weitem nicht der Qualität von geschmiedeten Modellen, haben allerdings aufgrund ihrer preiswerten Produktion in bestimmten Bereichen, beispielsweise bei Campingmodellen mit Vollstahlgriff, ihre Berechtigung.

1 Beim Freiformschmieden wird das Werkstück mit Hilfe zahlreicher Schläge eines Hammers in Form gebracht.

2 Der Rohling wird beim Gesenkschmieden in Matrizen präzise in Form geschlagen.

Vergüten.

Selbst eigentlich sehr harte Stahlsorten werden in einer weichen Form verarbeitet. Nur wenige Werkzeuge wären in der Lage, den gehärteten Axtkopf in kurzer Zeit und vor allem ohne erheblichen Verschleiß zu zerspanen. Da eine weiche Schneide nicht gut geschärft werden kann (vergleichbar mit dem Versuch, eine scharfe Kante an einen Radiergummi zu feilen) und auch die Schärfe nicht lange hält, wird die Härte erst nach dem Herstellungsprozess durch das Vergüten eingestellt.

HÄRTEN

Abhängig von der genutzten Stahlsorte lassen sich durch Erhitzen und Abschrecken im Luftgebläse, Öl- oder Wasserbad Veränderungen im Gefüge erzeugen *(siehe dazu auch: »Das Stahl ABC«, Seite 100)*. Luft kann einen Temperaturabfall von etwa 10–30 °C je Sekunde erzielen. Öl entzieht schon 100–200 °C je Sekunde und Wasser durch die entzogene Verdampfungsenergie sogar 500–900 °C je Sekunde.

Welcher Stoff zum Kühlen genutzt wird, ist von der Stahlsorte, dem gewünschten Ergebnis und der Masse des Axtkopfs abhängig. **Zu schnelles Abkühlen erzeugt starke Spannungen im Material,** was zu winzigen, aber das Material schwächenden Rissen führen kann.

Komplett gehärteter Stahl ist zudem nicht für hackende Tätigkeiten geeignet. Solch »glasharter« Stahl wird beispielsweise bei Metallfeilen genutzt – diese zersplittern in zahlreiche Teile, wenn sie auf den Boden fallen oder einen Schlag abbekommen. Weil man möchte, dass die Klinge zwar hart, die Wangen, Schultern und Nacken jedoch weich sind, um den Schlagimpuls abzufedern, werden Axtköpfe in aller Regel **selektiv gehärtet.**

Dabei werden sie auf eine bestimmte Temperatur zwischen 800 und 1.200 °C gebracht, die an der **Glühfarbe des Stahls** abgeschätzt werden kann und nur mit der Schneide in das Kühlbad getaucht.

Eisen bildet eine gleichmäßige Gitterstruktur, das »α-Ferrit«, die man sich wie zu einem großen Block zusammengesetzte Spielwürfel vorstellen kann. Der Kohlenstoff liegt bei weichem Stahl im inneren dieser Würfelchen – also eingesperrt. Beim erhitzten Stahl entsteht sogenanntes **»Austenit«**, das zusätzlich auf den Würfelseiten Kohlenstoff aufnehmen kann. Der Kohlenstoff löst sich aus dem Eisengitter und verteilt sich zunächst gleichmäßig zwischen und in den »Würfeln«. Beim langsamen Abkühlen würde der Kohlenstoff wieder an seinen Platz im Gitter zurückströmen. Beim Abschrecken hat er die notwendige Zeit dafür nicht – ein Teil des Kohlenstoffs verklemmt sich zwischen den Würfelflächen und verspannt das gleichmäßige Gitter tetragonal – es wird dadurch hart und spröde. Diese Gefügeart wird **»Martensit«** genannt. Allerdings bleiben Reste des durch Erhitzen entstandenen Austenits vorhanden, was zu starken Spannungen im Gefüge führt.

Die Härtung erfolgt in der Praxis **durch Eintauchen der Spitze in das Kühlbad** graduell von der Schneide zu den Wangen auslaufend, während Schultern und Nacken langsam in der Luft abkühlen und elastisch bis plastisch verformbar werden.

Durch das Eintauchen der heißen Schneide in ein Kühlbad wird der Stahl der Klinge hart und schärfbar.

Glühfarben haben Bezeichnungen wie »Gelbweiß« (1.300 °C) oder wie abgebildet »Hellkirschrot« (810 °C).

Die glühende Probe nach dem Härten und Anlassen: Die Oberfläche färbt sich blau.

ANLASSEN

Durch die vom verbleibenden Restaustenit verursachten Spannungen im Gefüge »überhärtet« der Stahl. Er kann bei der weiteren Verarbeitung jederzeit wie Glas springen. Um diese Überhärtung abzumildern, muss der Stahl »angelassen« werden. Dabei wird er für längere Zeit auf eine bestimmte, vergleichsweise niedrige sogenannte Anlasstemperatur von 200–400 °C erhitzt. Das Restaustenit kann sich auflösen, der Kohlenstoff sich im Eisengitter verteilen. Je nach Temperaturverlauf im Metall erhält es einen irisierenden Blauschimmer, weshalb der Vorgang auch **»Bläuen«** genannt wird.

Allerdings nimmt mit zunehmender Temperatur und Dauer auch die erhaltene Härte wieder ab.

Das **Anlassen des gehärteten Axtkopfs** erfolgt entweder in einem Ofen oder aber – wenn der Kopf massereich genug ist – durch einfaches Auslagern an der Luft. Der nicht in das Kühlbad eingetauchte Bereich hat genügend Wärme gespeichert, um die Klinge nach dem Abschrecken wieder zu erhitzen und kühlt gemeinsam mit ihr langsam aus.

Tabelle der Glüh- (links) **und Anlassfarben** (rechts)**.**

Farbenbezeichnung	Hitze
Dunkelbraun	550 °C
Braun	630 °C
Dunkelrot	680 °C
Dunkelkirschrot	740 °C
Kirschrot	780 °C
Hellkirschrot	810 °C
Hellrot	850 °C
Gut Hellrot	900 °C
Orange	950 °C
Hellorange	1.000 °C
Gelb	1.100 °C
Hellgelb	1.200 °C
Gelbweiß	> 1.300 °C

Farbenbezeichnung	Hitze
Weißgelb	200 °C
Strohgelb	220 °C
Goldgelb	230 °C
Gelbbraun	240 °C
Hellbraun	250 °C
Braunrot	260 °C
Purpurrot	270 °C
Violett	280 °C
Dunkelblau	290 °C
Kornblumenblau	300 °C
Hellblau	320 °C
Blaugrau	340 °C
Grau	360 °C

Das Stahl-ABC.

Stahl besteht immer mindestens aus den beiden Stoffen **Eisen (Fe) und Kohlenstoff (C).** Die Zusammensetzung verschiedener Stahlarten lässt erahnen, welche unterschiedlichen Anwendungsbereiche von ihm abgedeckt werden können. Von der individuellen Rezeptur des Stahls aus Eisen, Kohlenstoff und zahlreichen weiteren Zuschlägen hängen die wichtigsten Eigenschaften ab: Härte, Verschleißfestigkeit, Zähigkeit, Feinheit der Körnung, Rostbeständigkeit und Schärfbarkeit. Bestimmte Eigenschaften kann man aus dem **Eisen-Kohlenstoffdiagramm** *(siehe unten)* ableiten.

Stahlarten.

Große Stahlwerke produzieren zum Großteil normierte Stahlsorten. Sie werden in Deutschland mit einer Werkstoffnummer und oft zusätzlich mit einem Kurznamen versehen. Viele Hersteller geben ihren Stahlsorten zudem noch Werbe- oder Eigennamen wie »Böhler-Stahl«, »Bor-Stahl« oder schlicht »Edelstahl«. Unter einem Edelstahl stellt man sich meist einen rostfreien Stahl vor. In Metallkunde ist damit tatsächlich ein Stahl gemeint, der besonders wenige störende Verunreinigungen enthält. Es kann sich bei Edelstählen also genauso gut um schnell rostende als auch um rostfreie Stähle handeln. Ausschlaggebend für die Rostfestigkeit ist der **Anteil von Chrom** in der Stahlrezeptur. Erst ab einem bestimmten Anteil Chrom bildet sich während der Wärmebehandlung an der Stahloberfläche eine schützende Chromoxidschicht.

In der Praxis gibt es eigentlich keine rostfreien Stähle. Unter bestimmten Umständen rostet jeder Stahl. Deshalb verwendet man eher die Begriffe **»rostbeständig« oder »rostträge«.** Besonders rostträge Stähle enthalten mindestens zwölf Prozent Chrom.

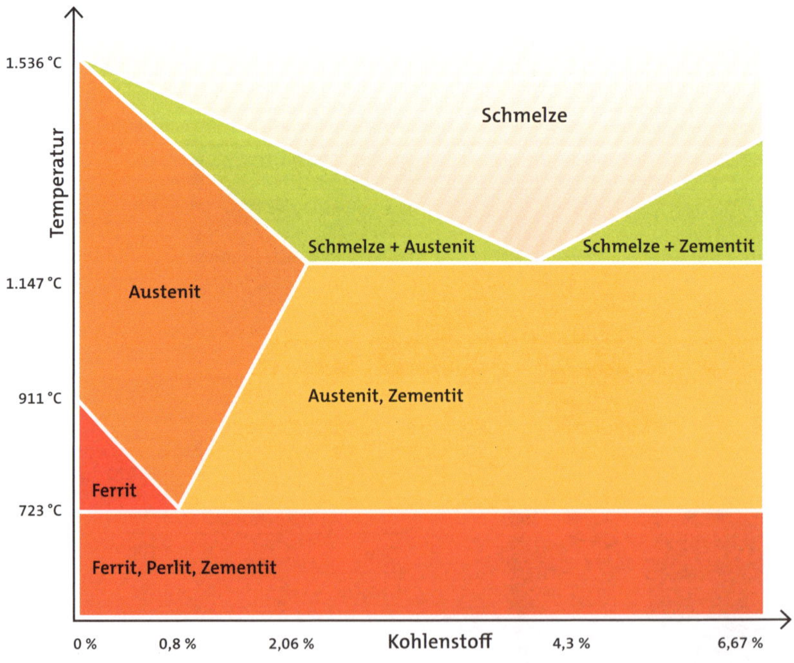

Vereinfachtes Eisen-Kohlenstoff-Diagramm aus dem Bereich der für Werkzeuge üblichen Kohlenstoffmengen. Hier kann man die jeweilige Zusammensetzung des Stahls ablesen. Die Menge des möglichen Austenits bestimmt beispielsweise die Härte, aber auch Sprödigkeit. Mit zunehmendem Kohlenstoffgehalt sinkt die Schmelztemperatur. Ab 2,06 % Kohlenstoffanteil ist praktisch kein reines Austenit mehr vorhanden – es bilden sich brüchige und nicht schmiedbare Zementitkristalle und der Übergang zu Gusseisen beginnt.

Für klassische Axtköpfe zur Holzbearbeitung genutzter Stahl ist in der Regel rostend. Nur Spezialäxte werden aus rostfreiem Stahl gefertigt. In den meisten Fällen handelt es sich um relativ einfache Kohlenstoffstähle, die – wenn überhaupt – nur wenige weitere Legierungszuschläge und diese nur in geringen Mengen enthalten. Solche Stähle nennt man deshalb auch »unlegiert«.

»Niedriglegiert« ist dagegen ein Stahl, dem kein Zusatz von jeweils mehr als fünf Prozent zugesetzt worden ist.

»Hochlegiert« ist ein Stahl dann, wenn er neben Eisen einen mindestens fünfprozentigen Anteil eines anderen Zusatzes aufweist.

Die Art der Legierung hat während der Wärmebehandlung großen Einfluss darauf, ob im Stahlgefüge sogenannte **»Karbide«** entstehen und wie diese geformt sind. Karbide im Stahl sind sehr stabile kristalline Kohlenstoffverbindungen mit Durchmessern zwischen einem und 50 Mikrometer. Sie entstehen aus Kohlenstoff und anderen Elementen wie Eisen, Chrom, Vanadium oder Wolfram und sind deutlich härter als der sie umgebende Stahl.

Sie entstehen entweder während des Härtevorgangs oder teilweise schon bei der Stahlerzeugung. Schon durch geringe Beimengung geeigneter Zuschläge lässt sich die Bildung von Karbiden erzielen.

Auch ohne die Zuschläge bilden sich Karbide in unlegiertem Stahl. Voraussetzung ist, dass der Kohlenstoffgehalt mindestens 0,78 Prozent beträgt.

Über die Anzahl, Härte, Größe, Verteilung und Verankerung der Karbide im umgebenden Stahlgefüge wird bestimmt, wie **verschleißfest bzw. abriebfest** der Stahl ist und wie scharf man ihn schleifen kann.

Chrom.

Man unterscheidet zwischen dem »Verchromen«, bei dem weniger als ein µm Chrom auf ein Werkstück durch Galvanisieren aufgebracht wird und Chrom als Zuschlag bei Stahllegierungen. Eine galvanisierte Chromschicht würde beim Arbeiten mit Werkzeugen schnell beschädigt werden und den Stahl darunter freilegen. Sogenannte **»Nirosta-«** bzw. hochlegierte Chromstähle (teilweise auch hochlegierte Nickelstähle) sind komplett aus rostträgem Material gefertigt und korrodieren auch bei Kratzern oder Macken auf der Oberfläche nicht.

Um den Stahl rasiermesserscharf zu schleifen, müssen die Karbide stabil verankert und von ausreichend karbidfreiem Gefüge umgeben sein. Sonst brechen sie beispielsweise beim Schleifen aus und hinterlassen einen stumpfen Grat. Stähle mit einer hohen Anzahl an großen Karbiden werden brüchig und können nicht so fein ausgeschliffen werden wie Stähle mit kleinen und regelmäßig verteilten oder gar keinen Karbiden. Als Axtstähle, die naturgemäß hohen Schlag- und Biegebeanspruchungen ausgesetzt werden, kommen nur Sorten ohne oder mit einer sehr gleichmäßigen Verteilung von kleinen Karbidkörnern in Betracht. Da das die un- und niedriglegierten Stähle sind, **sind Axtköpfe meist nicht rostbeständig.**

Bei der Axtherstellung genutzte Stähle sind je nach Hersteller sehr unterschiedlich. Häufig werden unlegierte sogenannte »Qualitätsstähle« mit geringen Mengen von Verunreinigungen durch Schwefel und Phosphor eingesetzt. Um die Eigenschaften der genutzten Materialien anzugeben, nutzen Hersteller bei diesen Stählen oft eine einfache Kohlenstoffnomenklatur. Beispielsweise wird für Axtköpfe gerne ein **»C60«** genutzt, ein unlegierter Stahl mit 0,6 % Kohlenstoffanteil.

Spezialäxte aus legiertem Stahl werden mit entsprechenden Zusatzbezeichnungen der Beimengungen bezeichnet. Allerdings variieren diese jeweils, je nachdem ob es sich um niedrig- oder hochlegierte Stähle handelt.

Noch unübersichtlicher wird es, da Stahlnamen je nach Hersteller und Norm variieren. »X46Cr13«, ein rostträger Stahl, der für einfache Messer und Äxte gerne genutzt wird, ist ebenfalls unter den Bezeichnungen »Schwedenstahl, 1.4034, S42000, F899, SUS420, 420C, 420HC und 420 bekannt. Anhand der Bezeichnung X46Cr13 lässt sich allerdings ableiten, dass es sich um einen hochlegierten Stahl mit 0,46 % Kohlenstoff und 13 % Chrom handelt.

Nicht alle hochlegierten Stahlsorten lassen sich allerdings so härten, dass sie für forstliche Äxte geeignet sind. Solche Stähle können für Spezialanwendungen (zum Beispiel Rettungsäxte zum Zerteilen von Blech) von Vorteil sein.

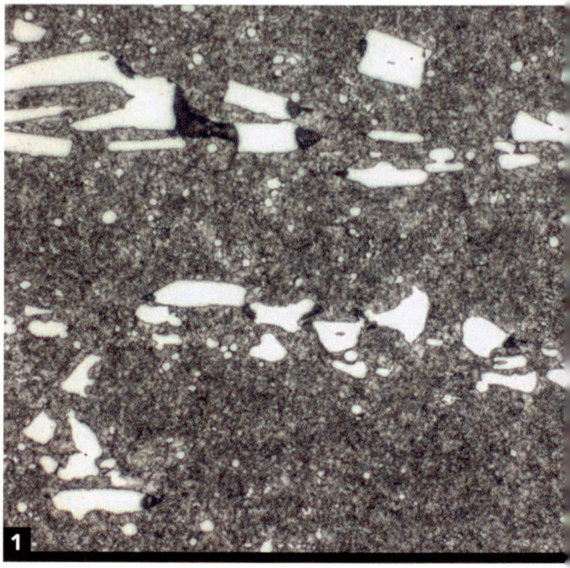
1

Die meisten Axthersteller schweigen sich übrigens über den von ihnen genutzten Stahl aus – nicht nur aus Patentgründen – sondern wohl auch, um rein akademischen Diskussionen über das Für und Wider des genutzten Stahls vorzubeugen.

Die wichtigsten Stahlbestandteile.

Im einfachsten Fall besteht Stahl aus Eisen und Kohlenstoff. Durch die Beimengung von weiteren Legierungselementen lässt sich das potenzielle Eigenschaftsspektrum eines Stahls (etwa die Rostbeständigkeit und Härte) genau steuern.

C **Kohlenstoff** ist das wichtigste Legierungselement: Sein Zusatz in Anteilen von 0,1–2,06 % macht aus Eisen Stahl. Ab einer Kohlenstoffkonzentration von mindestens 0,2 % wird Stahl härtbar. Während Festigkeit und Härtbarkeit des Stahles mit zunehmendem Kohlenstoffgehalt steigen, nehmen Dehn-, Schmied-, Schweißbarkeit sowie Zähigkeit ab.

Co **Kobalt** bildet keine Karbide, verbessert aber die Festigkeit und verfeinert das Gefüge des Stahls.

Cr **Chrom** Ab 10,5 % Chrom gilt ein Stahl als rostbeständig. Mit Kohlenstoff, Eisen, Wolfram und Molybdän bildet es harte Karbide, die die Verschleißfestigkeit erhöhen.

Fe **Eisen** ist in Stahl mit meist über 90 % die Basis mit dem höchsten Masseanteil.

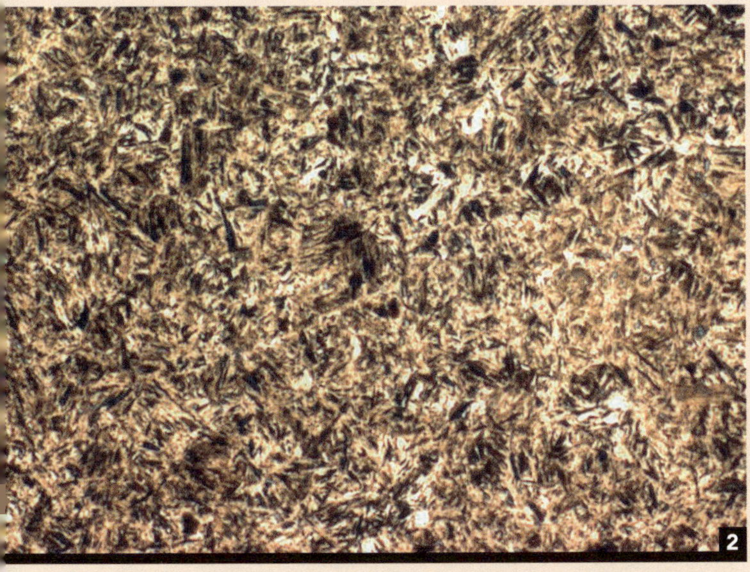

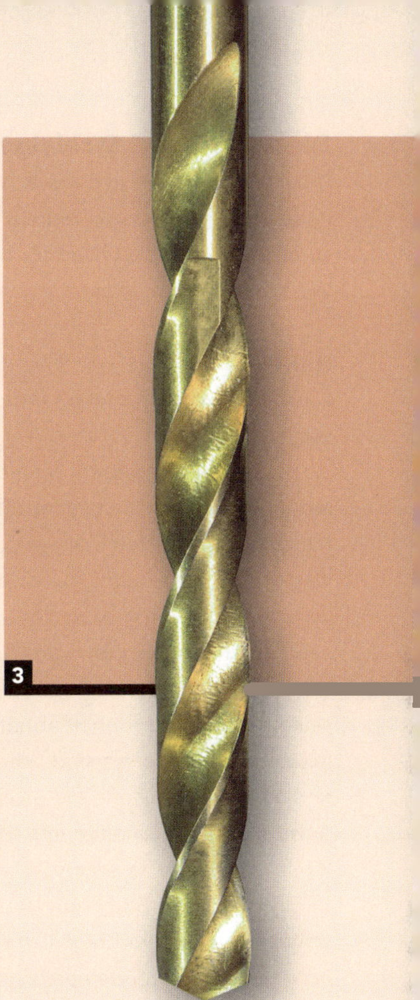

1 Mikroskopische Abbildung eines Stahlgefüges. Die weißen Kristalle sind die harten und verschleißfesten Karbide.

2 Mikroskopisches Gefügebild eines unlegierten Stahls nach der Wärmebehandlung. Das karbidfreie und sehr feine Gefüge macht ihn extrem belastbar.

3 Alles drin – und scharf: Ein Beispiel hochlegierter und extrem karbidreicher Stähle mit Wolfram, Molybdän, Vanadium, Cobalt, Chrom und Kohlenstoff ist der moderne HSS bzw. Schnellarbeitsstahl.

Mn **Mangan** verbessert die Härtbarkeit, die Festigkeit sowie die Schmiede- und Schweißbarkeit.

Mo **Molybdän** bildet unter anderem harte Karbide, verbessert die Härtbarkeit, die Korrosionsbeständigkeit und verringert die Sprödigkeit.

Nb **Niob** ist ein starker Karbidbildner und steigert Festigkeit und Zähigkeit.

Ni **Nickel** erhöht im Verbund mit Chrom die Korrosionsbeständigkeit.

P **Phosphor** ist eine unerwünschte Verunreinigung, der Gehalt wird so weit wie möglich reduziert.

S **Schwefel** tritt vor allem als Verunreinigung auf. Manchen Stählen wird es auch zur besseren Bearbeitbarkeit zugesetzt.

Si **Silizium** wirkt sich positiv auf Biege- und Verschleißfestigkeit aus.

V W **Vanadium** und **Wolfram** bilden sehr harte Karbide.

Die wichtigsten Stahleigenschaften. Um bei Stählen die richtige Auswahl zu treffen, ist es notwendig, verschiedene Eigenschaften zu kennen und deren Wert für das benötigte Werkzeug einzuschätzen.

HÄRTE

Die Härte eines wärmebehandelten Stahls wird in **»Rockwell« bzw. HRC (Hardness Rockwell C)** angegeben. Man ermittelt sie, indem ein kleiner Diamantkegel unter definiertem Druck in den Stahl gepresst wird. Je geringer die Eindringtiefe des Diamantkegels ist, desto härter ist der Stahl.

Wie hart ein Werkzeug aus Stahl durch Vergütung werden kann, ist maßgeblich vom seinem Kohlenstoffgehalt abhängig. Für Messerklingen typisch sind Werte zwischen 52 und 65 HCR. Axtköpfe, die größere Schlagimpulse schadlos aushalten müssen, haben in der Regel eine Härte zwischen **50 und 55 HRC.**

Ein zu weicher Stahl gibt bei Belastung schnell nach und verbiegt sich eventuell **»plastisch«**, also dauerhaft, bricht aber nicht. Ein hoch gehärteter Stahl widersteht Druck **»elastisch«**, ohne sich dauerhaft zu verbiegen. Bei zu hohem Druck bricht er allerdings. Besonders schockartige Belastungen durch Hacken oder seitliches Verkanten der Klinge führen bei zu stark gehärteten Klingen zu Ausbrüchen an der Schneide. Eine angemessen hohe Härte wirkt sich positiv auf die sogenannte Standzeit der Schneide aus, also darauf, wie lange das Werkzeug eine brauchbare Schärfe behält.

Die Härtemessung wird übrigens nicht bei jedem Werkzeug, sondern nur an Materialproben im Werk durchgeführt. Nur bei hochwertigen Einzelanfertigungen findet man einen solchen Härtetest-Abdruck.

VERSCHLEISSFESTIGKEIT

Die Verschleißfestigkeit ist ein Gradmesser dafür, wie gut eine Schneidkante dem mechanischen Abrieb durch harte und scheuernde Partikel, die im Schneidgut eingelagert sind, widersteht. Das Ausmaß der Verschleißfestigkeit hängt von der Härte und insbesondere auch von der Zusammensetzung des Stahls ab. Vergütung und im Gefüge eingelagerte Karbide sind der maßgebliche Faktor. Je homogener verteilt und kleiner die Karbide sind, desto besser lässt sich die Axt schärfen. Je verschleißfester ein Stahl ist, desto länger dauert allerdings das Nachschärfen und desto höhere Ansprüche müssen die Schleifmittel erfüllen.

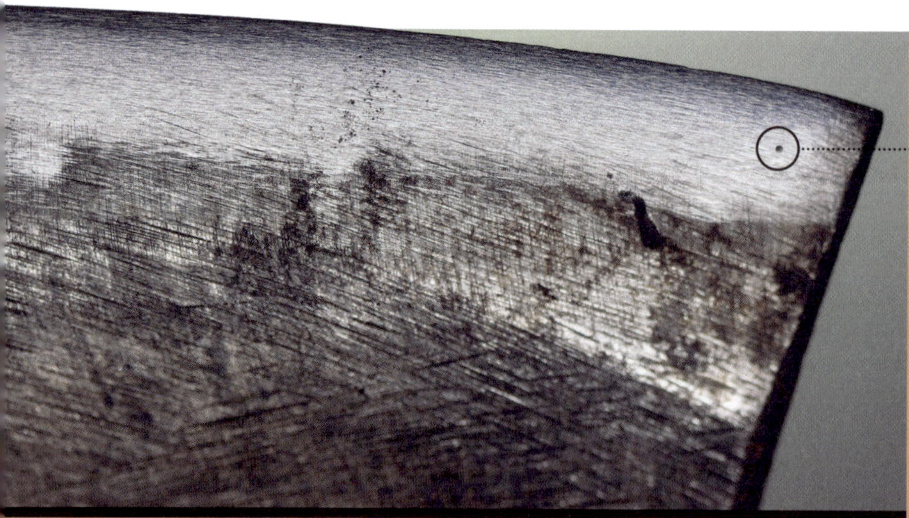

Der Abdruck der Härtemessung ist unscheinbar (im Bild oben an der Schneide). Anhand des Durchmessers lässt sich die Eindringtiefe und damit die Härte der Schneide bestimmen.

Aus Pulver gepresst.

Neben den »klassischen« Stählen, deren Rohform in der Schmelze erzeugt werden, nutzt man für die Herstellung von Werkzeugen wie Messern, Macheten und Äxten auch sogenannten **pulvermetallurgischen (PM-) Stahl bzw. »Sinterstahl«.** Stahlbestandteile werden nach dem Aufschmelzen in einer Schutzatmosphäre zerstäubt und abgekühlt. Die so entstandenen feinen Pulver werden mit Zuschlägen vermengt und unter hohem Druck und Hitze in Bleche oder unmittelbar in der gewünschten Form gebacken. Der Prozess ermöglicht nicht nur Legierungen, die über den in der Schmelze realisierbaren Grenzen liegen (beispielsweise hohe Kohlenstoffkonzentrationen). Das Gefüge ist zudem feiner und gleichmäßiger als in der Schmelze gewonnene Mischungen. Allerdings weicht die Art der Vergütung und Verarbeitung teils erheblich von klassischen Stählen ab.

Bei Äxten werden PM-Stähle vergleichsweise selten genutzt. Bekannt ist beispielsweise der **»PM-V11«**, der bei hochwertigen Schnitz- und Handwerksbeilen genutzt wird.

Bei Äxten ist eine angemessene, aber nicht zu hohe Verschleißfestigkeit von Vorteil, die ein **schnelles Nachschleifen während Arbeitspausen** ermöglicht.

ZÄHIGKEIT

Unter Zähigkeit versteht man die Eigenschaft des Stahls, nach harten Schlag- und Biegebeanspruchungen nicht zu brechen oder Risse zu bekommen und diesen Belastungen einen gewissen Widerstand zu bieten. Für die Zähigkeit ist vor allem der molekulare Stahlaufbau von Bedeutung: Je feinkörniger der Stahl insgesamt ist, desto zäher wird er. Je grobkörniger ein Stahl ist (etwa durch zu große Karbide) und je stärker er gehärtet wurde, desto spröder ist er.

Gemessen wird die Zähigkeit in der Metallurgie im Elastizitätsmodul. Getestet wird es an einem stiftartigen Prüfkörper aus dem jeweiligen Stahl nach der gewünschten Vergütung, der unter hohe Zugspannung gesetzt wird. Zuerst

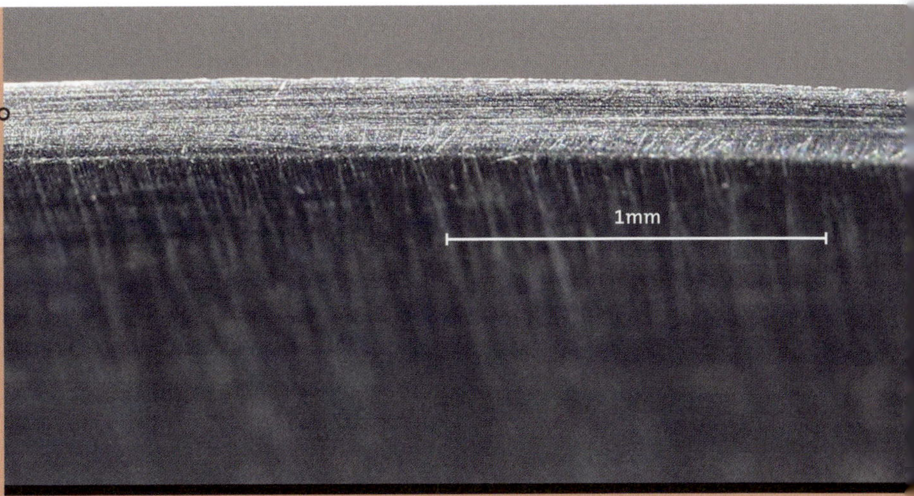

Vergrößerung einer Schleifphase eines sehr scharfen Beils. Der normale Materialkontakt schleift kleine Rinnen und Scharten in die Klinge und reduziert so ihre Schärfe.

verhält sich der Prüfstift wie eine Feder, die sich linear unter steigendem Zug elastisch verlängert. Löst man die Spannung in diesem Bereich wieder, federt der komplette Stahl zurück, ohne jede bleibende Verformung. Erhöht man den Zug über diesen federelastischen Bereich, gibt der Werkstoff plastisch nach. Er dehnt sich, ohne weiteren Widerstand zu bieten, bis er mit einem Schlag zerreißt.

Je fester und härter ein Werkstoff ist, desto geringer sind sowohl Zurückfedern im elastischen und Verbiegen im plastischen Bereich. Hoch gehärtetes Gefüge im Bereich der Schneide federt und dehnt sich kaum und reißt schlagartig ohne vorher wahrnehmbare Längenveränderung. **Eine möglichst hohe Elastizität ist insbesondere im hinteren Bereich der Axt gewünscht.** Eine elastische Verformung federt den Aufprall ab und entlastet so die starre Schneide.

Bei falscher Nutzung der Axt, beispielsweise durch starkes Hämmern mit dem Nacken, kommt es allerdings schnell zu einer plastischen, also bleibenden Verformung. Bestenfalls verzieht sich das Auge und die Axt muss neu eingestielt werden.

Die richtige Zähigkeit der unterschiedlich gehärteten Abschnitte des Axtkopfs ist entscheidend für **Funktion und Arbeitssicherheit.** Splitternde Äxte werden häufig nicht durch den falschen Stahl, sondern durch Fehler in der Wärmebehandlung verursacht.

ROSTBESTÄNDIGKEIT

Säuren und Wasser in Kombination mit Sauerstoff sind die natürlichen Feinde von Stahlklingen, da es zu Oxidationsprozessen kommt. Das Resultat davon ist Rost. Tritt diese Zersetzung an den Schneidkanten auf (die nur Bruchteile von Millimetern breit sind), kann das zu einer Schwächung und in deren Folge zu einem schnelleren Abstumpfen führen.

Die meisten Axtköpfe bestehen aus schnell rostenden Stählen. Zum Rostschutz werden sie deshalb **eingeölt, lackiert oder beschichtet** *(siehe »Anatomie der Axt« auf Seite 18)*. Eine durchgehende Flugrostoberfläche alter Äxte zum Beispiel von »Scheunenfunden« schützt dagegen eher die Oberfläche und verhindert tiefen Lochfraß, sofern der Axtkopf nicht im Wasser lag. **Stark verrostete Äxte können deshalb meistens gerettet werden.**

Rostbeständige Stähle widerstehen der Oxidation deutlich besser als nicht-rostfreie Stähle. Ein weiterer Vorteil von rostbeständigen Stählen ist die Geschmacksneutralität und die Optik: Denn nicht-rostfreie Klingen können – besonders beim Schneiden von säurehaltigen Lebensmitteln – einen metallischen Geschmack abgeben und laufen gräulich an. Äxte, deren Schärfe zweitrangig ist und die ständigen Kontakt mit Feuchtigkeit haben oder zur Lebensmittelverarbeitung genutzt werden, fertigt man deshalb aus Chromstählen. Dies ist vor allem bei Camping- und Fleischerbeilen der Fall.

Wenn eine Axt im feuchten Schuppen vergessen wurde, ist sie nach wenigen Monaten nicht mehr sehr ansehnlich. Sie kann dennoch gerettet werden *(siehe Workshop ab Seite 226)*.

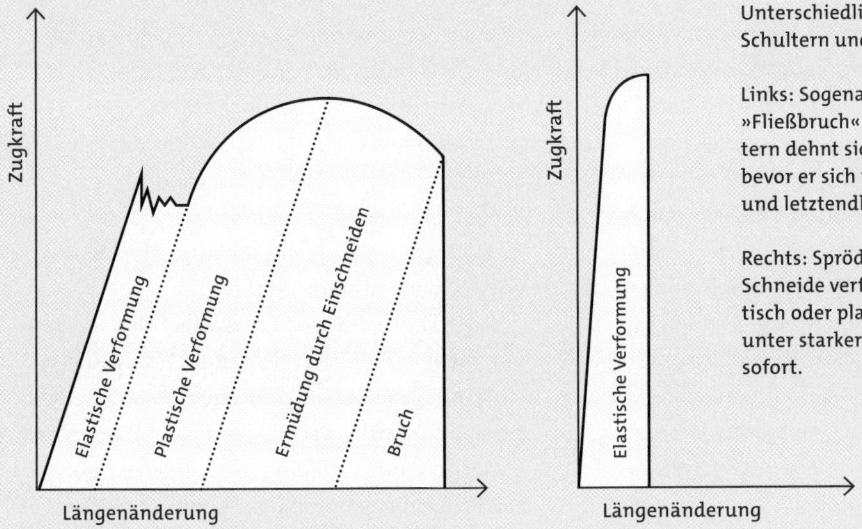

Unterschiedliche Zähigkeiten von Schultern und Schneide einer Axt.

Links: Sogenannter Duktil- oder »Fließbruch« – der Stahl der Schultern dehnt sich erst wie eine Feder, bevor er sich plastisch verformt und letztendlich bricht.

Rechts: Sprödbruch – Die gehärtete Schneide verformt sich kaum elastisch oder plastisch, sondern reißt unter starker Belastung praktisch sofort.

FEINHEIT UND HOMOGENITÄT

Abhängig von Legierung und Produktion variiert der Aufbau des Gefüges und damit der Gebrauchswert des Stahls. Niedrig- und hochlegierte Stähle neigen zu Karbidbildung, die eine verhältnismäßig grobe Struktur verursachen. Allerdings kann die Karbidgröße mit entsprechenden Zuschlägen moduliert werden.

Je nach Erstarrung der Schmelze und der Wärmebehandlung können sich allerdings auch in Gefüge mit feinen Karbiden ausgeprägte Schichtungen im Martensit bilden, die einen nachteiligen Effekt auf Stabilität und Schärfbarkeit haben. Besonders bei starker Belastung, die über die elastische und damit reversible Verformung hinausgehen sind »dicke« Karbidschichten ausgesprochene **»Sollbruchstellen«** in der Schneide.

Unlegierte Stähle mit niedrigem Kohlenstoffanteil, wie sie bei Äxten für gewöhnlich genutzt werden, haben ein besonders homogenes und karbidfreies Gefüge. Sie lassen sich gut vergüten, verteilen Schlagimpulse und interne

Anschliff von Temperguss, einem Material zwischen Gusseisen und Stahl, bei dem die Übermenge an Kohlenstoff durch Vergütung als Graphit ausfällt bzw. beim »Tempern« ausggeglüht wird und so eine sehr grobe Gefügestruktur hinterlässt.

Spannungen im Gefüge gleichmäßig und lassen sich einfach und sehr scharf schleifen.

Das feinste und regelmäßige Gefüge erzielen **PM-Stähle** *(siehe Seite 105)*, die derzeit bei der Axtprodukion allerdings kaum eine Rolle spielen. Wichtiger als der perfekte Stahl ist ohnehin, die Axt fachgerecht zu verwenden.

HOLZ

Holz gehört auch heute noch zu den wichtigsten Roh- und Werkstoffen überhaupt. Es ist nachhaltig, da es nachwachsend ist und CO_2 speichert, extrem stabil und haltbar und dennoch wunderbar zu bearbeiten.

Zahlreiche Archäologen sind sich darüber einig, dass die Steinzeit eigentlich Holzzeit genannt werden sollte. Der komplette Fundus archaischer Werkzeuge wurde – sieht man vom Zerteilen von Tieren ab – alleine zum Einschlagen, Kürzen, Spalten und Schneiden von Holz genutzt. Die Unterkünfte unserer Vorfahren bestanden ebenso aus Holz wie ihre Waffen oder Boote.

Holz als Werkstoff.

Man könnte glauben, dass Holz mit der Neuentwicklung moderner Werkstoffe an Relevanz verloren habe. Tatsächlich gibt es aber nur wenige Materialien, die es in punkto **Stabilität, Haltbarkeit und Verarbeitungsfähigkeit** mit Holz aufnehmen können.

Kunststoffe härten mit der Zeit aus und werden durch UV-Strahlung spröde. Ihnen fehlt zudem die Elastizität von Holz. Stabilere Werkstoffe sind sogenannte Komposite, die jene brüchige Festigkeit von Kunststoff durch die Vermengung mit Faserlagen ausgleichen. Dabei sind sie erheblich schwerer und teurer und lassen sich nachträglich nicht mehr ohne Stabilitätsverlust bearbeiten. Von ihrer Struktur sind sie nichts anderes als eine plumpe synthetische Nachbildung von Holz: zugfeste Fasern, eingebettet in ein druckfestes Material.

Im Gegensatz zu Glasfaser- oder Kohlenstofffaser-Kunststoffen, bei denen »endliche« Gewebematten vergossen werden, ist die Faser im Holz unbegrenzt lang und je nach Holzart unterschiedlich stark verzweigt.

Allerdings ist das, was man als Holz bezeichnet, nicht immer auch Holz. **Per Definition ist Holz ausgehärtetes »Stützgewebe« von zweikeimblättrigen Pflanzen** (Laubbäume bzw. Sträucher) und Koniferen (Nadelgewächse). Nicht zu Holz gehören die Stämme von Palmen und beispielsweise Bambus, die ebenso wie Holzstämme außerordentlich stabil sein können und in vielen Ländern auch als Baumaterial und Werkzeuggriffe genutzt werden. Im Folgenden soll es ausschließlich um »echtes« Holz als Werkstoff und Teil einer Axt gehen.

INNERER AUFBAU

Meistens wird »Holz« mit dem allseits bekannten Zellstoff gleichgesetzt. **Zellstoff oder »Zellulose«** ist allerdings nur einer von zahlreichen Holzbestandteilen. Wie der Name schon andeutet, ist Zellstoff wichtiger Bestandteil der Pflanzenzellwand. Zellulose ist ähnlich der Stärke ein hochkomplexes Netzwerk aus Zuckern. Dabei ist die chemische Verknüpfung extrem stabil.

Nach dem Vorbild von Holz wurden unzählige Baustoffe bis hin zu »Faserzement« entwickelt.

Zellulose ist zwar wichtig, macht aber noch kein Holz. Die rötliche Verfärbung im Holz wird durch die zweite Zutat »Lignin« verursacht.

Es gibt mit Ausnahme von Einzellern und Pilzen so gut wie keine Tiere, die Zellulose abbauen können und selbst aggressive Chemikalien können Zellulose meist nichts anhaben.

Das molekulare Netzwerk der Zellulose ist übergeordnet in parallelen Fasern angeordnet, die enorme Zugkräfte aushalten können. Baumwollgewebe bestehen beispielsweise größtenteils aus reiner Zellulose. Kleingehäckselt, gepresst und gebleicht wird aus Zellulose Papier.

Ein Baum mit einem »Baumwollstamm« wäre sehr zugfest, könnte sich aber kaum weiter als einige Zentimeter erheben, ohne umzuknicken. Der »Zement« zwischen diesen Fasern ist das sogenannte **Lignin.** Gemeinsam mit den Zellulosefasern bildet Lignin ein natürliches Komposit, das verholzten Landpflanzen das ausgeprägte Höhenwachstum ermöglicht. Bei Belastung auf Druck wird im Holz durch das Lignin gegengehalten, bei Zug übernehmen die Zellstofffäden die Kraft. Mit einem Haselast von Daumendicke kann man ohne Schwierigkeiten ein Auto anheben. Lignin kann den Druck von Tonnen aushalten. In einem Ast unter Biegebelastung verteilen sich die Aufgaben der einzelnen Holzbestandteile. **In der Zugphase wird durch Zellulose die Kraft gehalten, in der Druckphase stabilisiert das Lignin.**

ÄUSSERER AUFBAU

»Normal« gewachsenes Holz ist erheblich weniger stabil, als es prinzipiell durch das Zusammenspiel von Lignin und Zellulose sein könnte. Da die Natur nie Energie oder Baumaterial ohne zwingende Notwendigkeit investiert, ist Holz nur in seiner normalerweise vorkommenden Lage belastbar und wird nur dann zusätzlich stabilisiert, wenn es beispielsweise an Ästen oder Wurzeln notwendig ist. Das hat auch mit der äußeren Struktur von Holz zu tun.

Bäume werden durch Wind und Schwerkraft gebogen, weshalb sie in die Längsrichtungen lange vernetzte Fasern ausbilden. Zudem bilden sich **Faserbündel,** die für den Flüssigkeitstransport im Stamm notwendig sind. Zwischen den einzelnen parallelen Fasern bestehen nur wenige Verbindungen – sie werden in der Natur schlicht nicht benötigt. Durch Druck quer zur Wuchsrichtung werden die Fasern voneinander weggequetscht. Zieht man zudem an zwei unterschiedlichen Seiten eines Holzstücks, werden die Schichten voneinander abgeschert.

Abhängig vom Abstand zu den Nachbarfasern und der Anzahl von hohlen Bündeln sowie der Menge an Lignin ändert sich die Dichte von Holz. Weite Abstände und eine helle Farbe findet man bei Weichholz, enge Abstände und rötliche Verfärbung bei sehr harten und schweren Holzsorten.

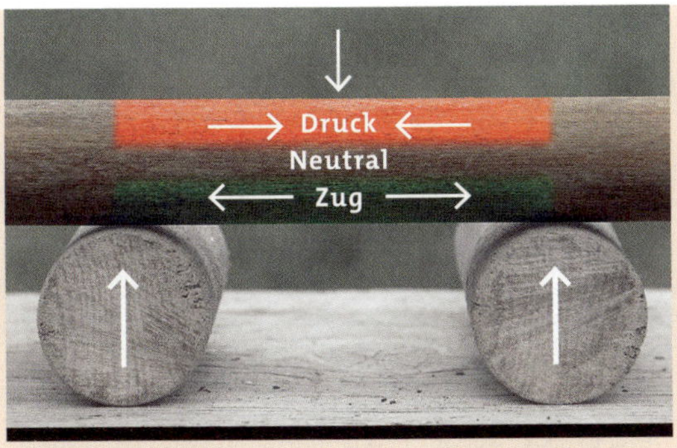

In einem belasteten Werkzeugstiel entstehen Druck- und Zugkräfte, die aufgefangen werden müssen.

Nicht die unzureichende Druckfestigkeit, sondern die fehlende Stabilität zwischen den Fasern führt zur Zerstörung.

Einen weiteren Einfluss hat der **konzentrische Aufbau von Holz,** den man an Jahresringen und Verkernung deutlich erkennt. Viele Bäume mit hohen und dicken Stämmen »verkleben« das innere, nicht mehr für den Flüssigkeitstransport benötigte Holz mit »Kernstoffen« wie zum Beispiel Harz zu dunkelrotem und sehr stabilem und besonders dichtem **Kernholz.** Die noch aktiveren Bereiche des Stamms sind weiter außen als Ring hellen **Splintholzes** zu erkennen. Allerdings bilden nicht alle Bäume eine deutlich erkennbare Kern-Splint-Trennung aus.

Am einfachsten spaltet Holz bei Spaltdruck auf die Stirnflächen am Splintholz. Alle Fasern und Bündel können dabei einfach voneinander getrennt werden. Etwas stabiler ist der Kern, wenn er verharzt und das Harz ausgehärtet ist. Schwieriger ist es schon von der Borkenrichtung in Richtung Kern zu spalten, wenn beispielsweise ganze Stämme oder Meterstücke zerteilt werden sollen.

Harte und schwere Hölzer mit zahlreichen Verbindungen zwischen den Fasern lassen sich entsprechend schwieriger spalten als sehr gerade gewachsene Holzarten, verwundenes und verwachsenes Holz hat dagegen kaum eine durchgehende Spaltrichtung. Durch die fehlende Parallelität geht aber auch ein Teil der Bruchfestigkeit und Elastizität verloren. **Während längs zur Faser durch Spaltpressung eine Trennung erfolgen kann, muss quer zur Faser immer geschnitten werden.**

BRUCH UND ERMÜDUNG

Wenn man sich mit den Eigenschaften und dem Aufbau von Holz beschäftigt hat, kann man sowohl von Bäumen, die zum Fällen vorgesehen sind, Holz zum Spalten sowie dem Holz für Werkzeuggriffe oder Werkstücke einiges ablesen.

Brüche von Holz erfolgen immer durch eine Schwächung des Faserverbundes, praktisch nie durch Riss der einzelnen Fasern. Beim Spalten von Brennholz ist das gewünscht. Durch die Keilspaltung presst man einzelne Fasern voneinander. Beim Fällen muss – da eine Spaltung nicht möglich ist – die Faser durch den Hieb immer angeschnitten und abgespalten werden. Die letzte Trennung durch Bruch vom Stamm entsteht durch das Eigengewicht des Stamms. Ein »trockenes Brechen« des Stamms selbst ist praktisch nicht möglich. Gesunde Stämme spalten dabei immer an den **Radialkanten** (also in Richtung der Jahresringe) auf. Die einzige Ausnahme macht Holz, dessen Zellulose oder Lignin durch Pilzbefall zerstört worden ist. Pilze, die das rötliche Lignin fressen und nur Zellulose stehen lassen, werden »Weißfäule« genannt. Solche, die die Zellulose abbauen und Lignin verschmähen »Rotfäule«. Bäume mit Pilzkörper am Stamm dürfen aus diesem Grund nie mit der Axt bearbeitet werden, da ihnen möglicherweise ihre Sicherheit fehlt. Durch den Schlagimpuls kann der komplette Stamm jederzeit brechen und im Sturz in zahlreiche Stücke brechen.

Holz als Werkzeugstiel.

Entsprechend des inneren und äußeren Aufbaus ist bei der Wahl des Axt- oder Werkzeugstiels einiges zu beachten.

Je länger und dichter die Faserlage ist, desto stabiler ist das Holz. Während Buche beispielsweise hartes und dichtes Holz bildet, ist die Faser kurz und die Haftung zwischen den Fasern gering. Es eignet sich gut, um gespalten zu werden, aber nicht als Werkzeugstiel. Besser geeignet sind **langfaserige Arten, beispielsweise Hasel, Eiche, Robinie und Obsthölzer,** also Holzsorten, die beim Zerbrechen zuerst elastisch nachgeben und beim Bruch stark auffasern.

Größtenteils werden Werkzeugstiele aus dem extrem zähen und biegefesten **Eschenholz** hergestellt. In den letzten Jahren wird bei europäischen Äxten zudem das amerikanische

1

2

3

4

Hickory eingesetzt. Ihm wird zugeschrieben, dass es bei Materialversagen nicht komplett abbricht, sondern so aufbricht, dass der Axtkopf abgefangen und am gebrochenen Stiel hängen bleibt. Ob es ein Vorteil ist, das der schlenkernde Axtkopf in Körpernähe verbleibt, statt davonzufliegen, ist aber vermutlich eher eine Frage der Einstellung und der Schutzausrüstung. Das rotbraune Hickory ist zweifelsohne ein sehr schönes Holz und mindestens ebenso gut geeignet wie einheimische helle Esche.

Wichtiger ist die weitere Verarbeitung. Klar ist, dass ein Werkzeugstiel, der quer zur Faser aus einer Holzscheibe geschnitten wurde, keinerlei Biegekräfte aufnehmen kann und schon beim Ausholen zerbrechen würde. Längs zur Faser abgespaltene Griffe *(siehe Workshop auf Seite 232)*, die der Faser ggf. sogar im Schwung folgen, sind erheblich besser.

Gerade oder wenig geschwungene Griffe folgen naturgemäß der geraden Faser. Bei einem sogenannten Kuhfuß ist es dagegen von Vorteil, wenn das Ausgangsmaterial schon einen Schwung hatte. Die **falsche Faserführung kann paradoxe Schwächungen erzeugen,** wenn es zu einem Anbruch der Faserung kommt. Axtstiele, bei denen am Kopf in Nackenrichtung beispielsweise eine Leiste ausläuft, sind bei falscher Faserführung erheblich bruchgefährdeter als Axtstiele ohne jene Leiste.

1 Die Spaltbarkeit ist an der Stirn am höchsten. Schwieriger wird das Zerteilen von der Borke zum Kern und ganz unmöglich quer zur Faser oder an Verwachsungen.

2 Biegung quer zu den Jahresringradien führt zum Auffächern der Schichten.

3 Ist die Faser der Leiste angeschnitten oder liegt die Faser falsch *(siehe Workshop ab Seite 232)*, fächert die Leiste bei einem Fehlschlag nach hinten auf und löst den Axtkopf.

4 Mittlerweile glücklicherweise seltener findet man Axtstiele, die diagonal über alle Fasern gesägt worden sind.

PHYSIK UND MECHANIK

Die Axt lebt nur in ihrer Bewegung. Im Stillstand ist sie nutzlos.

Das Prinzip des Axtschlags scheint auf den ersten Blick ziemlich einfach zu sein. Der bewegte Kopf zerteilt irgendwie das Holz. Wenn man den Vorgang allerdings analysiert, merkt man, dass es sich um mehrere unterschiedliche, sehr komplexe Vorgänge handelt.

Wer hin und wieder mal in der Küche steht, kennt den Unterschied zwischen Schneiden und Hacken ganz genau *(siehe hierzu Seite 167)*. Wer versucht mit einem stumpfen Messer oder einem Küchenbeil Gemüse zu schneiden, wird das bei frischen Karotten noch schaffen, spätestens bei Tomaten oder Schnittlauch entsteht Püree. Warum ist das so? Während weiches Gemüse geschnitten werden muss, kann man die feste Karotten schneiden oder durch Keilkräfte spalten. Beim Hacken ist das nicht anders.

Die Arbeit der Axt besteht aus zahlreichen **ineinander laufenden physikalischen Vorgängen.** Mit dem Beschleunigen der Axt beschäftigen wir uns ab Seite 157 intensiver. Durch die Beschleunigung nimmt die Axt Geschwindigkeit auf und damit Energie. Allerdings besitzt auch die unbewegte Axt Energie.

ENERGIEFORMEN

Eine Axt kann man mit unterschiedlichen Formen von Energie »beladen«. Bei der Arbeit gibt sie diese Energie wieder ab und überträgt sie unter anderem auch auf den Werkstoff.

Die **sogenannte potenzielle Energie** »lädt« man in die Axt durch das einfache Anheben. Danach kann man sie fallen lassen uns sie nimmt durch die Erdbeschleunigung durch den freien Fall Geschwindigkeit auf. Aus 2 Metern Höhe fallen gelassen, erreicht der Axtkopf eine Geschwindigkeit von rund 6 Metern je Sekunde. Dabei entsteht **kinetische Energie bzw. Bewegungsenergie.**

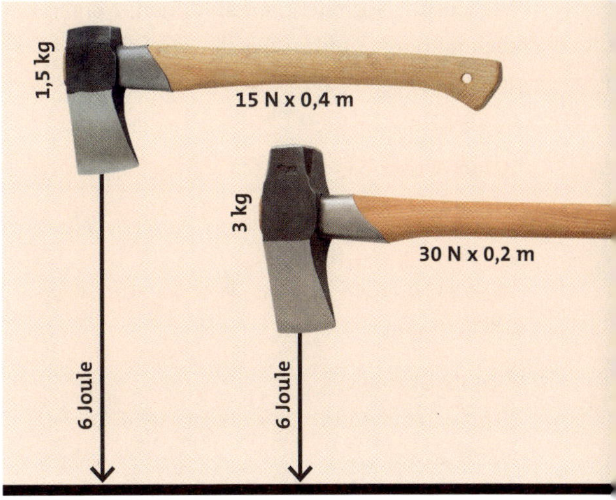

Beide Äxte haben dieselbe potenzielle Energie. Der halb so schwere Axtkopf muss dazu doppelt so hoch angehoben werden.

Die **Auftreffenergie** entspricht bei diesem Beispiel der »Anhebenergie« nach Masse mal Erdbeschleunigung mal Höhe, weil in diesem Fall die kinetische Energie gleich der »geladenen« potenziellen Energie ist.

Das ergibt bei 2 Metern und 1 Kilogramm Gewicht ca.: **$1 kg * 2 m * 10 kg * m/s^2 = 20$ Joule.** Hier ist für die Energie ausschlaggebend, wie schwer der Axtkopf ist.

Nutzt man beim Beschleunigen der Axt die »Erdbeschleunigung« nur zur Unterstützung und beschleunigt sie durch die Arme zusätzlich, ist die Endgeschwindigkeit erheblich höher und die Rechnung ist eine komplett andere.

Zur potentiellen Energie wird die durch die Armbewegung zugeführte Energie addiert. Man berechnet die Energie der bewegten Axt über ½ mal Masse mal Geschwindigkeit^2.

Beim manuell beschleunigten Axtkopf ist die Energie um ein Vielfaches höher als beim freien Fall und die Endgeschwindigkeit beim Aufschlag geht im Quadrat in die Rechnung ein.

Wie viel das ausmacht, erkennt man, wenn die Rechnung mit 3 unterschiedlichen Schlägen durchgespielt wird:

1 kg Kopfgewicht,
10 m/s Geschwindigkeit: ½ * 1 kg * (10 m/s)² = 50 Joule

2 kg Kopfgewicht,
10 m/s Geschwindigkeit: ½ * 2 kg * (10 m/s)² = 100 Joule

1 kg Kopfgewicht,
20 m/s Geschwindigkeit: ½ * 1 kg * (20 m/s)² = 200 Joule

Bei höherer Geschwindigkeit steigt die kinetische Energie erheblich stärker als durch Erhöhung des Kopfgewichts.

Die Aussage, lieber einen leichten und damit schnellen Axtkopf als einen schweren, langsameren stimmt aber nicht pauschal. Die Energie muss nämlich auch sinnvoll auf den Werkstoff übertragen werden. Und hier gibt es einige Fallstricke. Dafür muss man sich anschauen, in welcher Art die Bewegungsenergie weitergegeben wird.

DIE AXT IM HOLZ

Dringt die beschleunigte Axt in das Holz ein, wird die Energie in vier Formen der »Arbeit« umgewandelt, die unterschiedliche Wirkung auf den Werkstoff, aber auch auf die Axt haben.

Die Klinge der Axt trennt beim Schneiden **molekulare und intermolekulare Verbindungen** voneinander. Diese Haltekräfte zwischen den einzelnen Molekülen sind extrem hoch. Deshalb muss die Schneide auch sehr dünn bzw. scharf sein, um einen möglichst schmalen Teil der Verbindung zu kappen. Je schärfer die Klinge, desto besser ist also das Trennvermögen. Selbst mit einem Skalpell kann man einen Urwaldriesen fällen. Die Axtschneide ist allerdings erheblich robuster als ein Skalpell – und damit dicker. Neben dem Schneidevorgang erzeugt die eindringende Axt ebenso wie ein Spaltkeil nach außen hin Keilkräfte. Sie entstehen jeweils senkrecht auf den Kontaktflächen zwischen Holz und Schneide, Wange oder Schulter und sind abhängig vom Winkel der Axt, aber immer um ein vielfaches höher als die eigentliche Anpresskraft. Je spitzwinkliger die Axt ist, desto höher sind also die entstehenden Keilkräfte.

Dennoch sind Spaltäxte nicht die besonders schlanken Modelle, obwohl sie die höchste »Sprengraft« erzeugen können. Der Grund sind unkalkulierbare Einflussfaktoren des Holzes, allen voran **Reibung sowie die plastische und elastische Verformung.** Bevor das Holz durch Spalten zerteilt werden kann, presst man die Fasern zusammen, es gibt eine plastische Verformung, ab einem bestimmten Zeitpunkt reißen die Fasern durch den Druck an der Spaltstelle auseinander, im unteren Bereich bleiben sie aber noch geschlossen, was den Spalt gegen die Axt zurückdrückt. Es entsteht

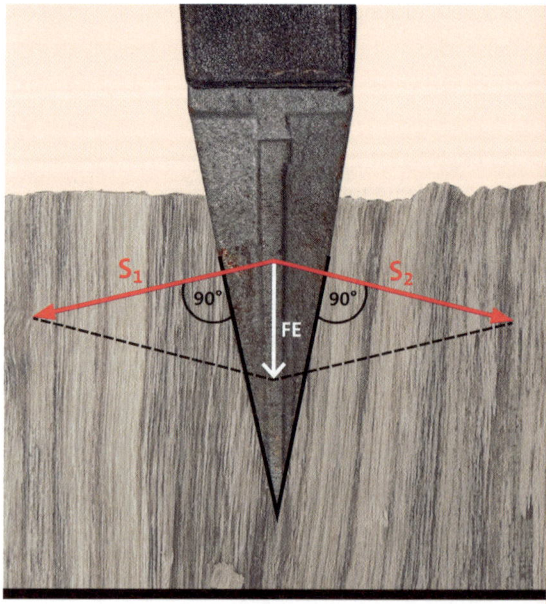

Im Kräfteparallelogramm erkennt man, dass die Eindringkraft (FE) sich abhängig vom Schneidenwinkel zu den Spaltkräften (S) vervielfacht.

Axt und Holz.

Der Axthieb ist eine physikalisch hochkomplexe Angelegenheit. Zu behaupten, eine lange und leichte Axt sei immer besser, da schneller und mit mehr kinetischer Energie, ist eine sehr starke und wenig hilfreiche Vereinfachung.

Wie der jeweilige Axtkopf im Material wirkt, ist sowohl von Kraft und Körpergröße, Axtgeometrie, Untergrund und dem Werkstoff abhängig.

enorme Reibung, die den Axtkopf im Holz komplett abbremsen kann. Anliegefläche und Druck und damit die Reibung sind bei schmalen und geraden Keilen viel größer als bei breiteren Köpfen, die zwar geringere Keilkräfte erzeugen aber jeweils nur an einer kleinen Stelle Kontakt mit dem Material haben *(siehe Bild Seite 22)*.

Durch einen balligen oder konvexen Schliff der Wangen wird die Auflagefläche verringert und die Keilkräfte variieren: im spitzwinkligen Bereich sind sie größer zum »Anspalten«, zum »Durchspalten« müssen die Kräfte nicht mehr ganz so groß sein, hier ist es wichtiger die Reibung zu reduzieren, weshalb auch ein breiterer Wangenwinkel ausreichend ist.

ENERGIEABGABE

Die Wirkung der Axt im Holz ist immer davon abhängig, dass die ihr mitgegebene kinetische Energie auch in der gewünschten Form in das Holz abfließt. Extremfall ist, wenn das Spaltgut auf einem elastischen oder plastischen Untergrund steht. Die Energie wird weiter in den Boden abgeleitet, ohne dass das Holz selbst Energie aufnimmt. Aber auch bei festem Untergrund wird nicht die komplette kinetische Energie in das Spalten und Schneiden umgesetzt. Neben der Reibung gibt es noch weiteren »Energieverlust« bzw. physikalisch korrekt, weil Energie nicht verloren gehen kann: die Energie wird in Formen überführt, die für uns keinen Nutzen haben. Es gibt zahlreiche Energiespeicher. Hackklotz, Spaltgut, Axtstiel und selbst der Axtkopf verformen sich beim Schlag elastisch. Bremst der Axtkopf gleichmäßig ab, merkt man nicht viel davon. Bei einem abrupten Abstoppen am Hackklotz oder im Spaltgut an einem Astloch wird die komplette Energie auf einmal abgegeben und ist an einem schmerzhaften Prellschlag zu merken. Lange und elastische Axtstiele federn ihn ein wenig ab. Komplett kann er nicht verhindert werden.

Durch die geringe Keilfläche gleiten die Wangen mit wenig Reibung am Holz vorbei.

Energieverlust beim Hieb. Rot: Plastische Verformung, Blau: Elastische Verformung, Grün: Reibung

Kapitel 4

Schärfen und Pflegen.

DEN WERT ERHALTEN.

Eine Axt ist ein einfaches und gutes Werkzeug, das einfache und gute Pflege benötigt. Mehr nicht – aber auch nicht weniger.

Die meisten Axtköpfe für den Einsatz am Holz bestehen aus nicht-rostfreiem Kohlenstoffstahl. Zwar kann er gut vergütet und bearbeitet werden, dafür **oxidiert er bei Kontakt mit Wasser** innerhalb kürzester Zeit. Schon eine halbstündige Arbeitspause, während der die Axt im feuchten Gras liegen bleibt, reicht, und blanke Stellen des Axtkopfs sind von einer dünnen rotbraunen Schicht überzogen. Diese dünnen Roststellen haben keinen nachteiligen Effekt, sie werden beim nächsten Hieb wieder abgerieben. Bei fehlender Pflege oder falscher Lagerung kann sich die Oxidation aber tiefer ins Material fressen und so zum Beispiel die Schneide beschädigen. Deshalb sollte man seine Axt auch **nicht schmutzig oder nass einlagern.**

Der Holzstiel dagegen mag es überhaupt nicht, dauerhaft zu trocken gelagert zu werden. Holz ist widerstandsfähiger gegen Feuchtigkeit, beginnt aber bei zu geringem Wassergehalt zu schwinden. Der Kopf lockert sich. Zu nass darf der Griff trotzdem nicht werden. Holz kann springen, schimmeln und morsch werden.

STAHLPFLEGE

Wenn die Axt längere Zeit nicht in Gebrauch ist, muss sie richtig gelagert werden, damit sie keinen Schaden nimmt. Das beginnt bei der Rückkehr aus dem Wald nach getaner Arbeit. Man wischt mit einem Lappen Feuchtigkeit und Schmutz vom Axtkopf, setzt den Schneidenschutz auf – und macht dabei einen riesigen Fehler: Wenn die Axt draußen im Einsatz war, ist ihr Stahl (in aller Regel) kälter als der Innenraum, in dem sie gelagert wird. Luftfeuchtigkeit kondensiert auf der frisch abgetrockneten Oberfläche – und bleibt lange Zeit unter dem Schneidenschutz vorhanden. Man sollte der Axt nach dem ersten Abtrocknen eine Stunde **Zeit zum Aufwärmen** geben. Danach wird sie mit einem Tuch und etwas Öl oder Fett abgerieben. Dabei kann man **Waffenöl, Speiseöle oder**

STAHLPFLEGE

1

2

3

1 Einfaches Maschinenfett haftet in den feinen Poren stählerner Werkzeuge gut und verhindert vor allem bei längerer Lagerung das Rosten.

2 Etwas Rost gehört eigentlich an Stahlwerkzeuge. Möchte man ihn dennoch entfernen, poliert man ihn mit etwas Essig oder Zitronensaft aus und fettet die Stelle danach gut.

3 Belässt man Fruchtsäuren zu lange auf dem Stahl, entstehen unschöne Verfärbungen. Diese Brünierung schützt allerdings vor Rost.

Maschinenfett nutzen. Die Oberfläche wird dabei nur ganz dünn benetzt, das reicht, um während der Lagerung jeglichen Rost zu verhindern und bei leichtem Rost die weitere Korrosion zu verhindern.

Falls kleine Roststellen stören, kann man sie mit schwacher Fruchtsäure und sehr feiner Stahlwolle oder einem Polierschwamm entfernen. Danach muss die Stelle unbedingt mit einem feuchten Tuch nachgewischt, abgetrocknet und geölt werden, da sonst bräunliche Verfärbungen entstehen.

Schaden vorprogrammiert: Stark verwachsene Struktur und eingewachsene Steine in einer Wildolive.

Schärfen.

Beim Arbeiten geht die Schärfe der Schneide durch Abrasion natürlicher Holzbestandteile über kurz oder lang verloren. **Mikroskopisch kleine Stahlspäne werden aus der Schneide gerissen,** die Axt wird stumpf. Dies passiert bei wenigen Schlägen sehr scharf geschliffener Äxte sehr schnell. Der dünne Grat wird umgebogen, so dass eine **»Rasiermesserschärfe«** nur wenige Minuten im Einsatz hält – deshalb sollte sie beim Schleifen nicht Ziel sein. Nach und nach rundet sich die Schneide immer mehr, feinste Späne werden abgebrochen, bis sie nicht mehr trennt, sondern nur noch spaltet.

Vor allem Fehlschläge auf große, im Holz eingewachsene Fremdkörper wie Granatenreste, Blechschilder, Ketten oder Steine können in wenigen Schlägen die Schneide praktisch unbrauchbar machen und gefährden alle im Gefahrenbereich durch Splitter.

Hat die Schneide nach dem schwungvollen Zusammentreffen mit einem Nagel oder Draht eine kleine Macke abbekommen, muss man die Schneide jedoch nicht auf ganzer Länge mit einer Feile oder einem groben Schleifstein zurückschleifen – und anschließend die Axtkopfflanken neu formen.

Beim Herausschleifen breiter Schäden wird die komplette Schneide bis zum Schartengrund reduziert (rot markiert).

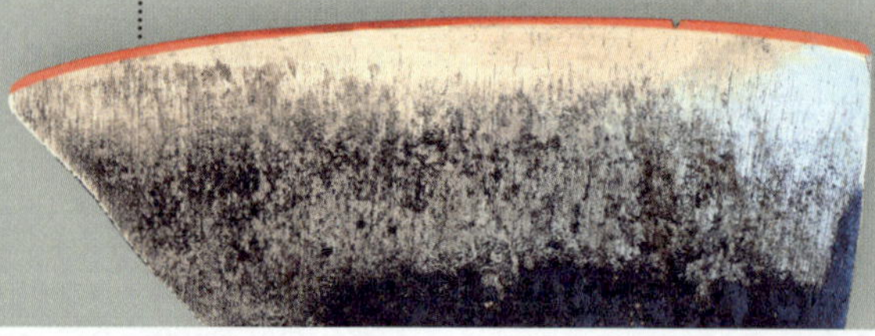

Der Wangenwinkel ist nun stumpfer als zuvor, entsprechend müssen zur Erhaltung der Kopfgeometrie alle gewölbten Flächen an Schneide und Wangen zurückgesetzt bzw. reduziert werden (rot markiert).

Solange die Scharte ein punktueller Schaden ist und es sich nicht um eine hochpräzise schneidende Tischleraxt handelt, ist das meist nicht notwendig und nimmt mehr von dem kostbaren Axtkopf-Material ab als notwendig.

Bei kleinen Schäden reicht es aus, wenn man den Bereich rund um die Macke mit einer **Rundfeile oder einem Multifunktionsschleifer** glättet und das Axtblatt danach ganz normal schärft. Bei den meisten Arbeiten stört diese abgerundete Macke nicht und mit der Zeit schleift sie sich ohnehin raus.

Bei zahlreichen Tätigkeiten fällt eine punktuell fehlende Schärfe kaum ins Gewicht. Spaltäxte können knotenfreies und wenig verwachsenes Holz auch im komplett stumpfen Zustand spalten. Forst- und Fälläxte oder gar Handwerksäxte zum Schnitzen müssen dagegen immer scharf gehalten werden, da sonst die **Schnittfähigkeit** leidet und Arbeitsgeschwindigkeit sowie Sicherheit sinken.

Stumpfe Äxte gleiten beim Hacken senkrecht oder diagonal zur Faser schnell ab, beim Schnitzen und Schnittschlägen verkanten sie sich im Material.

Tiefe Macken, breite Kerben.

Wenn man große Schadstellen reparieren muss, ist das sehr viel aufwendiger: Dabei müssen die komplette Schneide bis zum Schartengrund abgeschliffen und die balligen Schneiden-Wangen-Übergänge reduziert werden.

Am besten ist, wenn man seine Axt während der Arbeit ständig auf **Gebrauchsschärfe** hält. Man schleift nach, sobald man merkt, dass die Leistung der Schläge abnimmt. Unterwegs reicht es, den vordersten Bereich der Schneide mit dem Schleifpuck oder der Feile nachzuschärfen.

Bei regelmäßiger Arbeit mit der Axt sollte man bei balligen Klingen vor dem eigentlichen Schärfen die Schneidenübergänge reduzieren, da die Schneide mit jedem Schleifen etwas kürzer wird.

Durch das langsame »Zurückholen« des balligen Bereichs mit der Feile bleibt die Kopfsymmetrie erhalten. Natürlich kann man Äxte nicht unbegrenzt häufig schleifen, da dabei Material verloren geht. Es dauert aber einige Generationen, bis es mal so weit ist.

Mit einer Rundfeile oder einem rotierenden Präzisionsschleifer werden die kleinen Schartenränder abgeflacht.

Die Schartenränder gehen nach dem normalen Schärfen ohne Absatz in die Schneide über und stören kaum.

Schärfen 1. Mit einer Feile wird durch Scheibenwischerbewegungen der ballige Wangenübergang zur Schneidfase abgeflacht. Der Drehpunkt liegt dabei am Nacken.

Schärfen 2. Erreicht man die Mitte des Anschliffs, wird der Bereich um den Grat mit einem Marker angefärbt.

Schärfen 3. Das Schleifen der eingefärbten Schneide erfolgt ab nun mit einem Schleifstein. Für Äxte nutzt man oft einen vorher gewässerten, sogenannten Schleifpuck.

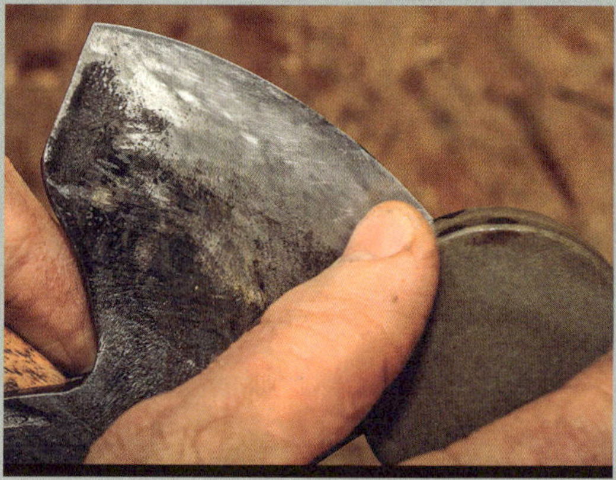

Schärfen 4. Mit einem gewässerten, flach aufgelegten Schleifstein schleift man mit kleinen Kreisbewegungen die vorher aufgebrachte Farbe wieder ab.

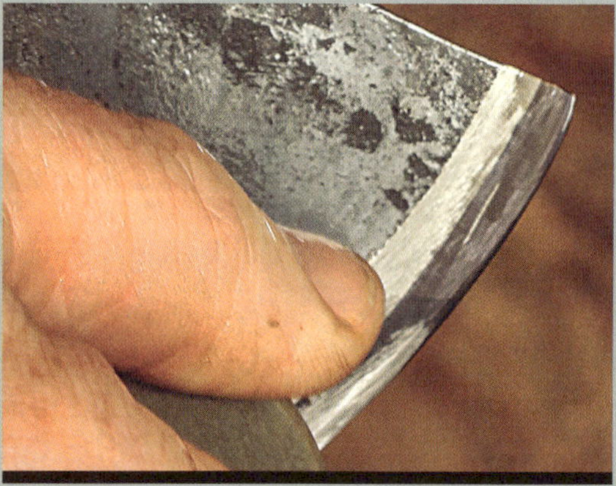

Schärfen 5. Die Farbmarkierung hilft zu erkennen, wo genügend abgeschliffen wurde und wo noch nachgearbeitet werden muss.

Schärfen 6. Der Anschliff der ersten Seite ist fertig, wenn auf der gegenüberliegenden ein durchgehender Grat spürbar ist. Alle Schritte werden ebenfalls auf der anderen Seite durchgeführt.

Schärfen 7. Mit einem Blatt Nassschleifpapier auf einem ebenen Stück Holz oder einem feineren Schleifstein wird der Grat mit einer Bewegung in Richtung Nacken und wenig Druck abgezogen.

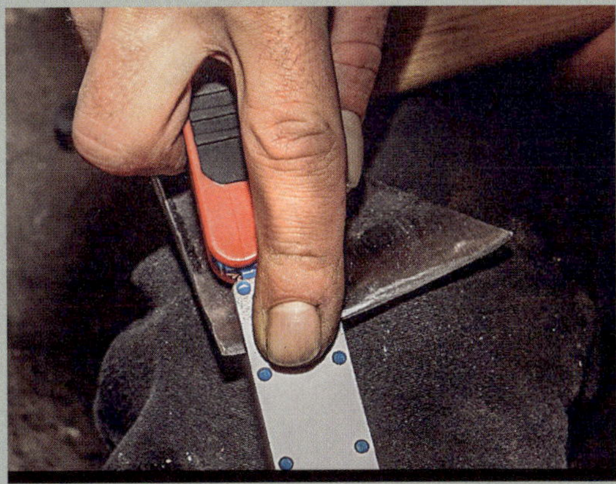

Schärfen 8. Zum schnellen Nachschleifen im Wald kann man auch eine feine Feile vom Multitool oder eine Diamantfeile zum Messerschleifen verwenden.

Ein komplettes Schärf- und Pflegeset für den Rucksack besteht aus einer Klemme mit Gummischlauch als Schonbacke zum fixieren der Axt (1), einem mit Öl benetzten Tuch zur Stiel- und Stahlpflege (2), einer feinen Stahlfeile zum Abrichten der Wangen (3), Diamantfeilen, einem feinen Schleifstein und feinem Schleifleinen für den »großen« Schliff (4), einem Schleifpuck zum zwischendurch Nachschärfen (5) sowie einem weichen Graphitstift (6) oder Permanentmarker zum Einfärben der Schneide vor dem Schliff.

PFLEGE DES HOLZSTIELS

Hat die Axt einen Holzstiel, lässt man diesem hin und wieder Pflege zukommen. Holz arbeitet, das heißt **es quillt und schwindet** je nach Luftfeuchtigkeit.

Wenn das Holz beim Einstielen absolut trocken war, führt die »Gebrauchsfeuchte« dazu, dass der Bereich im Auge sich ausdehnt und so zusätzlich zur Keilung festklemmt.

Sofern der Axtstiel nicht unter Wasser liegt, bemerkt man das Arbeiten des Holzes kaum. Bei sehr hoher Luftfeuchtigkeit kann es bei weniger optimalen Faserrichtungen im Stiel zu leichten **Biegungen und Torsionen** kommen. Sehr nasses Holz kann beim Trocknen reißen – der Holzstiel wird damit unbrauchbar.

Ist es dagegen dauerhaft zu trocken, schwindet das Holz so stark, dass sich die Schäftung lockern kann.

Die normale Wohnraumfeuchtigkeit mit **30–60% Luftfeuchtigkeit** ist in aller Regel gut zum Lagern von Äxten geeignet. Nicht selten werden Äxte allerdings nach Gebrauch im zu feuchten Kofferraum oder im zu trockenen Heizungskeller aufbewahrt. Das kann sich nach einigen Monaten rächen und ein neuer Stiel muss her, weil der alte verschimmelt, einreißt oder sich verzieht bzw. lockert.

Merkt man beim ersten Schlag nach einigen Monaten ein »Klappergefühl« im Stiel, kann dies von der **gelockerten Schäftung** verursacht sein. In diesem Fall sollte man die Axt mit dem Kopf **einige Minuten in Wasser eintauchen,** herausnehmen und den Kopf gut abwischen. Meist dauert es dann noch eine halbe Stunde, bis der Kopf wieder fest sitzt. Arbeitet man allerdings mit lockerem Kopf, kann der Stiel durch das Auge oder die Ohren Macken bekommen und setzt sich nie wieder richtig fest. Er muss neu gekeilt werden.

Starke und häufige Wechsel der Luftfeuchtigkeit erzeugen im Holz Spannungen, die den Stiel durch Risse beschädigen.

Nach dem Arbeiten wird der Stiel zuerst grob von Schmutz gereinigt. Wer Nadelbäume gefällt oder entastet hat, verschmutzt den Griff häufig mit Harz. Jenes ist weniger ein Problem für den Stiel als für einen selbst. Neben den Flecken, die man kaum noch aus der Kleidung bekommt, erzeugt Harz eine haftende Oberfläche am

Brandgefährliches Öl.

Leinöl härtet durch Polymerisation aus. Dabei entsteht Wärme, die Leinöl getränkte Lappen entzünden kann.

Solche ölige Lumpen niemals zurknüllt in den Papierkorb werfen, sondern vor dem Entsorgen auswaschen.

Stiel, die verhindert, dass sich die Finger und Handflächen auf dem Stiel bewegen. Das führt **nicht nur zu Hackfehlern sondern auch zu Blasen,** weil sich die Haut während des Schlags zu Falten legt.

Harz bekommt man mit dem ölgetränkten Lappen von der Kopfpflege leicht vom Griff gewischt. Bei diesem Vorgang wird die Oberfläche des Holzes zudem etwas versiegelt.

Komplett »dicht« machen sollte man den Stiel allerdings nicht. Statt Holzlack nutzt man besser eine **dünne Leinölfirnis** zum Pflegen des Griffs. Sie zieht ein wenig ins Holz ein und bindet dort ab. Der Feuchtigkeitsaustausch wird nicht blockiert, aber doch soweit verlangsamt, dass der Stiel nicht so stark auf Fehler in der Lagerung reagiert.

SCHNEIDENSCHUTZ-PFLEGE

Ein Schneidenschutz aus Leder hält lange und ist robust. Allerdings wird hierfür größtenteils **vegetabil gegerbtes Leder** eingesetzt. Jenes ist zwar wasserfest gegerbt, bekommt aber schnell Flecken, wenn es nass wird. Dies verringert aber nicht den Gebrauchswert. Viel wichtiger ist, dass das Leder nicht austrocknet – dadurch kann es ebenfalls wie bei zu feuchter Lagerung spröde werden. Das **Austrocknen von Leder** ist weniger von der Luftfeuchtigkeit abhängig als vom häufigen Feuchtwerden, Walken und Abtrocknen.

Wie einen Schuh sollte man das Leder von außen regelmäßig an der Narbenseite (der ehemaligen Fellseite) mit **Schuhwachs** behandeln und polieren. Zwischen die Stoßkanten sollte man ein wenig Lederfett pressen, damit hier weder Wasser noch Schmutz eindringen. Für die Lederpflege des Schnittschutzes sollte man kein reines Fett oder Öl benutzen, da dies das Leder zu weich machen kann. Öl dringt bis tief in die Lederschichten vor und kann die Schnittfestigkeit beeinflussen, während sich Pflegewachs in die Poren legt und nicht zu tief einzieht. Die Fleischseite des Leders kann ebenfalls mit etwas Lederpflege benetzt werden. Diese poliert sich beim Auflegen auf die Schneide ab und schützt das Eisen vor Rost.

Mit wachshaltigem Lederfett und einer kleinen Bürste wird die Narbenseite des Leders behandelt.

Keine besondere Pflege benötigen dagegen **Scheiden aus Gummi oder Kunststoff.** Allerdings atmen diese nicht und puffern auch weniger Feuchtigkeit ab. Zudem sollten Kunststoffhüllen regelmäßig von Sand und anderem Schmutz befreit werden, da sie sonst über kurz oder lang polierte oder beschichtete Bereiche der Wangen zerkratzen.

Schwachstelle.

Während Leder robust und relativ tolerant gegenüber Feuchtigkeit ist, sind **metallene Druckknöpfe** dagegen oft empfindlich. Sie werden vom Säureanteil des Leders angegriffen und rosten schnell bzw. bilden Grünspan aus.

Kapitel 5

Sicherheit.

PROPHYLAXE UND AUSRÜSTUNG.

Arbeiten mit der Axt sind nicht unbedingt gefährlicher als Tätigkeiten mit anderen forstlichen Werkzeugen, wenn man die Spielregeln beachtet.

Man sollte sich damit auseinandersetzen, wie zu handeln ist, falls doch mal was passiert. Dabei spielen vor allem die spezielle Verletzungskinetik von Äxten sowie der hauptsächliche Einsatzort der Axt die buchstäblich ausschlaggebende Rolle.

VORSICHTSMASSNAHMEN BEI DER FORSTARBEIT

Forstliche Tätigkeiten gehörten zu denjenigen mit dem höchsten Verletzungspotential überhaupt. Insbesondere die Holzernte, also das Fällen, Entasten und Zerkleinern von Stämmen führt dabei die Statistik der Forstlichen Berufsgenossenschaften mit fast 60% an. Heute werden diese Tätigkeiten größtenteils »motormanuell«, also mit der Kettensäge oder aber mit großen Erntemaschinen durchgeführt. **Das Arbeiten mit der Axt kann ähnlich gefährlich sein wie mit einer Motorsäge** – sofern man nicht geübt ist und entsprechende Schutzvorkehrungen beachtet.

Äxte verbinden zwei sehr gefährliche Eigenschaften. Der scharfe und schwere Axtkopf und seine Geschwindigkeit beim Schlag. Trifft er dabei nicht wie geplant oder in dem Winkel auf, wie man es erwartet hat, kann die komplette Energie ungebremst auf einen Körperteil einwirken. **Dabei werden dicke Lederschuhe ebenso so einfach zerteilt wie Muskeln und Knochen.** Im schlimmsten Fall kann die Totalamputation eines Körperteils die Folge sein. Allerdings ist dieser Worst-Case glücklicherweise die Ausnahme. Weit häufiger touchiert man beispielsweise ein Schienbein mit der abgleitenden Schneide oder drückt sich die festklemmende Klinge beim Auswippen in den Daumen, was schnell zu beeindruckenden und durchaus lebensbedrohlichen Verletzungen führen kann.

Allerdings ist nicht immer die Axtschneide selbst unmittelbarer Verursacher der Verletzung. Trockenes und kurzfaseriges Holz kann beim Spalten in einer regelrechten Explosion Holzsplitter versprengen, bei einem **»Overstrike«** kann der Knauf ins Gesicht geschleudert werden und nicht wenige Holzfäller wurden durch die morsche Krone eines Baums schwer verletzt, die durch die Schlagvibrationen gebrochen ist oder wurden von einem falsch fallenden Stamm erschlagen.

Wichtigstes Hilfsmittel für den Notfall: Eine Notrufmöglichkeit wie Funkgerät oder Telefon.

Wer ein Beil oder eine Axt nutzt, tut dies in der Regel in der freien Natur. Dieser Faktor macht die ohnehin schon gefährliche Tätigkeit besonders riskant, da meist keine unmittelbare Rettung, manchmal nicht einmal ein Notruf möglich ist.

Verletzungen beim Arbeiten mit der Axt werden sich nie vermeiden lassen, durch **Vorsichtsmaßnahmen** lässt sich das Risiko schwerer Schäden allerdings minimieren. Dabei darf man natürlich den gesunden Menschenverstand walten lassen. Man muss sich keine Schutzausrüstung anlegen, um mit einer kleinen Campingaxt einen Zeltnagel in den Boden zu schlagen, sollte bei Spaltarbeiten aber nicht auf die Schutzbrille verzichten.

Wichtige Regeln beim Arbeiten mit Äxten.
Für das Arbeiten mit einer Axt sollten folgende Regeln beherzigt werden:

- **Niemals alleine** für den Holzeinschlag, zum Spalten oder Zerkleinern rausgehen, sondern jemanden mitnehmen, der im Notfall helfen kann. Zumindest jemanden wissen lassen, wo gearbeitet wird und wann die späteste Rückkehr zu erwarten ist.

- **Verbandsmaterial** sowie Kommunikationsmittel mitnehmen und regelmäßig deren Anwendung üben. Informationen über Funklöcher, Reichweite von Funkgeräten sowie von Standorten forstlicher Rettungspunkte sammeln.

- Geeignete **Schutzausrüstung** nutzen, wenn sie notwendig ist. Auf Arbeiten, für man nicht richtig ausgestattet ist, verzichten.

- Nur **einwandfreie Ausrüstung** verwenden. Nie mit Äxten mit lockerem Kopf, morschem oder angebrochenem Stiel oder gerissenen Schultern arbeiten.

- Darauf achten, dass die Axt **scharf und frei von Scharten** gehalten wird. Stumpfe Äxte gleiten schneller ab oder bleiben an Astlöchern hängen und können umschlagen.

- Nie mit dafür ungeeigneten Äxten auf **Stahlkeile** schlagen. Sie können splittern und schwere Verletzungen verursachen.

- Den **Arbeitsplatz sauber herrichten** – Unterbewuchs roden, der beim Fällen oder Spalten stört. Ranken wegräumen, an denen man hängen bleiben könnte.

- Zum Spalten einen **stabil stehenden Block** als Unterlage verwenden. Dabei eine Höhe wählen, bei der beim Abgleiten die Axt im Boden landet und nicht im Knie.

- **Beile sind oft gefährlicher als Äxte,** da sie beim Abgleiten nicht auf dem Boden aufschlagen können. Besteht diese Gefahr, im Knien auf einem niedrigen Block hacken.

- Nie auf Gegenstände hacken, die nicht **stabil** stehen oder die man mit der Hand festhalten muss.

- Vor oder hinter demjenigen, der mit der Axt arbeitet, darf nie eine andere Person stehen. Ideal ist ein eingehaltener **Sicherheitsabstand** von mindestens 5 Metern.

- Für Fällarbeiten **Fluchtwege** in verschiedene Richtungen suchen. Wenn möglich Forstwinden oder Flaschenzüge einsetzen, um die Fallrichtung zu steuern.

- Als **Anfänger** unter Spannung stehende Bäume, Hänger oder Bäume mit gebrochener Krone unangetastet lassen.

- Nur solange arbeiten, wie die **Axt sicher geführt werden kann,** ohne die Hände zu verkrampfen. Wird das Arbeiten nach kurzer Zeit anstrengend, ist die Axt möglicherweise zu schwer.

- **Nie** mit kalten Fingern, bei schlechter Sicht, zu wenig Licht oder unter Alkoholeinfluss mit der Axt arbeiten.

SCHUTZAUSRÜSTUNG

Um das Verletzungsrisiko zu minimieren und im Falle eines Malheurs den Schaden möglichst gering zu halten, sollte man sich eine gut passende, **persönliche Schutzausrüstung** zusammenstellen.

Arbeitshandschuhe.

Um die Finger vor Splittern und Dornen oder scharfen Kanten zu schützen, können **robuste Handschuhe** hilfreich sein. Dabei werden sie eher beim Umlagern von Holz und Roden der Umgebung benötigt, als beim eigentlichen Hacken. Vor allem schwere Arbeitshandschuhe aus dickem Leder stören beim Arbeiten mit der Axt enorm und führen eher zur Blasenbildung als das Arbeiten mit bloßen Händen. Die natürliche Reibung zwischen Axtstiel und Fingerkuppen wird durch schlechte Handschuhe verringert und das gezielte Gleiten des Stiels durch die Hebehand wird zu einem Glücksspiel. Außerdem muss man den Knauf mit Kraft festklammern, damit er nicht aus der Hand rutscht.

Je nach Stielquerschnitt wird es zudem schwierig, die Neigung des Axtkopfs zu steuern. Wer dennoch Handschuhe benutzen möchte, wählt am besten eng anliegende Lederhandschuhe oder Stretch-Handschuhe.

Zu beachten ist: Handschuhe können höchstens einen Schnitt bei einem ungewollten Griff an die Schneide oder in den Werkstoff verhindern – gegen Hackverletzungen bieten sie keinerlei Widerstand. Unbedingt sollten Handschuhe beim Arbeiten an giftigen Hölzern getragen werden – zudem schützen sie vor lästigen Harzflecken an den Händen.

Schutzbrille.

Beim Auftreffen der geschwungenen Klinge auf das Holz entstehen Kräfte, die mehreren Tonnen Gewicht entsprechen. Schmiedefehler oder falsches Vergüten der Klinge kann unter Umständen dazu führen, dass ein Teil der Schneide oder des Nackens splittert und mit gefährlicher Geschwindigkeit abprallt. Auch bei »gesunden« Äxten kann es beim Schlag auf ein sehr hartes Astloch, einen eingewachsenen Stein oder Geschosssplitter aus den Weltkriegen zu heftiger **Streuung des Fremdkörpers** oder von scharfen Metallteilen aus dem Axtkopf kommen. Nicht zuletzt sind die ganz gewöhn-

1 Einfache Stretch-Handschuhe sind zum Arbeiten mit der Axt meist ausreichend.

2 Eine mit geringer Kraft fallengelassene Spaltaxt durchtrennt ohne Mühe auch dicke Handschuhe – sie schützen nur vor Harz, Dornen und einem Griff an die Schneide.

1

2

Eine klare und eine abgedunkelte Schutzbrille aus Kunststoff mit dünnen Bügelenden sind eine gut geeignete Kombination für den Augenschutz.

Einfache Sicherheitsschuhe oder -stiefel sorgen für sicheren Tritt und schützen die Zehen.

lichen, bei der Arbeit entstehenden Späne, Laub, Nadeln oder kleinen Äste alles andere als angenehm, wenn sie im Augapfel landen. Dagegen helfen **Schutzbrillen,** die zwar nicht alles vom Auge abhalten können, aber zumindest vor Direkttreffern kleiner Teile schützen. Während bei der Holzbearbeitung Schutzbrillen nicht immer getragen werden (aber unbedingt empfehlenswert sind), sind sie bei jedem anderen bearbeiteten Material wie Metall und Stein (Rettungsäxte, taktische Modelle) Pflicht! An Forsthelmen angebrachte Schutzvisiere stören dagegen beim Arbeiten erheblich, da sie eine Trägheitsmasse an den Helm bringen, die ihn bei jeder Bewegung ruckeln und verrutschen lassen.

Bei der Auswahl der Schutzbrille ist darauf zu achten, dass die Bügel gerade und dünn auslaufen, wenn zusätzlich mit Helm oder Gehörschutz gearbeitet wird. Ansonsten entstehen nach kurzer Zeit Druckstellen hinter dem Ohr, die zu heftigen Kopfschmerzen führen können. Empfehlenswert ist das **Mitführen einer klaren und einer verdunkelten Schutzbrille.** Da sie meist aus Kunststoff sind, verkratzen sie schnell. Muss bei der Arbeit regelmäßig die Krone begutachtet werden oder fällt Sonnenlicht schräg auf die Brillengläser, überstrahlen die Kratzer das Bild milchig. Abgedunkelte Brillen helfen dagegen. Ein weiteres Problem ist beim hitzigen Arbeiten das Anlaufen der Scheiben von innen. Nimmt man einen Tropfen Spülmittel und verreibt ihn mit einem Tuch auf der Innenseite, wird das Anlaufen zuverlässig verhindert. Zudem gibt es spezielle Mittel zum Auftragen.

Sicherheitsschuhe.

Bei zahlreichen Arbeiten sind feste **Lederarbeitsschuhe mit grob strukturierter Sohle** für einen sicheren Stand und Stahlkappen dringend empfohlen. Bei allen Hack- und Schlagarbeiten, die in der Nähe der Füße enden könnten, verhindern **Stahlkappen** den Verlust des Fußes oder zumindest einiger Zehen. Ebenfalls schützen sie die Zehen vor herunterfallenden Holzstücken oder dem Einklemmen beim Wenden von Holzstämmen. Der Spann ist allerdings auch durch das Tragen von sehr dicken Lederstiefeln kaum geschützt, wenn der Axtkopf die Stelle mit voller Wucht treffen

Beim Fehlschlag nach unten oder bei Abgleitern zur Seite schützen die Stahlkappen vor dem Spalten des eigenen Fußes.

sollte. Hierfür gibt es spezielle Spannschützer, die beim Laufen allerdings erheblich stören. Zudem gibt es nur sehr wenige Bezugsquellen hierfür. Bei den allermeisten gefährlichen Arbeiten wie dem »Bucking« erfolgt der Schlag von vorne unter dem Fußsohlenlevel, so dass ein Direkttreffer des ungeschützten Spanns ohne vorheriges Abbremsen an den Stahlkappen eher seltener vorkommen sollte.

Helm.

Auch wenn Helme größtenteils bei der Arbeit mit Kettensägen getragen werden, gehören sie eigentlich zur **festen Schutzausrüstung** während der Arbeit mit der Axt. Ein gebrochener Axtkopf, ein Abpraller beim Entasten oder schlicht ein brechender morscher Ast, können schwerste Verletzungen verursachen. Vor allem bei der Arbeit mit Doppeläxten oder Modellen mit Nackendorn ist der Helm lebensrettend. Einige Stellen des Schädels sind so dünn, das auch vergleichsweise sanfte Schläge mit einer Klinge oder einem Dorn zum sofortigen Durchbruch bis in die Hirnmasse führen können. Was das bedeutet, mag man sich nicht gerne ausmalen.

Direkteinschläge.

Sicherheitsausrüstung schützt besonders empfindliche oder exponierte Körperstellen vor der bewegten Axtschneide oder herumfliegenden Teilen.

Immer dann, wenn der Axtkopf nicht auf dem Werkstoff landet und vom ihm gestoppt, sondern abgeleitet wird, kann es besonders gefährlich werden.

Dabei ist die gefährlichste Situation der Direkteinschlag, wenn die Schneide also **mit voller Wucht ungebremst** auf ein Körperteil niedergeht. Dann schützt auch die Schutzausrüstung nicht vor Verletzung, sondern mildert sie nur ab.

Beim Spalten von kurzfaserigem Holz können zudem schwere Teile mit großer Wucht weggeschleudert werden. **Arbeitshelme besitzen ein leicht elastisches Schlaufengestell,** das die Helmschale einige Zentimeter vom Schädel entfernt platziert. Es federt somit Schläge ab, die ohne Helm unmittelbar zu lebensbedrohlichen Hirnverletzungen oder sogar unmittelbar zum Tod führen würden. **Hartschalen** schützen zudem gegen direkten Aufschlag mit der Klinge, da sie die Axt durch ihre Form seitlich ableiten. Im Sommer sind sie angenehm zu tragen, da sie gut durchlüften und vor Einstrahlung auf den Kopf schützen.

Die Schutzwirkung von unmittelbar auf dem Kopf aufgepolsterten **Weichschalenhelmen** wie diejenigen, die zum Fahrradfahren genutzt werden, sind zwar oft leichter, modischer und natürlich besser als überhaupt kein Schutz, gegen scharfe Kanten oder Klingen schützen sie aber kaum.

In manchen Fällen ist es ratsam, ein Nackenleder bzw. ein einfaches Stück Stoff am Helm zu befestigen, um herunterfallende Kleinteile vom Kragen wegzuleiten und den Nacken vor Sonne zu schützen.

Gehörschutz.
Der Schlag auf einen trockenen Stamm bzw. Spaltgeräusche sind oftmals über 100 Dezibel laut. Auf Dauer ist das nur schwer zu ertragen und kann zu Gehörschäden führen. Eine leichte Dämpfung macht das Arbeiten schon erheblich angenehmer.

Wählt man einen **Kapselgehörschutz,** ist zu bedenken, dass er sich meist nicht mit einem Helm kombinieren lässt (es gibt allerdings Ansteckgehörschutze für den Helm). Außerdem machen einfache Aufsetzer komplett »zu«. Das mag beim Arbeiten angenehmer sein, verhindert aber, dass man Knackgeräusche des Stammes beim Fällen oder herunterbrechende Äste überhört.

Besser ist ein sogenannter **Aktivgehörschutz,** der die »Knallspitzen« des Aufschlags abregelt, dafür aber leise Geräusche durchlässt.

Nutzt man **Ohrstöpsel aus Schaumstoff,** ist es empfehlenswert, solche zu nehmen, die mit einer Leine miteinander verbunden sind. Sie lassen sich schnell abziehen, ohne die Handschuhe ausziehen zu müssen und können erheblich schneller wiedergefunden werden, sollten sie mal auf den Boden fallen. Ohrstöpsel kann man auch nur ein Stück in den Gehörgang

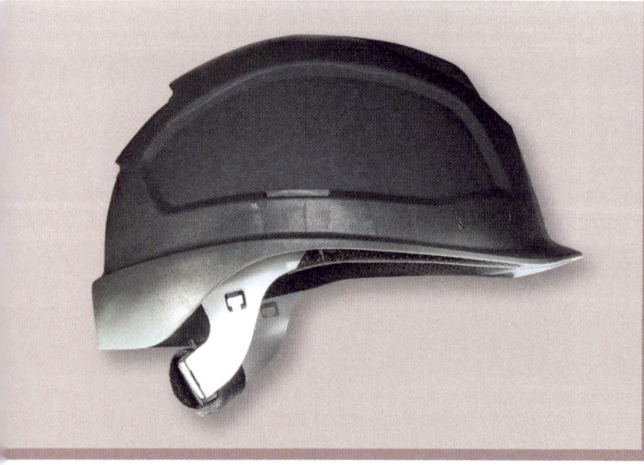

Hartschalenhelme für Forst und Bau sind leicht und schützen gegen schwere Verletzungen.

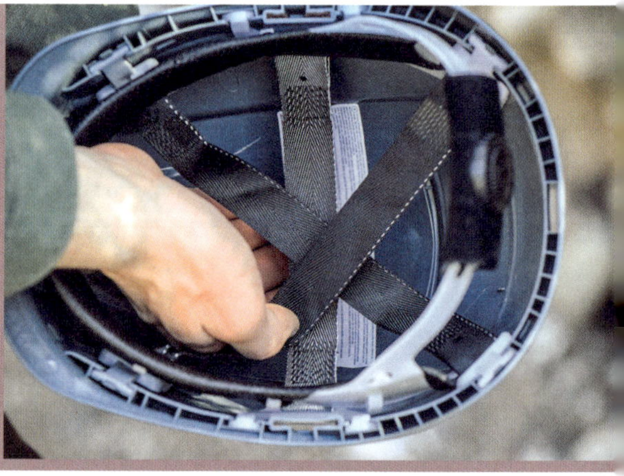

Das Gurtsystem im Helm erzeugt einen Puffer zwischen Schädel und Helmschale und unterlüftet den Kopf.

einführen, so dass sie zwar etwas dämpfen, Umgebungsgeräusche aber wahrnehmbar bleiben. Bei der Arbeit haben sie den Vorteil, dass man sie im Gegensatz zu Kapselschützern nicht nassschwitzt und sie das Tragen eines Helms nicht behindern.

Bei häufigen Arbeiten, die einen Direkteinschlag auf den Schienbeinen wahrscheinlich machen, sollten unbedingt Schienbeinschoner getragen werden.

Schienbeinschützer.

Besonders gefährdet sind bei Fäll- und Spaltarbeiten, dem Entasten und beim Ablängen die Schienbeine, da sie bei gängigen Axtlängen genau in der Schwungbahn der Schneide liegen. Zwar gibt es einige Arbeitsweisen, die das Risiko minimieren, dennoch ist das Tragen von **Schienbeinschützern mit ggf. angebrachtem Knieteil** eine sinnvolle Vorsichtsmaßnahme. Hier gibt es zahlreiche unterschiedliche Modelle, teilweise mit Stahleinlagen. Sie halten auch einen Direkteinschlag ab – wobei blaue Flecken und kleine Knochenabsplitterungen sicherlich die Folge sein werden. Recht bequem zu tragen sind Schienbeinschützer, die auch zum Arbeiten mit starken Motorsensen genutzt werden, da sie aufgrund ihres mobilen Einsatzbereiches mit zahlreichen elastischen Bändern versehen sind und durch

Ein passiver Kapselgehörschutz (links) dämpft komplett. Besser ist ein aktiver Gehörschutz (Mitte), der leise Geräusche durchlässt.

Für Freischneidearbeiten genutzte Schienbeinschoner schützen auch ohne Stahleinlage, wenn die Axt in Richtung Füße abgleitet.

Schnittschutz, kein Hackschutz.

Hosen, Handschuhe und Stiefel mit Schnittschutzeinlage bremsen bei einem Sägekettenkontakt die Säge durch lose Textilfasern unter dem Stoff.

Gegen Axthiebe bietet Schnittschutzausrüstung kaum Widerstand und stört eher beim Arbeiten, weil sie dick gepolstert, schwer und sehr voluminös ist.

ihre Polsterung bequem sitzen. Bei regelmäßiger gefährdender Arbeit mit der Axt können Blechstreifen mit Hilfe einer Blindnietzange darauf befestigt werden, was sie komplett durchhackfest macht.

Hose und Jacke.

Auch wenn man nur mit dem traditionellen Holzfällerhemd aus Flanell oder einem Wollpullover wirklich stilecht Holz hackt, hat eine offenmaschige Oberbekleidung einen erheblichen Nachteil. Beim Fällen, Entasten und Roden sammelt man allerhand Kleinteiliges in und an der Kleidung. Wer schon mal Fichtennadeln aus einem Holzfällerhemd gesammelt hat, weiß, wie gut sie sich verstecken können. Das ist nicht nur lästig, sondern kann über die Zeit zu kleinen, sich gerne entzündenden **Schürfungen** führen, wenn man Nadeln und Borke am Kragen hängen hat.

Erheblich besser geeignet sind Jacken und Hosen aus **engmaschigem Gewebe wie Kohlenstoff, Kord oder Moleskin.** Vorteilhaft ist ein **hoch stehender Kragen,** der das Einfallen von Splittern und dergleichen verhindert, sowie eine Hose mit hohem Bund und ggf. Hosenträgern. Letztere verhindern, dass der Hosenbund beim ständigen Bücken, Knien und Anheben der Schwerkraft folgt – was bei Forstarbeiten ziemlich häufig passiert.

Dicke Polsterung oder Schnittschutzhosen für die Arbeit mit der Kettensäge schützen übrigens kaum vor Verletzungen mit der Axt.

1 In engmaschigem Baumwollstoff (rechts im Bild) können Pflanzenteile nicht festhängen. Ausziehen und Ausschütteln reicht.

2 Ein hoch geschlossener Kragen verhindert, dass Kleinzeug in die Kleidung fällt.

ERSTE-HILFE-MATERIAL.

Jedes Mal, wenn man mit der Axt bzw. generell mit Werkzeugen in den Wald geht, sollte man eine kleine Auswahl an Erste-Hilfe-Material dabeihaben. Am häufigsten wird man wohl **Wundschnellverbände** verwenden. Für schwerere Unfälle sollte aber auch entsprechendes **Verbandsmaterial** verfügbar sein, um lebensrettende Sofortmaßnahmen durchführen zu können. Es gibt fertige Verbandspäckchen »Forst«, meist ist man mit einem auf eigene Bedürfnisse angepassten und selbst zusammengestellten Päckchen besser beraten.

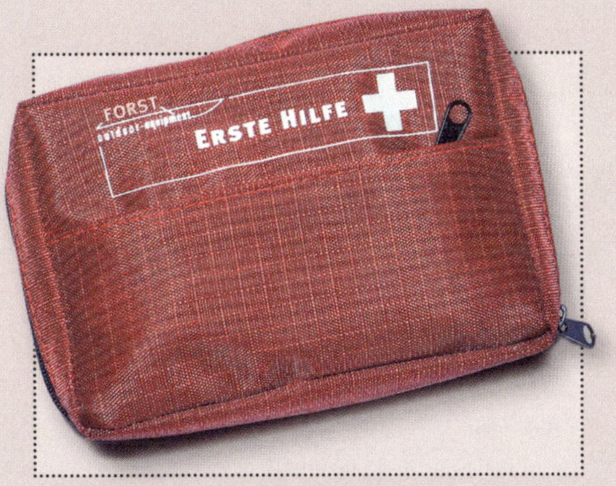

Fertige Erste-Hilfe-Päckchen »Forst« enthalten zahlreiche generische Helfer, am besten stellt man sich aber ein eigenes Set zusammen.

Wundschnellverbände.

»Pflaster« in diversen Formen und Abmessungen gehören natürlich immer mit in den Wald. Mit Pflastern werden kleine Schnitte, Schürfungen und dergleichen abgedeckt, die im Laufe der weiteren Arbeit verschmutzen würden.

Neben den **klassischen Pflastern** gibt es **spezielle Fingerpflaster,** die eine lange und eine kurze Klebefläche haben. Man wickelt sie leicht spiralig um den Finger, so dass der Blutfluss im Finger nicht abgeschnürt wird. Wichtig ist, vor Kauf und Anwendung abzuklären, ob man gegen einen Pflasterbestandteil allergisch reagiert.

Eine ganze Menge Pflaster mitzunehmen ist nie verkehrt. Man sollte allerdings regelmäßig austesten, ob sie noch kleben.

Medizinisches Material ist am besten in einer robusten Tasche am Gürtel verstaut. Dann ist es immer verfügbar, wenn man es braucht.

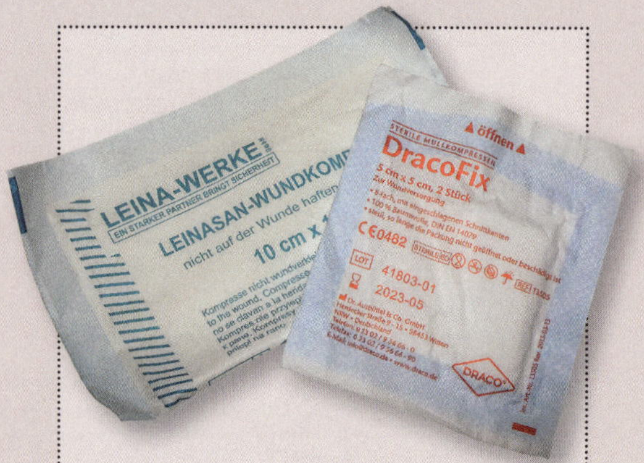

Wundauflagen sind sterile Allzwecktüchlein, die zum Abdecken und Reinigen von Wunden genutzt werden.

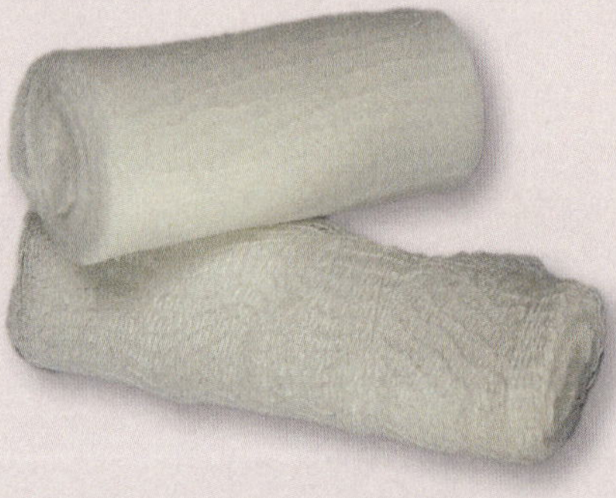

Klassische Verbände sind aus einem lockeren Gewebe hergestellt. Man nutzt sie zum Fixieren von Wundauflagen und für Druckverbände.

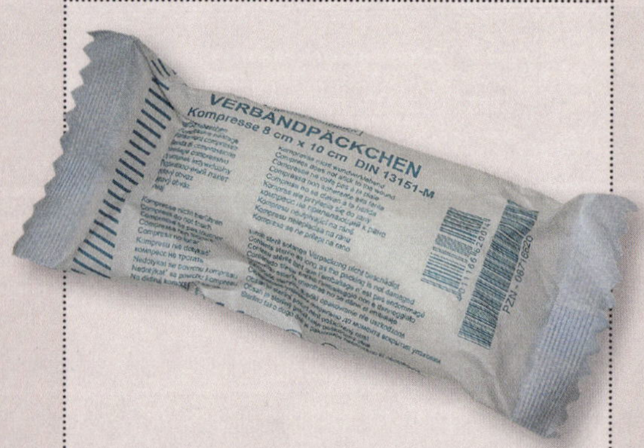

Verbandspäckchen bestehen aus einer Mullbinde mit einer (meist beschichteten) Wundauflage.

Sterile Wundauflagen.

Mit Wundauflagepads aus saugfähiger Baumwolle oder Zellstoff werden verschmutzte Wunden gereinigt, sie werden als Polster über eingedrungene Fremdkörper gelegt oder beim Auswischen oder Abdecken der Augen genutzt. Mull mit offener Struktur sollte allerdings nicht als eigentliche »Wundauflage« beim Verbinden genutzt werden, da sie schnell mit dem Schorf verkleben und die Wunde beim Verbandswechsel wieder aufreißen. Hierfür gibt es **metallbeschichtete Auflagen,** die allerdings nicht so saugfähig sind wie die offene Variante.

Mullbinden.

Verbände in verschiedenen Dimensionen sind wichtige Helfer, um Wundauflagen zu fixieren, Druckverbände zu machen oder verletzte Körperteile wie Finger bzw. die komplette Hand zu bandagieren. **Mullbinden sind elastisch,** aber nicht so straff wie die sogenannten »Idealbinden«. Man sollte üben, sich eine Hand nur mit der jeweils anderen zu verbinden. Da es teilweise schwierig sein kann, mit einfachen Binden die auf der Wunde platzierte Auflagen zu fixieren ohne dass sie verrutschen, gibt es sogenannte **Verbandspäckchen,** bei denen eine sterile Wundauflage angeheftet ist.

Nasse Bandagen?

Erste-Hilfe-Päckchen sind nicht wasserfest und halten nur einen kurzen Schauer aus. Vergisst man sie im Auto oder in der klammen Waldhütte, werden sie »stockig«. **Pilze und andere Krankheitserreger** dringen ein und verunreinigen Wundauflagen und Verbände.

Nach dem Einsatz draußen, vor allem bei hoher Luftfeuchtigkeit, lagert man die Päckchen deshalb zu Hause offen. Erst wenn

Mit elastischen Binden kann man einen umgeknickten Knöchel soweit stabilisieren, dass man ohne starke Schmerzen wieder aus dem Wald kommt.

Idealbinden.
Bei der Arbeit im Wald knickt man relativ schnell um und kann sich den Knöchel verletzen. Hier sind elastische Binden bzw. »Idealbinden« eine große Hilfe. So schnell wie möglich nach Eintritt der Verletzung werden sie mit einigem Zug abwechselnd um Fuß und Knöchel gewunden. Das stabilisiert das Gelenk und reduziert Blutansammlung und Schwellung im Gewebe. Idealerweise **kombiniert man die Binden mit Kühlpacks.**

alles komplett durchgetrocknet ist, werden sie verschlossen.

Eine Alternative ist das komplette Set mit Ausnahme besonders häufig benötigter Materialien wie Pflaster und Desinfektionsmittel **in einer dicken Vakuumfolie zu versiegeln.** Eine eingeschnittene Anrisskante zum schnellen Öffnen darf man aber nicht vergessen. Ebenso kann man versiegelte Verbandspäckchen machen, die immer am Mann getragen werden.

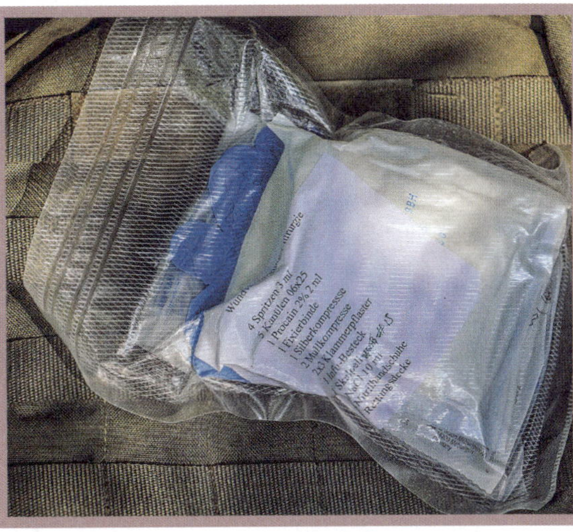

ERSTE-HILFE-MATERIAL

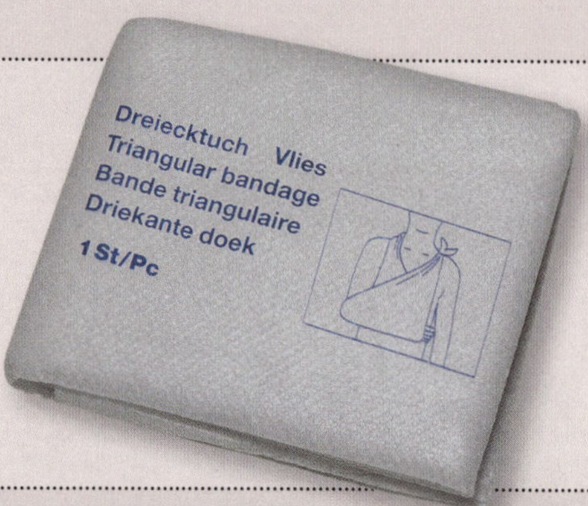

Für alle Lagen ein stabiles Dreieck: Ob Armschlaufe, Augenbinde oder zum Abbinden, das Dreieck-Tuch ist stabil und robust.

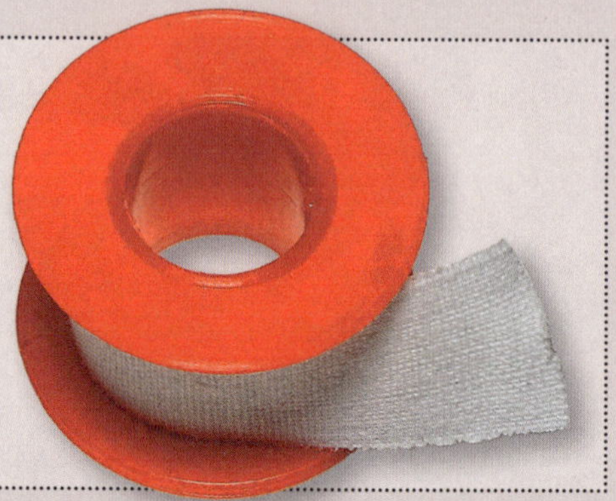

Fest klebendes und mit Gewebe stabilisiertes Klebeband ist für robuste Einsätze die richtige Wahl.

Dreieck-Tuch.

Verletzungen der Hand oder des Unterarms müssen nach dem Verbinden oft so behandelt werden, dass der Unterarm ruhig vor dem Bauch hängt, um die natürliche Schwingung des Arms beim Laufen und dadurch verstärkte Blutung und unnötigen Schmerz zu verhindern. Zudem kann mit dem Dreieck-Tuch eine **»Krawatte«** zum Verbinden der Augen oder zum Abbinden stark verletzter Körperteile gelegt werden. Neben den klassischen **Baumwoll-Dreiecken** gibt es stabile Dreieck-Tücher aus einem sehr leichten und dennoch stabilen Kunststoffgewebe.

Klebeband.

Wenn Blasen, kleinere Schnitte oder Schürfungen entstehen, sind sie nicht unbedingt ein Grund, die Arbeit komplett ruhen zu lassen. Allerdings verschmutzen Wunden beim Werken schnell mit Metallabrieb, Erde, Moos und Algen – die Gefahr durch **gefährliche Infektionen** wie dem Wundstarrkrampf steigt dadurch enorm an. Zudem führen einige Holzarten wie Birke oder Robinie in Wunden zu **Kontaktallergien** und starken Schwellungen. Auch kleinere Wunden müssen darum schmutzfest – aber nicht luftdicht – verschlossen werden. Ideal ist Klebeband aus Gewebe wie solches, das im Kampfsport zum Abkleben der Fingerkuppen genutzt wird. Normales Heftband aus Erste-Hilfe-Sets ist meist zu schwach und haftet nicht gut auf schweißfeuchter Haut. Allerdings sollte **keinesfalls Bauklebeband** wie Panzertape oder Isoband genutzt werden. Dieses dichtet die Wunde luftdicht ab und bietet so gefährlichen Keimen den idealen Lebensraum.

Kältepack.

Kältepäckchen, die durch Druck aktiviert werden, nutzt man zum **Kühlen von stumpfen Verletzungen,** zum Beispiel wenn man sich den

So bitte nicht! Dichtes Klebeband »erstickt« die Wunde, die ideale Umgebung für sehr gefährliche Keime.

Für alles, was sauber verschlossen transportiert werden muss, nutzt man einfache Gefrierbeutel.

Zum Eigenschutz und weil sie vor der Wundreinigung einfacher zu desinfizieren sind als Finger, nutzt man am besten robuste Nitrilhandschuhe.

Finger eingequetscht hat oder mit dem Fuß umgeknickt ist. Man kann Kältepäckchen mit einem Kompressionsverband um den Körperteil wickeln, um durch die Kälte Schwellungen oder Einblutungen im Gewebe zu reduzieren.

Besonders beim Arbeiten mit der Axt sind Kältepäckchen ein wichtiger Bestandteil, da mit ihnen auch **Amputate** gesichert werden können und so die Wahrscheinlichkeit der operativen Rekonstruktion erhöht wird. Es versteht sich von selbst, dass die druckempfindlichen Helfer nicht irgendwo in den Rucksack gepresst werden dürfen. Am besten, man lagert sie in einem festen Kunststoffgefäß mit Deckel.

Hoffentlich nur für den gequetschten Zeh und nicht für den abgehackten Finger. Kältepads sind hilfreich aber empfindlich.

Plastiktüten und Clips.

Einige saubere Gefriertüten und Kunststoffclips gehören in jedes Erste Hilfe Päckchen. Mit ihnen werden Amputate verpackt, angebrochenes Material und das Notfalltelefon wasserfest gelagert und großflächige Wunden kurzzeitig (!) abgedeckt, damit sie beim Abtransport oder Weg zurück nicht stark verschmutzen. **Normale Gefriertüten in Kombination mit einem Clip** sind besser geeignet, als »Reißverschlusstüten«, da man sie oft nicht richtig aufbekommt – insbesondere mit nassen Handschuhen oder blutverschmierten Händen.

Schutzhandschuhe.

Für die Fremdhilfe sind stabile und wasserfeste Schutzhandschuhe wichtig. Sie schützen bei der Behandlung vor der Übertragung gefährlicher Krankheiten wie HIV oder Hepatitis C. Zudem kann man Handschuhe mit Desinfektionsmittel viel einfacher behandeln als die Hände, wenn mal eine Wunde manuell gereinigt werden muss. Da klassische Latex- oder Vinylhandschuhe schnell reißen, empfiehlt es sich, einige dicke **Nitrilhandschuhe** einzupacken.

Rettungsdecke.

Die hauchdünnen **metallbedampften Rettungsdecken** sind vor allem bei schweren Verletzungen lebensrettend. Sie verhindern das schnelle Auskühlen einer am Boden liegenden Person und können zudem flach ausgelegt und danach eng um Körperteile geschlungen, starke Blutungen reduzieren oder sehr große Wunden wie offene Brüche des Unterschenkels sauber abdecken. Breitet man sie auf dem schmutzigen Boden aus, hat man darauf einen einigermaßen sauberen **»Behandlungsplatz«** und Ablagemöglichkeit für Erste-Hilfe-Material.

Schützt Verletzte vor dem Auskühlen durch Luftzug. Zusammen mit einer Bodenisolation sind Rettungsdecken eine echte Hilfe.

Pinzette.

Selbst winzige Dornen, Metall- und Holzsplitter können eine ziemliche Qual sein. In der Fingerkuppe oder Handfläche steckend, bemerkt man sie bei jedem Griff, da sie immer tiefer ins Gewebe gedrückt werden. Quell der Lästlinge sind nicht nur dornige Ranken, behaarte Pflanzen und aufgesplittertes Holz, sondern auch feine Späne der Axtschneide, wie sie beim Schleifen entstehen. Mit einer (guten!) **Splitterpinzette** können selbst haarfeine Stacheln gegriffen und entfernt werden. Zudem kann man mit ihr **Zecken** aus der Haut ziehen.

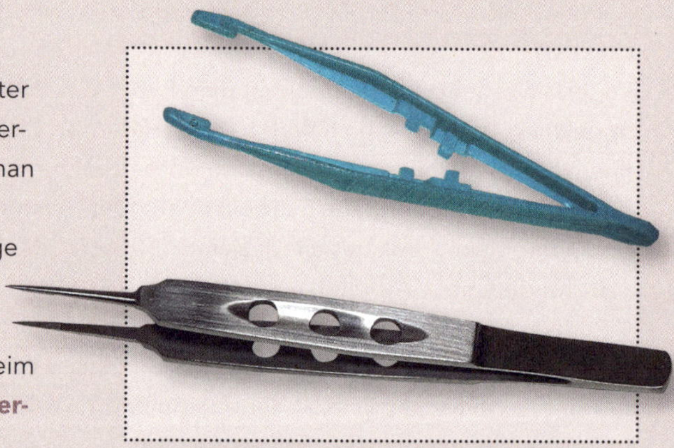

Mit Pinzetten, wie sie einfachen Erste-Hilfe-Päckchen beigelegt sind (oben), kann man selten haarfeine Dornen oder Zecken sicher fassen. Erheblich besser, aber auch teuer sind nadelspitze Splitterpinzetten (unten) aus dem Fachhandel.

Tourniquet.

Als eines der wichtigsten Gegenstände für die Arbeit im Wald mit gefährlichen Werkzeugen dürfte das im Zivilbereich noch wenig verbreitete Tourniquet sein. Es ist ein **breiter Klettgurt mit einem eingearbeiteten Kunststoffknebel,** der bei schweren und schwersten Blutungen zum Abbinden eines Armes oder Beines verwendet wird. Tourniquets bieten damit die Möglichkeit, **Blutungen rasch zu stoppen,** die unbehandelt in wenigen Minuten lebensgefährlich werden würden. Ein Tourniquet gehört immer »am Mann« getragen, damit es schnell einsatzbereit ist.

Ein militärisches Tourniquet kann bei schweren Verletzungen alle Gefäße komplett abbinden. Sein schneller Einsatz sollte geübt werden.

Das richtige Desinfektionsmittel.

Schnitte und vor allem Schürfungen sollten vor dem Verschließen mit einem Desinfektionsmittel behandelt werden. Hier eignen sich Sprays, mit denen man die Wunde ausspülen und mit getränktem Mull auswischen kann.

Desinfektionsmittel machen die Wunde zwar nicht steril, reduzieren aber die Anzahl der Bakterien und anderer infektiöser Erreger, sodass die Wundheilung unterstützt wird. Nicht nutzen sollte man Schnaps oder Brennspiritus, auch wenn beides im Rucksack oder in der Forsthütte vorhanden sein sollte. Alkohol desinfiziert, aber brennt stark in der Wunde.

Für die Desinfektion muss die Konzentration mit etwa **70Vol%** passen: Schnaps ist (in aller Regel) zu gering dosiert, Brennspiritus desinfiziert nicht richtig, weil er zu stark konzentriert ist.

Bei den **lebensrettenden Sofortmaßnahmen** wird eine Infektion in Kauf genommen – hier geht es um Sekunden, Wunden werden nicht desinfiziert.

Etwas gegen Zecken und Mücken sowie ein Mittel zum Sonnenschutz nehmen wenig Platz weg und schützen die unbedeckte Haut.

Repellentien und Sonnenschutz.

Da es im Wald oft von stechenden und beißenden Krabblern nur so wimmelt, sollte man ein starkes Repellent greifbar haben. Hier eignen sich beispielsweise **DEET oder Icaridin,** um Zecken, Stechmücken und Bremsen abzuhalten. Zudem kann man die Hosenbeine mit einem Pyrethroid wie **Permethrin** imprägnieren.

Dabei ist abzuwägen: Ist ein starkes Mittel (z. B. Deet, hautreizend) notwendig oder reicht hochgeschlossene Kleidung aus. Dabei darf man aber nicht vergessen, dass Bremsen und Zecken s**chwere Erkrankungen übertragen** können, die dann mit starken Medikamenten behandelt werden müssen.

Ebenfalls sollte man die notwendige Stärke an Sonnenschutzmittel auftragen. Besonders der Nacken ist nach einem Tag im Wald (selbst im vermeintlichen Schatten) krebsrot. Da Sonnenbrände die **Gefahr von Hautkrebs** erheblich erhöhen, ist die Entscheidung, ein Sonnenschutzmittel zu verwenden, in der Regel gerechtfertigt.

VERLETZUNGEN UND BEHANDLUNG.

Auch kleinere Blessuren schmerzen – zumindest emotional.

IM NOTFALL

Die unterschiedlichen Formen von Verletzungen sind zahlreich. Wir konzentrieren uns auf die wichtigsten, häufigsten und vor allem gefährlichsten Zwischenfälle. Dabei sind die häufigsten Verletzungen nicht etwa Hackverletzungen an Hand und Fuß, sondern schlicht kleine Schnitte, Kratzer und Zeckenbisse. Wir sparen an dieser Stelle solche Bereiche aus, wie Herz-Lungen-Wiederbelebung, die ohnehin im für den Führerschein oder die Forstarbeit notwendigen Pflichtkurs »Lebensrettende Sofortmaßnahmen am Unfallort« ausführlich behandelt werden.

Rettungskette.

Generell gilt: wenn eine Verletzung lebensgefährlich ist oder so schwer, dass eine Person nicht mehr aus eigener Kraft aus dem Wald heraus kommt, muss die Rettung alarmiert werden. Dies ist vor allem dann wichtig, wenn die Stärke der Verletzung nicht sicher abgeschätzt werden kann. Dabei hält man sich an folgende Reihenfolge.

1. EIGENSCHUTZ

Findet man eine verletzte Person auf, versucht man die Ursache der Verletzung zu erkennen. An Steilwänden mit Steinschlag, zahlreichen in der Krone hängenden Ästen oder aber – nicht zu unterschätzen – in Hochspannungsleitungen hängende Bäume deuten auf andauernde Gefährdung hin. Wenn es ohne Eigengefährdung möglich ist, birgt man die Person **aus dem Gefahrenbereich.** In allen anderen Fällen organisiert man umgehend die Rettung und nähert sich nicht der Person.

2. LEBENSRETTENDE SOFORTMASSNAHMEN

In zahlreichen dramatischen Fällen können lebensrettende Sofortmaßnahmen retten. Dabei werden nur diejenigen Techniken durchgeführt, **die den unmittelbaren Exitus verhindern.** Dazu gehört das Platzieren einer bewusstlosen Person mit Puls und stabiler Atmung in die stabile Seitenlage, Wiederbelebung lebloser Personen oder Abbinden mit dem Tourniquet oder ein Druckverband. Lebensrettende Sofortmaßnahmen sind primär anzuwenden, um das Leben zu erhalten – etwaige Folgeschäden werden bewusst in Kauf genommen um Herzschlag und Atmung zu sichern.

3. NOTRUF

Während bzw. nach den lebensrettenden Sofortmaßnahmen **wird die Rettung über 112 alarmiert.** Dabei ist die Art der Verletzung (Blutung, Schnitt, Bruch) ebenso wie die Verletzungskinetik (Einklemmung durch Baumstamm, Schlag durch Axt auf den Kopf, Sturz aus dem Baum, Hackverletzung) anzugeben, da nur so die Dringlichkeit und weitere Nachfragen durch die Rettungsleitstelle möglich sind. Wichtig ist, dass die Anfahrt zum Unfallort so detailliert wie möglich beschrieben wird. Es gilt: Der Anrufer beendet nie das Gespräch, nur die Rettungsleitstelle. Auch wenn das Gespräch scheinbar zu lange dauert und die Rettung herauszögert, sollte man die Ruhe behalten: Rettungswagen oder Helikopter sind meist schon auf dem Weg, lange bevor der Anruf beendet ist.

4. EINWEISEN

Ist man mindestens zu zweit oder kann der Patient für kurze Zeit alleine gelassen werden, geht man zum Einweisen an die nächstgelegene Straße, Rettungspunkt, bekannte Forsthütte etc., um die **Rettungskräfte an den Unfallort zu führen.** Dabei darauf achten, dass das Mobiltelefon nicht auf lautlos steht, damit die Rettungsleitstelle Rückfragen stellen kann, wenn die Krankenwagenfahrer den Treffpunkt nicht finden.

HÄUFIGE VERLETZUNGEN

Mit dem mitgebrachten Erste-Hilfe-Material können wir zahlreiche Behandlungen durchführen, die eine schnelle Heilung der Verletzung begünstigen und unnötige Spätfolgen verhindern. Wer sich einen Überblick über die **Behandlungsmöglichkeiten** verschafft hat, kann zudem abschätzen, welche Schäden nicht selbstständig bewältigt werden können.

Die Reihenfolge ist nicht alphabetisch, sondern folgt von »häufig« zu »weniger häufig, aber dramatisch«.

Zecken.

Die kleinen Lästlinge sitzen an den Spitzen von Grashalmen und in Moosen und lassen sich im Vorbeigehen einfach abstreifen. Sie krabbeln meist an empfindliche Hautstellen von Schritt, Kniekehlen oder Achseln und saugen sich fest. Dabei geben sie nicht nur betäubenden Speichel in die Wunde ab, sondern mit zunehmender Saugdauer zudem auch **Krankheitserreger.** Deshalb sollten Zecken so früh wie möglich entfernt werden. Idealerweise steckt man vorbeugend die Hose in die Socken und behandelt die Hosenbeine mit einem Pyrethroid und die Haut mit einem Repellent.

Hat eine Zecke dennoch zugebissen, wird sie mit der Pinzette unmittelbar über der Haut gefasst und langsam nach hinten gezogen, nicht aber gedreht oder gequetscht. Öl, Klebstoff und dergleichen gehören nie auf die Zecke – sie gerät in Stress und würgt einen Cocktail von Keimen in die Wunde. Ein Tropfen Desinfektionsmittel auf die Bissstelle zu träufeln und ein Pflaster drauf zu kleben, ist ratsam. Den Stich sollte man nach dem Entfernen des Tiers markieren und **einige Tage beobachten.** Zeigen sich Krankheitszeichen, die über die Reaktion eines Bienenstichs gehen (Fieber, Schwellung, Rötung, juckender Ausschlag), sollte der Arzt konsultiert werden.

Dornen & Stacheln.

Besonders beim Roden des Arbeitsplatzes dringen Stacheln von Brombeeren oder Rosen selbst durch dicke Arbeitshandschuhe in die Haut. Dort bemerkt man sie beim Greifen oder wenn der Axtstiel beim Hacken durch die Hand rutscht. Dornen eitern normalerweise mit der Zeit alleine aus der Haut heraus oder werden abgekapselt. Allerdings können sie durch die ständige Bewegung und damit neuerliche Reizung zu heftig **pochenden, geschwollenen und vereiterten Entzündungen** führen. Am

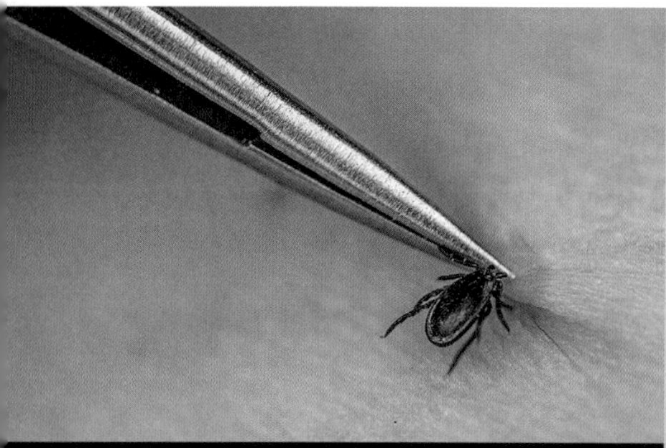

Die Zecke wird mit der Pinzette vorsichtig nach hinten gezogen. Bleibt ein Stückchen Rüssel in der Haut, ist das nicht schlimm.

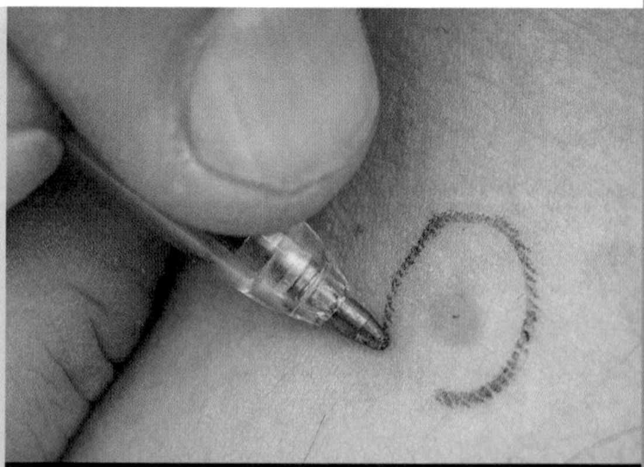

In Endemiegebieten mit Borreliose wird der Zeckenbiss mit einem Kugelschreiber markiert, um Änderungen am Biss schneller erkennen zu können.

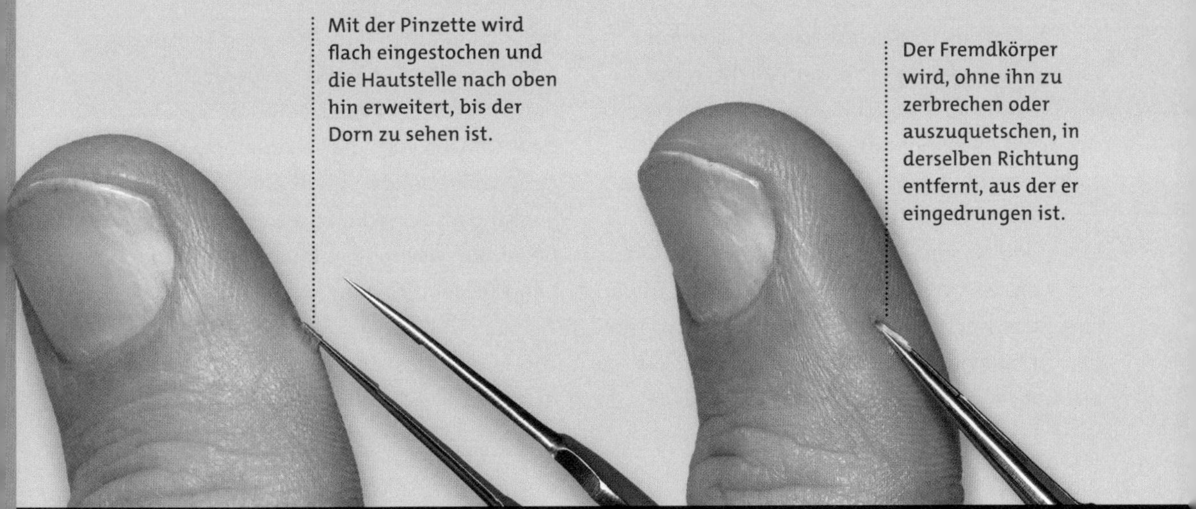

besten man entfernt vor allem große und tief eingedrungene Fremdkörper unmittelbar. Kann man sie mit der Pinzette nicht außerhalb der Haut greifen, werden die (saubere) **Pinzette sowie die Wundstelle desinfiziert.** Man lässt das Mittel etwa eine Minute einwirken und sticht mit der Pinzette flach etwas vom Fremdkörper entfernt ein und reißt die Haut nach oben auf, bis der Fremdkörper frei liegt und mit der Pinzette gegriffen werden kann. Er wird möglichst genau entgegen der Richtung herausgezogen, aus der er eingedrungen ist, damit er nicht abbricht. Je länger ein Splitter in der Wunde ist, desto spröder wird er. Ist der Fremdkörper komplett entfernt worden, wird die Wunde nochmals desinfiziert und mit einem Schnellverband abgedeckt.

Schürfwunden.

Wenn man beim Laufen durch den Wald auf einem Stein oder Baumstamm abrutscht, entstehen schnell **großflächige Schürfwunden.** Auch wenn Schürfwunden meist nur oberflächlich sind, wird die schützende Oberhaut großflächig durchbrochen und vor allem stark verschmutzt. Deshalb sollte man vor der Arbeit

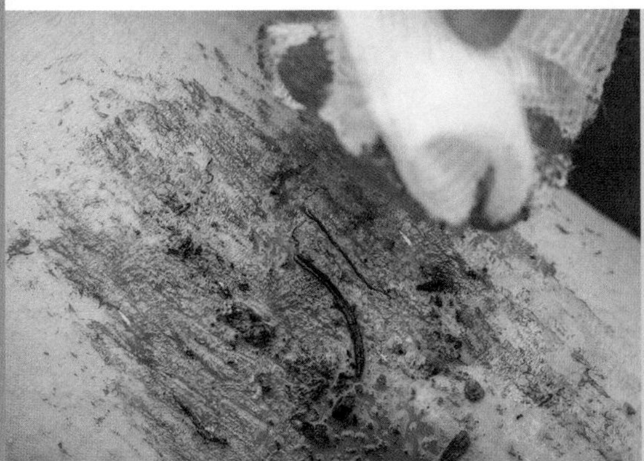

Vor allem verschmutzte Schürfwunden müssen vor dem Verbinden gut gereinigt werden.

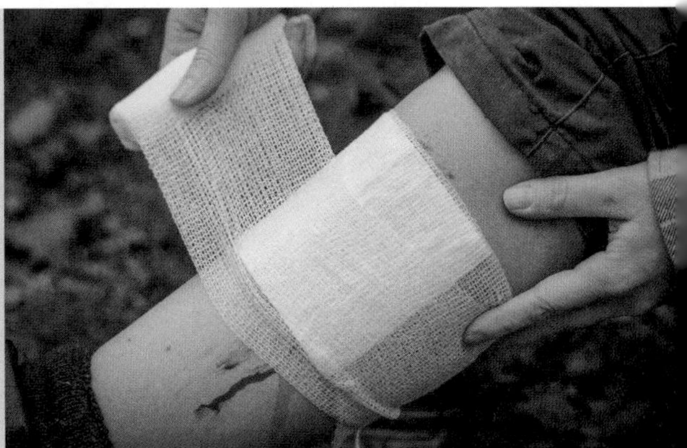

Locker mit einer Wundauflage verbunden, kann die Wunde »atmen«; das Wachstum gefährlicher Keime wird verhindert.

im Wald gegen **Wundstarrkrampf** geimpft worden sein. Ist das nicht der Fall, kann bei größeren Schürfwunden möglichst rasch beim Arzt noch nachimmunisiert werden.

Aber nicht nur Tetanuserreger, sondern auch zahlreiche andere Keime dringen mit Erde, Moos und zersetzten Pflanzenteilen in die Haut ein. Viele von ihnen können unter Sauerstoffeinfluss nicht wachsen. Deshalb darf man insbesondere **Schürfwunden nie luftdicht abdecken.** Vielmehr reinigt man die Wunde so gut wie möglich mit Mull und sauberem Trinkwasser oder mit zahlreichen Pumphüben des Desinfektionsmittels von allen sichtbaren Verschmutzungen. Danach wird die Wunde locker mit einer nicht verklebenden Wundauflage und einem Verband abgedeckt. Löst sich der Verband beim Bewegen, werden die Mullränder mit Klebeband gesichert.

Tritt in den nächsten Tagen **Fieber** auf, muss ein Arzt konsultiert werden.

Fremdkörper im Auge.

Selbst beim Tragen von Schutzbrillen fällt das ein oder andere Partikelchen an der Stirn vorbei und landet auf der Bindehaut. Bei ungeschützten Augen kann der Aufprall dagegen so heftig sein, dass Metallsplitter und dergleichen bis in das Auge selbst vordringen können. Besonders beim Schlag auf einen Stahl, Beton oder Fels können scharfe Stein- oder Metallgeschosse entstehen und das Augenlicht gefährden. Schmerz, Lichtempfindlichkeit und starkes Tränen sind die Folge.

Hier muss man versuchen abzuschätzen, ob es sich um einen **Fremdkörper auf oder im Auge** handelt. Erstere rutschen oft unter die Lider, wo sie nicht weniger stören und je nach Oberfläche Kratzer und Wunden auf dem Auge entstehen lassen. Auf keinen Fall darf deshalb gerieben werden. Vielmehr zieht man das jeweilige Lid nach oben oder unten und versucht, den Partikel mit einem Zipfel einer sauberen Wundauflage aufzunehmen. Ggf. ausspülen oder bei Lage unter dem Lid leicht in Nasenrichtung wischen, um besseren Zugang zu haben.

Ist der Partikel eingedrungen, erkennt man das daran, dass er sich mit dem Auge mitbewegt. Mit einer **Mullbinde oder einer Krawatte aus dem Dreieck-Tuch** wird die betroffene Seite locker abgedeckt.

Wenn der Weg aus dem Wald nicht zu anspruchsvoll ist und mehrere Helfer verfügbar sind, sollten beide Augen abgedeckt werden, damit sich das verletzte Auge nicht mit dem Blick des gesunden mitbewegt. Der nächste Weg führt bei eingedrungenen Splittern in die Notaufnahme. Ist man alleine unterwegs, ist bei Augenverletzungen ein Notruf gerechtfertigt.

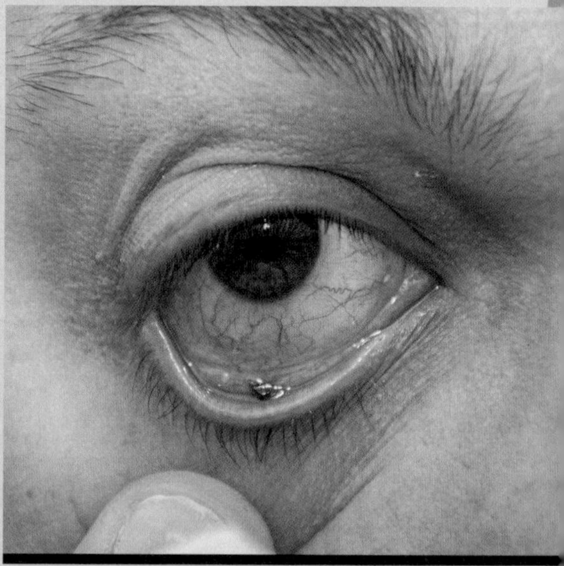

Die Augenlider werden weggezogen, um auf dem Auge liegende Fremdkörper mit etwas Mull aufzunehmen.

Schnitte.

Auch tiefe Schnitte sind bei der Arbeit mit Äxten relativ häufig. Kleinere Verletzungen an der Hand durch den ungewollten Griff in die Axtschneide werden desinfiziert und mit einem Wundschnellverband versehen. Hier ist vor allem die Gefahr der nachträglichen **Verschmutzung und Infektion** zu beachten.

Schwieriger ist es, wenn die Haut unter Spannung steht. Vor allem oberhalb des Knies, am Unterarm und an der Hand werden auch kleinere Schnitte aufgezogen und klaffen. Wer sicher gehen möchte, lässt sich solche Schnitte beim Arzt klammern oder nähen.

Gibt es keine starke Blutung, ist ein Notruf nicht notwendig. Der Schnitt wird locker mit einer Wundauflage für den Weg ins Krankenhaus abgedeckt. Ist die Verletzung nicht so dramatisch, dass man zum Arzt möchte, wird aber dennoch von der Hautspannung aufgezogen, sollte die Wunde mit **»Klammerpflastern«** versehen werden. Ansonsten füllt sich der Wundspalt mit Narbengewebe, das empfindlich ist und auch nach Jahren wieder aufreißen kann. Hierzu werden einige schmale Klebestreifen zugeschnitten. Die Wunde wird desinfiziert und mit Mull trockengewischt. Mit den Klebestreifen werden die Hautränder zusammengezogen. Die Wunde wird abgedeckt und so verbunden, dass die Wunde durch eine ungewollte Bewegung nicht mehr aufreißen kann.

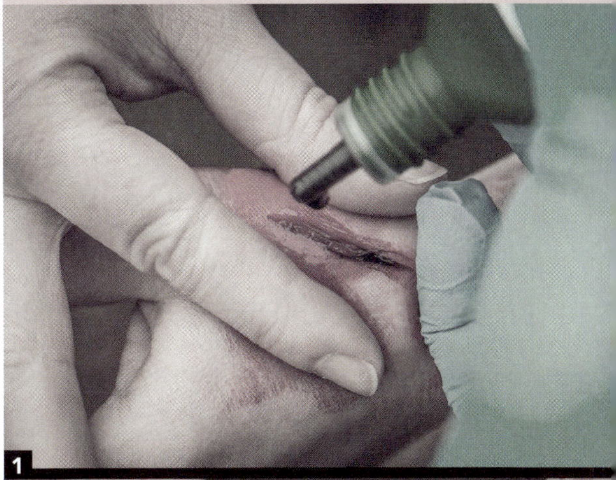

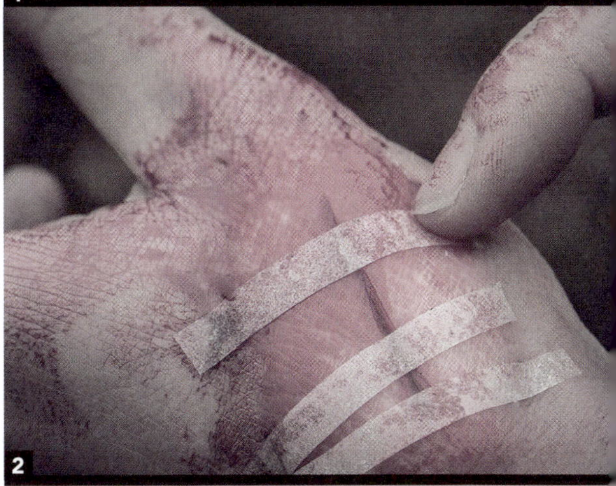

1 Verschließt man einen Schnitt, muss die Wunde sauber sein und desinfiziert werden.

2 Mit Klebeband zusammengezogene Hautränder heilen schneller wieder ab, als ein offen bleibender Spalt

Nähen, Klammern oder nur Pflastern?

Ob man einen Schnitt nur mit einem Pflaster abdeckt, mit Klebestreifen zusammenfügt, oder beim Arzt behandeln lässt, muss jeder selbst einschätzen.

Klaffende Schnitte oder Wundränder von einer Länge über 3–5 Zentimetern sollten zur besseren Heilung zusammengezogen werden. Tiefe Schnitte am Unterarm oder am Handgelenk sollte man wegen etwaiger Sehnenbeteiligung unbedingt vom Arzt untersuchen lassen. Er entscheidet letztendlich, ob geklammert oder besser genäht wird.

TIEFE SCHNITT- UND HACKVERLETZUNGEN
Sehr viel dramatischer sind tiefe Schnitte oder gar eine Hackverletzung. Durch solche Wunden entstehende Blutungen können **lebensgefährlich** sein und müssen auf jeden Fall professionell untersucht und behandelt werden.

Die Folge solcher tiefen Schäden sind nicht selten **Knochenverletzungen oder Sehnendurchtrennungen.** Hier gilt: Sobald die Blutung mehr als ein wenig »sickert«, wird sie mit einem Druckverband gestillt. Dazu wird ein Verbandspäckchen in einigen Windungen um den Körperteil gelegt. Auf die Wicklungen, unmittelbar über die Wunde, kommt ein geschlossenes Verbandspäckchen, ein Feuerzeug oder ein vergleichbarer Knebel. Mit kräftigem Zug werden die Wicklungen weiter geführt.

Blutet es dennoch weiter, wird ein nächster Verband aufgelegt. Bei diesen Verletzungen ist auf jeden Fall **ein Notruf abzusetzen** und der Patient wird beobachtet, da er durch den Blutverlust jederzeit kollabieren kann. In diesem Fall wird er auf dem Rücken mit angehobenen Beinen in **Schocklagerung** gebettet.

Fremdkörper.

Steckende Stichverletzungen sind mit der Axt vergleichsweise selten. Allerdings können auch andere große Gegenstände in den Körper eindringen. Oft handelt es sich um Schnittwerkzeuge wie **Messer, Stechbeitel, abgesplitterte bzw. abgerutschte Fällkeile** oder beim Fällen eines Baums auf den Körper einwirkende, **spitze Äste.**

Sobald im Körper ein Gegenstand steckt, wird er nicht selbstständig entfernt. Beim Herausziehen können einerseits zusätzliche Schäden entstehen, andererseits verschließt so ein Fremdkörper ggf. ein großes Gefäß, das nach dem Entfernen stark bluten kann. Äste und dergleichen werden im Körper steckend vorsichtig abgesägt oder abgeschnitten.

1

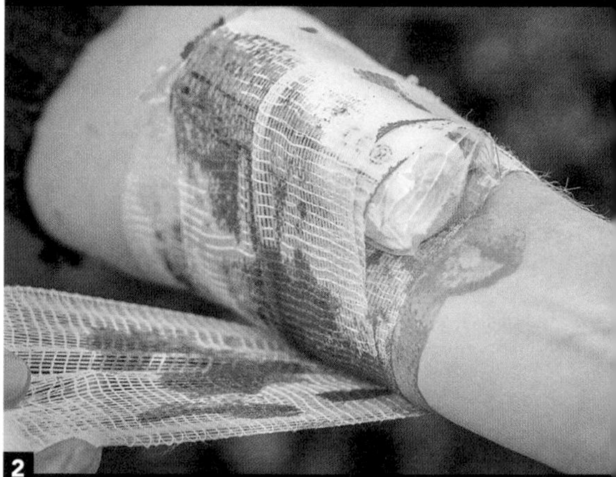

2

1 Schwere Blutungen müssen mit einem Druckverband gestillt werden. Sie hören nicht immer von alleine auf zu bluten.

2 Nach einigen Umrundungen wird ein Knebel direkt auf den Ort der Verletzung gelegt und mit starkem Zug mit eingewickelt.

3 Durch Verbandspäckchen um die Wunde und einem festen Verband wird der Fremdkörper gesichert.

3

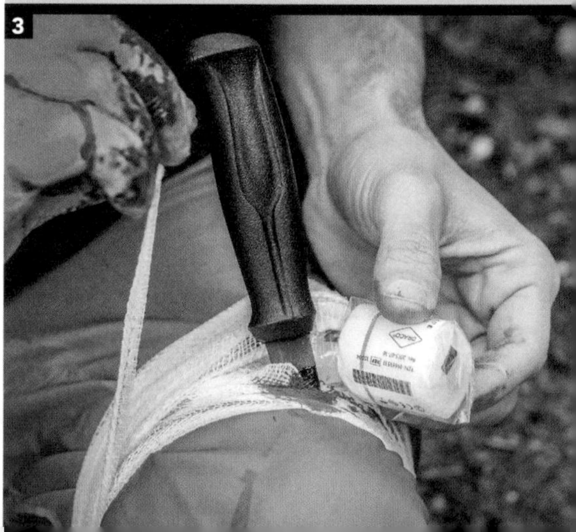

Um die Wunde herum werden Mullpäckchen und dergleichen platziert, die mit Verband umwickelt den Fremdkörper stabilisieren und am Herausrutschen und Wackeln hindern. **Ein Notruf ist dringend empfohlen.**

Amputationen.

Teilamputationen oder Amputationen sind die schwerwiegendsten Verletzungen, die unmittelbar durch eine Axtschneide mit sehr wenig Kraftaufwand möglich sind. Der schwere Axtkopf zerteilt mühelos Finger- und Handknochen und kann bei Vollaufschlag auch einen Oberschenkel halbieren.

Neben der Gefahr des Verlusts des durchtrennten Glieds sind **schwere und schwerste Blutungen** die Folge, die binnen Sekunden(!) mit einem Tourniquet gestoppt werden müssen.

Dazu klettet man den Gurt möglichst straff in Körperrichtung um den Körperteil – idealerweise eine Hand breit oberhalb oder unterhalb eines Gelenks – und wickelt den Knebel, bis die Blutung stoppt. Hat man kein Tourniquet zur Hand, werden Gürtel, Seile oder das verknotete Dreieck-Tuch genommen und mit einem Ast verdreht. Unmittelbar nachdem die Blutung gestillt ist, wird der Notruf abgeschickt. Noch am Körper hängende Amputate werden nicht entfernt.

Komplett abgetrennte Körperteile **werden ungereinigt in Mull gewickelt** und in einen Gefrierbeutel gepackt. Jener wird gut verschlossen in einen weiteren Gefrierbeutel mit kaltem Wasser gegeben. Idealerweise zusätzlich mit einem Kühlpäckchen, Schnee oder Eis. Nie allerdings dürfen Amputate unmittelbar ohne Wasser »auf Eis« gepackt werden, da Gefrierschäden die Folge sind. Beim Abtransport das Amputat nicht vergessen (passiert aus Stress regelmäßig). Die Tüte idealerweise am Körper des Verletzten festbinden. Das Tourniquet wird erst und **nur vom Arzt** wieder geöffnet.

1 Bei tiefen Hackverletzungen können Blutungen durch einen Druckverband nicht mehr gestillt werden. Man muss komplett abbinden.

2 Kühl, aber nicht gefroren verpackt bleiben abgetrennte Körperteile noch einige Zeit rekonstruierbar.

Stumpfe Traumata.
Der umschwingende Axtstiel bei »Overstrikes«, ein ins Gesicht zurück federnder Axtnacken oder herunterfallende Äste beim Fällen dringen nicht in das Gewebe ein. Deshalb zählt man ihre Schäden zu den **»stumpfen Verletzungen«**. Sie sind bei der Arbeit mit Äxten bzw. im Forst besonders häufig und oft letal.

Man spricht hier oft schlicht von »Erschlagen«. Je nach Auftreffenergie **kann ein stumpfes Trauma unmittelbar tödlich sein.**

Vor allem beim Fällen innen morscher und beim Fall aufsplitternder Stämme wird eine Energie freigesetzt, die mühelos das Genick zerschlägt und den Getroffenen viele Meter weit durch die Luft schleudert. Wirkt ein solcher Schlag auf den Körper ein, können Organe wie Leber oder Milz zerrissen werden.

Neben dem flachen Lagern kann bei Atemausfall oder Herzstillstand außer dem Versuch einer Reanimation nach dem sofortigen Notruf in solchen Fällen wenig getan werden als auf ausreichend rasche intensivmedizinische Hilfe zu hoffen. Entsprechend wichtig ist es, die Verletzungskinetik beim Notruf zu kommunizieren.

Bei »leichteren« stumpfen Traumata muss abgeschätzt werden, ob eine medizinische Behandlung notwendig wird. Generell sollte man als Laie den Notruf absetzen, wenn eine Person durch einen Schlag bewusstlos geworden ist. Aber auch bei leichteren Schlägen auf den ungeschützten Kopf kann es zu gefährlichen Zwischenfällen kommen.

Sobald der Verletzte eintrübt, über Schwindel klagt oder sich übergibt, ungleich große Pupillen hat, oder wenn Blutungen aus Augen, Nase oder Ohren bzw. Einblutungen im Auge zu erkennen sind, muss von einer **Schädel- oder Hirnverletzung** ausgegangen werden.

Der Notruf wird abgesetzt, der Verletzte wird hingelegt und **darf keinesfalls alleine gelassen** werden. Durch Blutungen und den resultierenden Druck auf die Nerven können Atmung und Herzschlag jederzeit ausfallen.

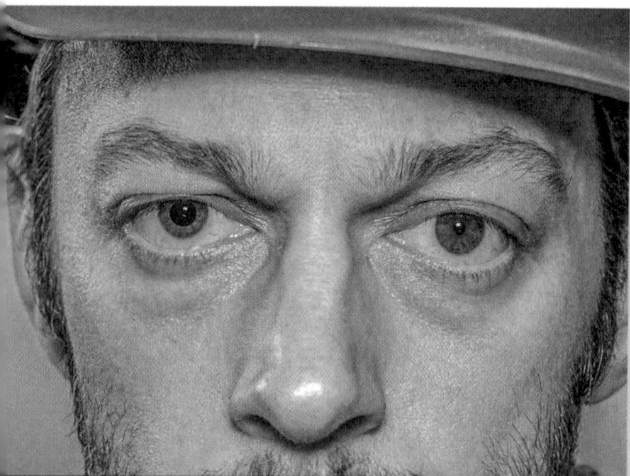

Ungleich große Pupillen im Auge sind ein Hinweis auf schwere und lebensgefährliche Hirnschwellungen.

Das sogenannte Monokelhämatom sowie Blutungen aus Auge und Ohr sind Anzeichen für einen Schädelbruch.

Traumatische Kopfverletzungen.

Bekommt der Kopf einen Schlag, können Gefäße im Schädel reißen oder das Hirn gegen die Schädeldecke anstoßen. Da der Schädel geschlossen ist, staut sich der Druck durch Blut oder Liquor im Kopf und es kann neben starken Kopfschmerzen jederzeit zu schweren Ausfallerscheinungen und bleibenden Schäden kommen. Nach einem starken Schlag auf den Kopf sollte der nächste Weg auf jeden Fall in ein Krankenhaus erfolgen, wo unbemerkte, **»tickende Zeitbomben«** erkannt und behandelt werden können.

Einquetschung.

Besonders bei Fällarbeiten sind Einquetschungen häufig und enden nicht selten tödlich. Fällt ein Stamm unerwartet in die falsche Richtung oder schlägt er nach hinten aus, kann man **unter vielen Tonnen Gewicht erdrückt oder durch Pressung des Brustkorbs erstickt** werden.

Hier sind bei Fremdhilfe nur das Entlasten durch Anheben des Stamms mit einer Winde und das sofortige Anfordern von Hilfe möglich. Teilweise kann eine Person durch das Entfernen von einzelnen Ästen befreit werden. Selbst nach eigenständiger Befreiung ist nach einem solchen Vorfall in jeden Fall **medizinische Kontrolle** notwendig, um innere Verletzungen auszuschließen.

Ein eingeklemmtes Körperteil reicht aus. Wer keine Hilfe organisieren kann, steckt buchstäblich fest.

Häufiger sind **Quetschungen der Hand,** wenn ein Schnitt kontrolliert oder gesäubert wird und der Stamm im Wind schwingend die Keilhöhe verkleinert und Finger oder die Hand festklemmen. Ebenfalls kann es zu sehr festen Einquetschungen kommen, wenn ein Spaltkeil umplatziert oder ein feststeckender Axtkopf aus einem Block gezogen wird und sich dieser wieder verschließt, oder ein hängender Baum nach Fällschnitt senkrecht auf oder neben seinem eigenen Stumpf landet.

Lebensgefährlich sind dabei nicht die zermalmte Hand oder der festgeklemmte Fuß, sondern das buchstäbliche **Festsitzen ohne Hilfe.** Dabei kann man so fixiert werden, dass man nur durch Fremdhilfe mit schwerem Werkzeug befreit werden kann.

Aufgrund dieser Gefahr gilt umso mehr, dass man **nie alleine Holz- oder gar Fällarbeiten durchführt,** ein geeignetes Kommunikations- oder Notrufmittel immer gut erreichbar am Körper trägt und idealerweise in kurzen Intervallen Kontrollanrufe mit einer Vertrauensperson abspricht (zum Beispiel alle 20 Minuten, wenn 30 Minuten kein Kontakt besteht, wird die Rettung alarmiert).

Kapitel 6

Handhabung und Anwendung.

AXTPRAXIS: GRUNDLAGEN.

Die Axt ist ein Universalwerkzeug. Um damit richtig und sicher zu arbeiten, muss man die wichtigsten Techniken kennen.

Man sagt: »Die Axt im Hause erspart den Zimmermann.« Mit etwas mehr Realismus und Demut sollte man es aber eher so ausdrücken: »Die Axt im Hause erspart dem Zimmermann das Mitbringen seiner eigenen.«

Das richtige Arbeiten mit Beil und Axt ist – vom Planen, der Vorbereitung und der Lautstärke mal abgesehen – ganz gut mit Klavierspielen vergleichbar. Ein Pianist liest die Noten ab und übersetzt diese in Fingeranschläge. Das gelingt allerdings nur, wenn er das Stück vorher so lange geübt hat, dass er sich – ohne die Tasten abzuzählen – auf die korrekte Position seiner Hände und die Fingerbewegungen verlassen kann. Sobald er allerdings versucht »bewusst« in diesen Automatismus einzugreifen, kommt er aus dem Takt. Auch wer viel mit der Axt arbeitet, lernt das Werkzeug so zu führen, dass er dabei nicht mehr viel nachzudenken muss. Wie der Pianist muss auch der Holzwerker seine Finger automatisch richtig bewegen, wenn er ebenjene nicht verlieren möchte.

Auch hier gilt: »Übung macht den Meister.« Denn erst nach tausenden von Schlägen mit der Axt (viele davon daneben) wird die Klinge im gewünschten Winkel und mit der geplanten Geschwindigkeit an der geplanten Stelle präzise aufkommen. In der Medizin nennt man das »long-term muscle memory«.

Nicht selten sieht man solche Profis mit gefährlichem Schwung »Streichhölzer« aus einem fingerdicken Axt abspalten, nur Millimeter von den Fingerkuppen entfernt. Das mag jedem Respekt abverlangen, von der Nachahmung sollte man jedoch besser absehen, sofern man alle seine Finger behalten möchte.

Die Übung und Sicherheit im Umgang mit der Axt ist Voraussetzung und Ziel der folgenden Techniken. Sie werden mit Sicherheit nicht auf Anhieb gelingen und sofern man alle Sicherheitsvorkehrungen beachtet, sind Fehlschläge beim Fällen, »Bucking« oder Spalten zwar ermüdend, aber eine wichtige Voraussetzung, um die Axt über kurz oder lang richtig zu führen. Das effektive Hacken funktioniert nämlich nur dann, wenn man schon beim Schlag das Ziel im Auge hat und die **Kontrolle über die Bewegung der Axt** freigibt, sobald man sie auf ihren geplanten Weg schickt.

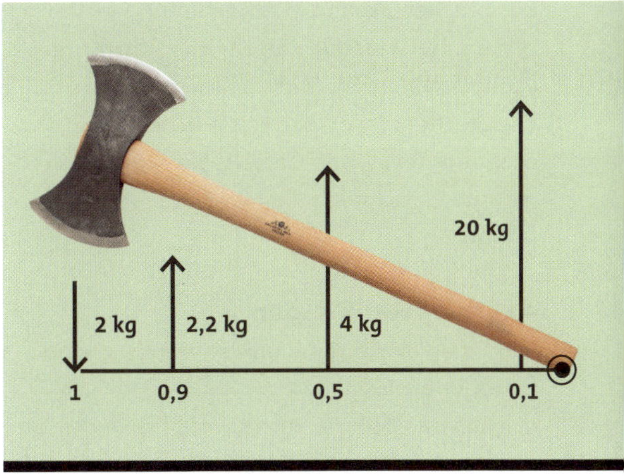

Beim einseitigen Hebel steigt die Hebekraft mit der Nähe zum Drehpunkt. Direkt am Knauf wird die Kraft unhaltbar hoch.

DAS SCHWINGEN

Mit Ausnahme des Schneidens oder Schnitzens besteht die Hauptaufgabe des Menschen beim Arbeiten mit der Axt darin, sie in eine bestimmte Richtung zu beschleunigen, nach dem Auftreffen etwas zu abzulenken und wieder zum nächsten Schlag anzuheben. Alles dazwischen passiert durch die Axt bzw. durch die ihr mitgegebene **kinetische Energie** gleichsam von selbst.

Tatsächlich verbietet es sich während des Schwungs in die Bewegung der Axt bremsend oder stark nachlenkend einzugreifen. Hierzu fehlt den meisten Menschen schlicht die Kraft, da der Axtkopf nach der Beschleunigung träge dem vorgezeichneten Weg folgt.

Entsprechend kann bei Abgleitern oder Abprallern der Aufschlag am falschen Ort nicht verhindert werden. Man muss also durch entsprechende Vorkehrungen sicherstellen, dass auch im »Worst-Case-Aufschlag« die Axt nicht im Gesicht, auf der Hand oder im Fuß landet.

Axt mit zwei Händen.

Führt man eine Axt mit beiden Händen, ist die Bewegung alles andere als nativ – und viele machen das deshalb auch falsch. **Der Axtstiel ist in erster Linie ein Hebel und der Axtkopf eine bewegungsträge, schwere Masse.** Betrachtet man die »Haltehand« am Knauf als ein zusätzliches Drehgelenk, handelt es sich um einen sogenannten einseitigen Hebel. Die benötigte Kraft zum Anheben ist vom Griffpunkt der zweiten, der »Hebehand« abhängig. Je näher sie am Knauf ist, desto größer muss die Kraft für dasselbe Drehmoment sein.

Der physikalische Extremfall wäre, wenn man die Axt alleine mit der Haltehand anheben möchte. Das ist bei Spaltäxten gänzlich unmöglich. Greift man die Axt mit der Hebehand in der

Axt mit zwei Händen 1. Beim Anheben mit festem Griff der Hebehand muss einige Kraft eingesetzt werden.

Axt mit zwei Händen 2. Der Axtkopf kann bei der Beschleunigung nur etwa doppelt so schnell werden wie die Kreisbewegung der Hebehand.

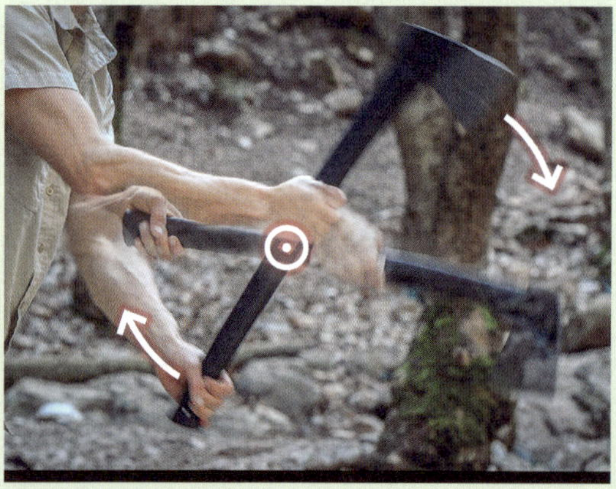

Axt mit zwei Händen 3. Automatisch wird nicht mehr um den Knauf, sondern um den Punkt zwischen den Händen gedreht, was die Kopfbewegung verlangsamt.

Axt mit zwei Händen 4. Abhängig von der Armbeugung variieren Impuls, Auftreffwinkel und Aufschlagpunkt der Schneide.

Mitte des Axtstiels, lässt sich diese schon erheblich einfacher anheben.

Viele Ungeübte hacken, indem sie mit der Haltehand den Knauf festhalten und die Hebehand an der Mitte des Stiels fixieren. Auf diese Weise lässt sich die Axt zwar anheben, aber kaum beschleunigen. Zudem wird beim Auftreffen ein **starker und oft schmerzhafter Prellschlag** über den Stiel auf die Hebehand übertragen. Um die Geschwindigkeit zu erhöhen, versuchen viele, mit Rumpfbewegungen oder einer Oberkörperdrehung zusätzlich Schwung zu holen, was Schulterzerrungen und Rückenschmerzen zur Folge hat. Bei der korrekten Technik greift man den Axtstiel praktisch nicht, sondern lässt ihn nur durch die Finger gleiten.

ANHEBEN

Wer die Axt nach dem Schlag richtig anhebt, kann erheblich länger schmerzfrei arbeiten. Dabei sollte das Anheben nicht als gesonderter Schritt wahrgenommen werden. Vielmehr **geht das Anheben in einer runden Bewegung in den Schlag über.** Dabei wird jeweils vermieden, den Axtkopf komplett abzustoppen.

Anheben 1. Die Haltehand zieht den Axtknauf je nach Stiellänge diagonal auf Hüfthöhe nach hinten oder hinten-oben.

Anheben 2. Der Axtstiel rutscht durch die locker geschlossene Hebehand, die selbst dem Axtkopf näher kommt.

Anheben 3. Kurz bevor die Hebehand den Kopf erreicht, wird sie etwas geschlossen und die Axt mit ausreichend Schwung angehoben.

Anheben 4. Man achtet darauf, nicht in den Bart oder in die scharfen Kanten der Schultern zu rutschen.

Anheben 5. Die Haltehand am Knauf folgt der Bewegung wieder in einem Radius nach vorne, so dass der Axtkopf kurz hinter dem Körper, also etwas unterhalb des höchsten Punkts der Kreisbahn liegt.

Anheben 6. Dabei wird die Axt nicht abrupt abgestoppt, sondern hält durch das Aufbrauchen des in Schritt 3 gewonnenen Schwungs von alleine.

SCHLAGEN

Bei der richtigen Technik wird der Axtkopf sehr stark beschleunigt – bei der falschen wird er nur so schnell wie die Hebehand.

Da beim richtigen Schlagen die Axt nur noch am äußersten Ende des Stiels gehalten wird, **muss die Richtung absolut stimmen:** Es besteht nicht die geringste Chance, die so auf Geschwindigkeit gebrachte Axt ohne Aufschlag wieder abzubremsen. Dieser gewollte Kontrollverlust ist notwendige Voraussetzung für die hohe Geschwindigkeit. Man muss sie sich regelrecht antrainieren.

Brachiale Wucht.

Der zweiarmige Schlag wird zum Spalten und Fällen eingesetzt. Soll ein vertikal stehender Stamm getroffen werden, wird von oben schräg sowie ähnlich einem Golfabschlag von schräg unten geschlagen – die Handbewegung bleibt dieselbe.

Um mit diesem Schlag richtig zu treffen, ist einige Übung notwendig. Anfänger sollten zum Üben **Schienbeinschoner und Sicherheitsschuhe** tragen.

Schlagen 1. Ausgangssituation des Schlags ist der angehobene Axtkopf an dem Punkt, an dem sich die Bewegung wieder nach vorne dreht.

Schlagen 2. Die Haltehand wird mit gestrecktem Arm in einem Kreisbogen vor den Bauch geführt. Gleichzeitig wird die Hebehand gelockert.

Schlagen 3. Der Schlagwinkel und die Richtung müssen spätestens jetzt feststehen und durch die Haltehand gesteuert werden.

Schlagen 4. Die Hebehand rutscht von alleine, dem Axtstiel folgend, leicht in Richtung Haltehand.

Schlagen 5. Die Haltehand wird ein wenig zum Bauch geführt, während sie von der Hebehand überholt wird.

Schlagen 6. Die Hebehand drückt beim Zurückrutschen zum Knauf nach vorne, die Haltehand fixiert dabei den Knauf.

Schlagen 7. Der zu Beginn lange Hebel (rot) beschleunigt den trägen Axtkopf. Mit zunehmender Geschwindigkeit wird weniger Kraft, also ein kürzerer Hebel (grün) benötigt.

Schlagen 8. Durch die Hebelverkürzung wird die sogenannte Winkelgeschwindigkeit der Hände komplett auf den Axtkopf übertragen.

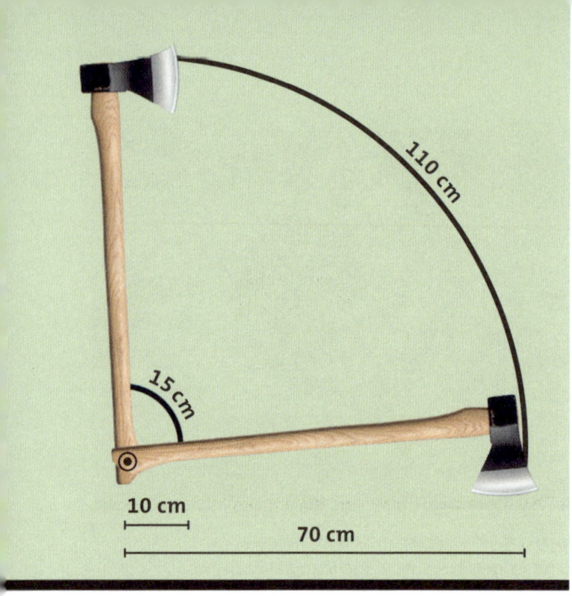

Bewegen sich die Hände um 15 Zentimeter umeinander, wird der Axtkopf um rund 110 cm bewegt. Deshalb ist die sogenannte Bahngeschwindigkeit des Axtkopfs erheblich höher (in diesem Fall das 7-Fache), als die Hände ihn ohne Axtstiel bewegen könnten.

Axt mit einer Hand.

Bei feineren Hackarbeiten kann man auch mit der Axt einhändig arbeiten. Allerdings entfallen zahlreiche Vorteile des langen Stiels. Zuallererst ist es erheblich mühsamer, die Axt anzuheben. Bei schweren und kopflastigen Fälläxten gelingt das kaum noch ermüdungsfrei. Zudem wird der Schlag unpräziser, der Auftreffwinkel variiert von Schlag zu Schlag und bei schräg auftreffender Schneide kommt es zu einer unangenehmen Torsion des Handgelenks. Um dennoch einigermaßen mit der Axt arbeiten zu können, wird sie mit der Hand nicht am Knauf gehalten, sondern je nach Kopfgewicht an der halben Stiellänge bzw. im oberen Drittel. Hierdurch entsteht allerdings eine zusätzliche Trägheitsmasse am Stielende, was die Bewegung zum Unterarm einschänkt. **Entsprechend muss die Axt einhändig komplett anders geführt werden,** als mit zwei Händen oder als ein Beil.

Kurzer Stiel – gefährliche Axt.

Beim Verwenden kurzer Äxte und vor allem beim einhändigen Arbeiten mit einer Axt mit hohem Kopfgewicht sollte auf einem niedrigen Hackblock und im Knien oder in der Hocke gearbeitet werden. Auf diese Weise rauscht die Axt bei Fehlschlägen in den Boden und nicht in den Oberschenkel. Den Arbeitsplatz davor von Steinen befreien.

Axt mit einer Hand 1. Die Axt wird mit leicht angewinkeltem Ellenbogen durch Drehung im Schultergelenk angehoben.

Axt mit einer Hand 2. Gleichzeitig erfolgt ein Anheben des Handgelenks bis der Axtkopf nur etwas hinter dem obersten Punkt der Kreisbahn zum Stillstand kommt.

Axt mit einer Hand 3. »Überzieht« man das Ausholen, wird die Anfangsbeschleunigung mühsam – und man kann sich die Schulter verletzen.

Axt mit einer Hand 4. Durch das rasche Nach-hinten-Ziehen des Ellenbogens bei lockerem Handgelenk bringt man den Axtkopf wieder vor die Hand.

Axt mit einer Hand 5. Der erzeugte Anfangsimpuls wird durch »Versteifen« des Handgelenks aufgenommen und in eine Drehbahn des Axtkopfs überführt.

Axt mit einer Hand 6. Während des Streckens des Ellenbogens wird mit Druck von Ringfinger und kleinem Finger auf den Knauf die Drehbewegung des Kopfs unterstützt.

Axt mit einer Hand 7. Drehung von Ellenbogen und Handgelenk müssen sich so ausgleichen, dass der Knauf nicht von unten gegen den Unterarm schlägt.

Axt mit einer Hand 8. Gleitet der Axtkopf ab, versucht man mit einer Neigung der Hand den Axtstiel außerhalb des Unterarms vorbeizuführen – die Schneide zeigt dann vom Körper weg.

Axt zum Fein- und Schnellhacken. Wer zahlreiche kleine und eher impulsarme Hackschläge mit einer schweren Axt machen möchte, um beispielsweise Kerben sauber auszuarbeiten oder feines Anzündholz zu spalten, kann das selbst mit einer Forst- oder Spaltaxt ermüdungsfrei machen. Hierzu wird die Axt fast ausschließlich durch eine Unterarmbewegung beschleunigt. Die Beschleunigungsstrecke beträgt weniger als 20 Zentimeter, die Axtneigung lässt sich gut kontrollieren und der Kopf sich bei Fehlschlägen noch abbremsen.

Fein- und Schnellhacken 1. Man sucht den Schwerpunkt der Axt am Axtstiel unterhalb des Kopfs.

Fein- und Schnellhacken 2. Greift man den Stiel dort, kann man die Axt durch die identische Masse auf beiden Seiten ohne jede Drehung beschleunigen.

Fein- und Schnellhacken 3. Der Werkstoff wird sicher aufgestellt oder gehalten und die Schneidenmitte darauf aufgestellt.

Fein- und Schnellhacken 4. Die Axt wird rasch nach oben angehoben. Hat man richtig gegriffen, ändert sich die Kopfneigung dabei nicht.

Fein- und Schnellhacken 5. Sofort wird die Axt mit einem »Faustschlag« wieder nach unten beschleunigt so dass sie an derselben Stelle landet, wo sie angesetzt worden war.

Fein- und Schnellhacken 6. Ist die Axt vom Werkstoff komplett abgebremst worden, wird sie unmittelbar wieder zurückgezogen und man schlägt nähmaschinengleich wieder zu.

Beil mit einer Hand.

Das Beil ist definitionsgemäß mit einer Hand zu führen. Dabei greift man unmittelbar oberhalb des Stielknaufs. **Abhängig von der Stiellänge wird dann allerdings unterschiedlich gearbeitet.**

Kurze Äxte mit geringem Kopfgewicht und lange Beile werden mit einer Drehbewegung des Handgelenks bei gebeugtem Unterarm beschleunigt. Sehr kurze »Stummelbeile« können auf diese Art allerdings kaum Geschwindigkeit aufnehmen.

Der Unterschied bei der Bewegung zur einhändig geführten Axt liegt dabei darin, dass der Stiel nicht auf der Hälfte gegriffen werden muss, weshalb beim Schwung weniger Masse beschleunigt werden muss und der Stiel nicht gegen den Unterarm schlägt.

Handgelenksbrecher.

Ein geschwungenes Beil kann bei Fehlschlägen nicht mehr abgebremst und kaum umgelenkt werden.

Handstellung und Bewegung begünstigen zwar die Beschleunigung am kurzen Stiel, dem beim Auftreffen des Beils nach unten gekippten Handgelenk fehlt jedoch jede Kraft für eine weitere Intervention.

Vielmehr besteht die Gefahr von **Knorpel- und Sehnenverletzungen,** versucht man das Beil zu bremsen. Deshalb darf das Beil nur so genutzt werden, dass bei Abgleiten oder Fehlschlägen kein Körperteil gefährdet wird.

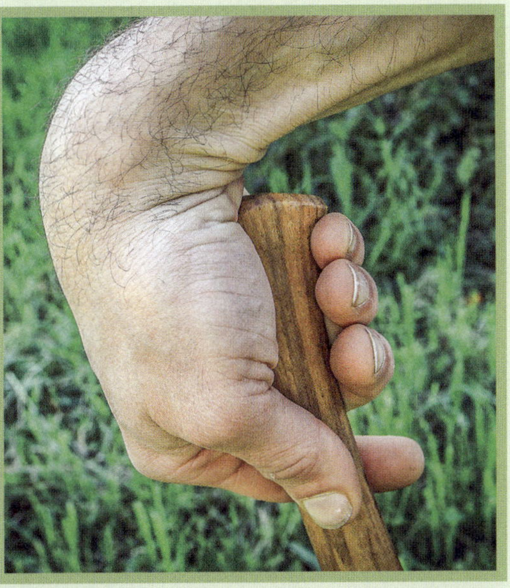

Beil mit einer Hand 1. Mit dem Beil kann man im Gegensatz zur einhändig gegriffenen Axt deutlich über den oberen Totpunkt hinaus ausholen.

Beil mit einer Hand 2. Die Hand am Knauf ist locker, der Knauf liegt auf den Fingern, der Stiel darüber auf der Daumenwurzel als zweites Drehlager auf.

Beil mit einer Hand 3. Mit einer Drehung im Schultergelenk wird der Kopf vorbeschleunigt.

Beil mit einer Hand 4. Gleichzeitig schließt man die Hand schnell und zieht den Knauf in Richtung Handwurzel.

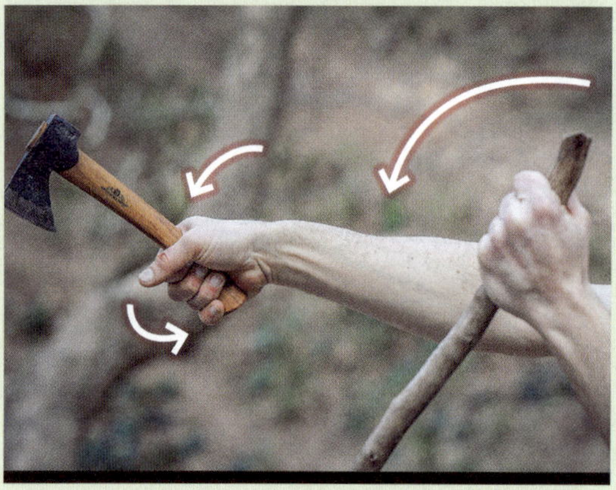

Beil mit einer Hand 5. Das Handgelenk wird zudem nach unten gekippt. Die Drehgeschwindigkeiten von Schulter, Handgelenk und Fingern addieren sich.

Beil mit einer Hand 6. Der Arm wird so mitgedreht, dass die Hand dem Knauf folgen kann, ohne dass er durch die Trägheit auf den Handwurzelknochen aufschlägt.

SCHNITZEN UND ZURICHTEN

Scharfe Äxte (und ausschließlich diese) können ähnlich einem Messer zum Schnitzen bzw. schneidenden Bearbeiten von Holz genutzt werden. Natürlich ist aufgrund der Klingengeometrie das Ergebnis nicht mit dem Bearbeiten durch Kerbschnitzmesser vergleichbar. Dennoch wird die Technik beispielsweise beim Herstellen von »Feathersticks« als Anzünder oder zum Zurichten oder Behauen von Holzbalken und dergleichen genutzt. Da der Kopf beim Schnitzen nicht oder nur wenig durch einen Drehschwung beschleunigt wird, ist sein Gewicht erst einmal nachrangig. Wichtiger sind **Kopfwinkel, Anschliff und Schärfe.** Mit einer Spaltaxt mit Messeranschliff lässt sich erheblich besser schnitzen, als mit einem Handbeil mit stark balligen Wangen und stumpfwinkliger Schleifphase. Wir unterscheiden hier das eigentliche Schnitzen vom Schnittschlag, das in ähnlicher Art und Weise funktioniert, aber einen Drehschwung benötigt.

Schneiden und Schnittschlag.

Während des Hackens wird die Schneide einer Axt entweder zwischen die Fasern des Werkstoffs gepresst oder die Werkstofffasern werden durch den hohen Impuls quer durchtrennt und als Span herausgesprengt.

Das Schneiden hingegen erfolgt nicht ausschließlich durch die Aufpresskraft der Klinge auf den Werkstoff, sondern durch ein zusätzliches Gleiten über die Klinge. Damit unterscheidet sich das Schnitzen vom einfachen Schaben oder Hobeln.

Beim Schneiden benötigt man erheblich weniger Druck auf der Klinge – entsprechend feiner wird das Ergebnis.

Kein Rasierer.

Axthersteller werben gerne damit, dass ihre Äxte scharf genug zum Rasieren der Unterarme sind.

Wichtiger als die Endschärfe ist der **richtige Schliffwinkel und das Vermeiden von Scharten** – beides Faktoren, die das Schnitzen stark beeinflussen können.

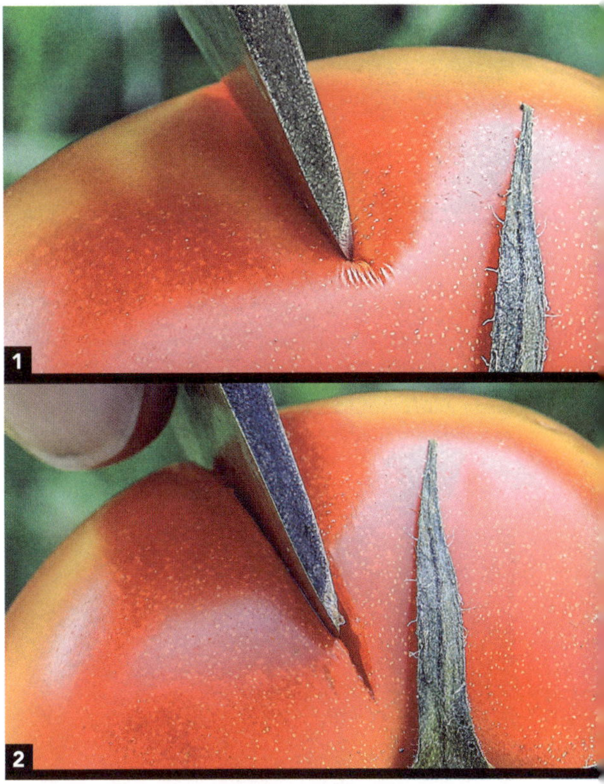

1 Presst man die Klinge durch das Material, ist der Gegendruck stark.

2 Eine leichte Schneidebewegung zerteilt dagegen spielend einfach und sauber.

Schneiden/Schnittschlag 1. Zum Schneiden feiner Strukturen wird die Axt über dem Nacken an den Schultern gefasst.

Schneiden/Schnittschlag 2. Möglich ist auch das Fassen unmittelbar unter dem Kopf am Stiel. Der Zeigefinger an der Wange hilft bei der Kontrolle der Klinge.

Schneiden/Schnittschlag 3. Äxte mit Bart können auch komplett am Stiel unter dem Kopf gefasst werden.

Schneiden/Schnittschlag 4. Die Schneide wird an der gewünschten Stelle auf dem Werkstück aufgesetzt und leicht angedrückt.

Schneiden/Schnittschlag 5. In flachem Winkel wird bei gleichzeitiger Zug-, Druck- oder Sägebewegung die Klinge durch das Holz geführt.

Schneiden/Schnittschlag 6. Dringt die Klinge aufgrund ihres Wangenwinkels zu tief in das Holz ein, wird von der entgegengesetzten Seite der Span abgetrennt.

Schneiden/Schnittschlag 7. Beim Zurichten gleitet die Axt in einer Drehbewegung mit großem Radius am Werkstoff vorbei, ohne tief eindringen zu können.

Schneiden/Schnittschlag 8. Die Klinge trifft nicht direkt das Holz, die Schneide touchiert vielmehr mit einer Schnittbewegung die Fasern.

Zurichten.

Benötigt man Balken als Konstruktionsholz oder möchte man die Oberfläche eines Stamms für den Bau einer Blockhütte ausarbeiten, ist die einfachste Methode der Einsatz einer Dechsel oder eines robusten Zugmessers.

Zum Zurichten dicker Balken wurden traditionell Richt- oder Breitbeile genutzt, deren Schneide versetzt zur Stielachse liegen. Allerdings lässt sich die Technik mit jeder gewöhnlichen Axt durchführen, zumal man in der Regel keine normierten Bohlen für den Schiffsbau erzeugen möchte. Wichtig ist dabei, dass das Zurichten **keine tiefen »offenen« Schnitte quer zur Faser erzeugt,** da diese Stellen unter Biegebelastung auffächern und der Bruch weiterwandern kann.

Voraussetzung zum sauberen Abrichten ist eine **scharfe Schneide und Übung** mit dem jeweils genutzten Modell. Ein runder Stiel ist dabei meist von Nachteil, weil der Kopfwinkel damit nur mit Mühe eingehalten werden kann.

Zurichten 1. Der Stamm wird auf zwei dicken Querbalken gelagert, damit er nicht auf dem Boden aufliegt.

Zurichten 2. Das Ende des Stamms wird mit einem Pfahl fixiert, damit er nicht verrutschen kann.

Zurichten 3. In Abständen von etwa einem halben Meter Entfernung wird das Holz eingekerbt.

Zurichten 4. Der Kerbengrund der einzelnen Einschnitte sollte im gleichen Winkel sein und in dersselben Tiefe enden.

Zurichten 5. Man schlägt mit der Schneidenspitze einen Spalt zwischen Stamm und erster Kerbe.

Zurichten 6. Durch leichtes Drehen des Axtstiels wird die Faser eröffnet, so dass sie etwas abspreizt.

Zurichten 7. Diese Stelle wird mit Schnittschlägen vorsichtig in Richtung der nächsten Kerbe erweitert.

Zurichten 8. Die Kerben verhindern, dass sich der Schnitt bei Abspalten des Spans in Richtung Kernholz erweitert.

Zurichten 9. Wandert der Schnitt dennoch in Richtung Holz, wird der Span mit einem Gegenschlag abgetrennt.

Zurichten 10. Sind alle Stege zwischen den Kerben grob entfernt, wird die Oberfläche mit zahlreichen feinen Schnitten oder Schnittschlägen geglättet.

HACKSCHLAG

Für das Durchtrennen von Holz quer zur Faser beim Fällen, Bucking und Einkerben, muss eine spezielle Technik angewendet werden. Wenn die Schneide senkrecht auf die Holzfasern auftrifft, werden sie je nach Holzdichte etwa 5 mm bis 2 cm durchtrennt. **Die Wangen pressen dabei das Holz mit großer Gewalt auseinander** und trennen die einzelnen Holzfasern, bis der Kopf zum Stillstand kommt. Nur bei Schlägen auf dünne Stämme oder Äste bzw. nahe am Stammende oder an Kerben reicht diese Kraft aus, um die Fasern komplett aus ihrem Verbund herauszutrennen. In allen anderen Fällen federn die Fasern wieder zurück, wenn die Axt wieder aus dem Schnitt gezogen wird.

Quer zur Faser hackend kommt man selbst mit einer scharfen Axt nicht weit.

Um ernsthaft »Strecke« durch das Holz machen zu können, wird der erste Schlag in einem Winkel von etwa 20° bei Hartholz und bis ca. 45° bei Weichholz gesetzt. Hierdurch werden die oberhalb der eingedrungenen Schneide liegenden Fasern aus ihrem »Nachbarverbund« gerissen. Das Holz fächert etwas auf, die Verbindung an der gegenüber zum Schlag liegenden Fasern verbleibt aber. Die Axt wird aus dem ersten Schnitt gehoben. Der nächste Schlag kann nun entweder im entsprechenden Gegenwinkel eine gewisse Strecke entfernt vom ersten Schlag gesetzt werden. Oder für unsymmetrische Kerben etwas näher am ersten Schnitt senkrecht auf den gelockerten Span. In beiden Fällen löst sich das Stück komplett aus dem Verbund. Die nächsten Schläge folgen alternierend den vorher geführten folgend.

Dabei ist zu beachten, dass man maximal so weit in den Stamm eindringen kann, bis sich **beide Schnittwinkel zu einer dreieckigen Kerbe vereinigt** haben. Muss die Kerbe tiefer werden, muss der komplette Spalt mindestens von einer Seite erweitert werden.

Hackschlag 1. Der erste Schlag wird in einem schrägen Winkel in das Holz gesetzt.

Hackschlag 2. Die Holzfasern brechen aus dem Verbund, der Span wird angehoben.

Hackschlag 3. Der nächste Schlag kann – sofern er relativ nahe am ersten geführt wird – senkrecht erfolgen.

Hackschlag 4. Eine größere Kerbe entsteht allerdings, wenn in weiterer Entfernung in einem Gegenwinkel geschlagen wird.

Hackschlag 5. In beiden Fällen passt man den Winkel dem gewünschten Treffpunkt der beiden Schnitte an. Ist die Kerbe zu kurz, wird von einer Seite der Spalt erweitert.

Hackschlag 6. Bei der Auswahl der Kerbenbreite muss miteingerechnet werden, dass eine ballige Wange die Schnitttiefe beschränkt.

Hackschlag 7. Ist die Kerbe zu niedrig, bleibt der Kopf darin klemmen, ohne schneiden zu können.

Hackschlag 8. Eine gute Kerbe hat einen sauberen, schnurgeraden Kerbengrund.

SPALTSCHLÄGE

Um Holz zu spalten, ist Voraussetzung, dass es in irgendeiner Weise zugesägt bzw. abgelängt worden ist. Prinzipiell kann man natürlich auch 10 Meter lange Eichenstämme mit der Axt spalten, dies wird in der Praxis allerdings wenig Relevanz haben.

Am häufigsten wird »kurz« gespalten, also brennkammerlang gesägtes Holz mit 30 bis 40 Zentimetern Länge. Nur in seltenen Fällen wird mit der Axt »auf Meter« gesägtes Holz zum Stapeln in Halblinge oder Viertellinge aufgeteilt. Wichtig sind dabei ein sicherer Stand und ein stabiler Untergrund.

Zu weit geschlagen.

Beim Spalten kommen sogenannte **Overstrikes** häufig vor, bei dem der Axtkopf komplett hinter dem Werkstück und der Stiel auf der hinteren Kante aufkommt. Hierbei kann der Stiel glatt abbrechen. In Schlagrichtung darf deshalb nie eine Person stehen.

Am besten eignen sich **feste, schwere und breite Hackklötze von etwa Hüfthöhe.** Je breiter, desto besser, da der Klotz bei Fehlschlägen den Axtkopf abfangen soll. Zudem muss der Boden stabil oder verdichtet worden sein. Ansonsten wird ein großer Teil der Energie in den Boden abgeleitet.

Kurzes Holz.

Am häufigsten wird mit der Axt **kurzes mitteldickes Feuerholz** hergestellt. Es ist etwa 30–45 Zentimeter lang und zwischen 20–40 Zentimeter im Durchmesser.

Diese Stärken gehören zu den bei der Durchforstung am häufigsten gewonnenen Brennholzstärken und lassen sich mit einer Universalaxt noch gut spalten.

Bei den »dünneren Kalibern« ist es allerdings außerordentlich wichtig, dass sie eine gute Auflage zum Spaltklotz haben, da sie oft abkippen.

Zudem neigen sie zum »Zerreißen«, wenn beim Eindringen der Wangen alle Fasern gleichzeitig durchtrennt werden.

Kurzes Holz 1. Kurzfaseriges, leicht spaltbares Holz wird mit einem zentralen Schlag in zwei Hälften gespalten.

Kurzes Holz 2. Die beiden Hälfen werden um 90° versetzt dann nochmals zerteilt.

Kurzes Holz 3. Mit beliebigen weiteren Schlägen werden »Kuchenstücke« ausgearbeitet.

Kurzes Holz 4. Holz, bei dem die Axt schnell stecken bleibt, erhält zuerst einen Schlag nahe der Rinde.

Kurzes Holz 5. Schlag für Schlag arbeitet man sich zur Mitte vor – spätestens jetzt sollte das Holz zerbersten.

Kurzes Holz 6. Astlöcher versucht man möglichst zentral zu treffen, hier sind sie am schwächsten.

Kurzes Holz 7. Die geringe Sprengkraft von Äxten mit sehr spitzen Wangenwinkeln wird durch Kippen des Axtkopfs beim Aufschlag ausgeglichen.

Kurze dicke Stücke.

Kurze und sehr dicke Stammabschnitte sind eher selten beim Holzeinschlag und fallen eher an, wenn ein alter Baum im Garten gefällt werden muss oder es Holzschädlinge und Sturmbruch gab. Alte Stämme aus Hartholz werden zu »Wertholz« für die Tischlerei, Weichholz nutzt man dagegen häufig in der Zellstoffindustrie.

Muss man **dicke, verwachsene oder stark mit Ästen durchzogenes Holz** mit der Axt spalten, ist es erheblich aufwändiger und anstrengender, als beim »normalen« Brennholzeinschlag. Durchmesser ab 50 Zentimeter sind schon sehr anspruchsvoll. Ist das Holz zudem innen morsch oder sehr weich, kann es sein, dass sich die Stämme mit der Axt kaum spalten lassen, weil keine Presskraft nach Außen weitergeleitet werden kann.

> **Nackenschläge.**
>
> Mit Ausnahme von Spalthammern darf man nicht mit dem Nacken auf Stahlkeile schlagen. Holz,- Weichmetall- und Kunststoffkeile sind dagegen bei vorsichtigem Einschlagen unproblematisch.

Kurze dicke Stücke 1. Idealerweise sucht man sich natürliche Sprünge, die sich bei vielen Stämmen im Laufe ihres Lebens durch Stürme oder beim Austrocknen des Kerns gebildet haben.

Kurze dicke Stücke 2. Die Scheibe wird durch das Abspalten von Kreisabschnitten von außen her zu einem Vieleck reduziert.

Kurze dicke Stücke 3. Dies wird solange fortgeführt, bis der Durchmesser klein genug ist, um unter Zuhilfenahme eines Keils mittig gespalten zu werden.

Kurze dicke Stücke 4. Ist kein Keil verfügbar und lassen sich außen keine Scheite mehr abschlagen, spaltet man Kuchenstücke aus dem Kern.

Feststeckende Äxte.

Beim Spalten kommt es relativ häufig vor, dass die Axt im Werkstoff abstoppt, ohne dass eine komplette Spaltung erfolgt ist. Bei längeren Stämmen oder stark mit Astlöchern oder Verwachsungen durchzogenem Holz kann dies dazu führen, dass die Axt wirklich festhängt. Hier gibt es **verschiedene Methoden, die Axt zu lösen** oder die Spaltung komplett durchzuführen.

Feststeckende Axt 1. AUF KEINEN FALL auf den Stiel schlagen, hier kann es zum Herausspringen des Kopfs in Richtung Gesicht kommen.

Feststeckende Axt 2. Löst sich die Axt nicht, mit einem Holzstück seitlich leicht auf deren Schultern schlagen, um die Schneide zu lockern.

Feststeckende Axt 3. Feststecker beim Spalten löst man, indem das Scheit mit der Axt angehoben wird.

Feststeckende Axt 4. Im oberen Totpunkt angekommen, beschleunigt man die Axt und dreht dabei den Stiel um seine Stielachse.

Feststeckende Axt 5. Zum Lösen des Blocks schlägt man auf die obere Kante des Nackens, der Block dreht sich herunter.

Feststeckende Axt 6. Schlägt man flach auf den Nacken auf, presst die Eigenmasse den Holzblock auf die Schneide und spaltet ihn.

Feststeckende Axt 7. Bei leichtem Spaltgut, das sich durch die geringe Eigenmasse nicht spalten lässt, den Scheit mit der Hand festhalten und die Axt herauswippen.

Feststeckende Axt 8. Vorsicht: Dabei kann man sich wie mit einer Papier-Guillotine die Finger abscheren, wenn sich die Axt nicht löst und die Finger im Weg sind.

Meterstücke.

Stammabschnitte mit einem Meter Länge und etwa 15 bis 20 Zentimeter Durchmesser lassen sich gerade noch sinnvoll mit einer Axt spalten. Dazu ist es hilfreich, die Abschnitte an der vormals Oberseite des Baums zu markieren, da das Spalten von oben nach unten einfacher ist als umgekehrt.

Beim Arbeiten an Meterstücken spaltet man nicht mit einem Schlag auf das Stirnholz – dazu ist das Holz zu lang. Zieht man die Schneide wieder heraus, wird der angespaltene Teil durch die Spannung im Holz wieder komplett geschlossen. Vielmehr legt man das Holz flach auf den (idealerweise steinfreien) Boden, ggf. auf querliegende Holzstangen und spaltet von der langen Seite.

Transportmaß.

Stämme werden in der Regel zu **Meterlingen** gesägt, weil sie sich schneller transportieren und besser stapeln lassen. Die Zeitersparnis wird durch das aufwendige Spalten schnell wieder aufgebraucht. Idealerweise schneidet man Stücke unter 50 Zentimetern, wenn man mit der Axt spalten möchte.

Meterstücke 1. Am vormals oben liegenden Ende des Stamms wird die Axt eingeschlagen.

Meterstücke 2. Die Schneide sollte etwa im 45°-Winkel an der Kante eindringen.

Meterstücke 3. Die Axt wird herausgezogen und in geringer Entfernung in Linie des ersten Schlags neu angesetzt.

Meterstücke 4. Ist die Stirn angespalten, wird ein Keil eingesetzt, der das Zurückfedern verhindert.

Meterstücke 5. Der Stamm wird durch zahlreiche Schläge immer weiter gespalten, der Keil nachgesetzt oder weitere eingeschlagen.

Meterstücke 6. Springt der Stamm auf, müssen oft noch die Fasern zwischen den Hälften durchschnitten werden.

Lang-Dünn.

Armdicke Äste, abgestorbene Fichtenstangen und vergleichbare Stämmchen werden weniger zum Heizen als zum Anzünden, Grillen und fürs Lagerfeuer genutzt. Frisches Holz dieser Stärke trocknet im gespaltenen Zustand innerhalb von wenigen Wochen, zudem brennt es schneller an und mit weniger Rauchentwicklung als ungespaltenes. Zum Spalten eignet sich vor allem eine leichte Axt oder ein Beil. Diese Technik ist zudem eine der sicheren Arbeitsweisen für Stummelbeile mit sehr kurzem Griff.

Langes Holz – lange Fasern.

Wer langes dünnes Holz aufarbeiten möchte, kann das nur sinnvoll mit gerade gewachsenen und langfasrigen Holzsorten machen.

Die Fasern von Obstholz oder Ästen von Nadelbäumen sind beispielsweise für eine komplette Spaltung zu sehr quer verbunden. Es muss **»kurz-dünn«** gespalten werden.

Lang-Dünn 1. Der Ast wird auf einen Hackblock aufgelegt. Dabei umfasst man ihn möglichst weit hinten.

Lang-Dünn 2. Die Axt wird parallel zum Ast herangeführt und ohne Schwung an das Ende aufgelegt.

Lang-Dünn 3. Axt und Ast werden gleichzeitig angehoben und wieder gleichzeitig aufgeschlagen, ohne dass sich die Schneide abhebt.

Lang-Dünn 4. Ist die Schneide eingedrungen, bricht man die Fasern durch eine Scherbewegung zwischen Axtstiel und Ast auf.

Kurz-Dünn.

Besonders »Leseholz« und Schnittreste vom Durchforsten oder Rückschnitt von Obstbäumen eignet sich gut als **Anzündholz bzw. Lagerfeuerholz.** Es ist so dünn, dass man es nicht sicher auf den Hackklotz aufstellen kann. Man sollte es aber auch keinesfalls mit den Händen festhalten, da dünnes Holz oft seitlich »ausspaltet«, so dass die Axt neben dem Holz landet. Außerdem ist es zu leicht, um durch sein Eigengewicht bei »Nackenschlägen« gespalten zu werden.

Stummelbeile.

Kurz-dünnes Holz sind die nativen Einsatzbereiche der leichten »Stummelbeile«, deren Stiel nur eine Handbreite lang ist. Sie sind – in Kombination mit einer Klappsäge – eine gute **Kombination für Trekkingreisen.**

Allerdings steigt bei kurzen Stielen auch die Gefahr, dass das gespaltene Holz die Fingerknöchel verletzt.

Kurz-Dünn 1. Die Stückchen werden mit einem dünnen Span gehalten, so dass sie nicht umfallen.

Kurz-Dünn 2. Mit dem Beil oder der kurz gehaltenen Axt wird ein wohl dosierter Schlag ausgeführt.

Kurz-Dünn 3. Bleibt die Axt im Holz hängen, wird sie mit dem Holz leicht angehoben und wieder nach unten geführt.

Kurz-Dünn 4. Spätestens nach einigen leichten Schlägen sollte das Holz komplett gespalten sein.

ENTASTEN

Sowohl beim Verarbeiten gefällter Bäume als auch beim Roden der Umgebung des Arbeitsplatzes müssen Äste mit der Axt abgetrennt werden. Das ist allerdings nicht immer so einfach wie es sich anhört. Äste wachsen – wenig unerwartet – aus Astlöchern.

Die Ansatzpunkte von Ästen haben einige Eigenschaften, die das Abtrennen zu einem **anspruchsvollen Vorhaben** machen können. In Astlöchern befinden sich Ausläufer des Kernholzes (deshalb die dunkle Färbung).

Zudem wachsen Äste sehr viel langsamer als der Stamm – eine Ansammlung **dicht aneinander liegender Jahresringe** stabilisiert den Ast. Mit Ausnahme von Ästen, die senkrecht wachsen, bilden Äste zur zusätzlichen Stabilisierung Leisten aus, die in Bodenrichtung am Stamm auslaufen.

Im Holz lebender Äste gibt es zahlreiche winzige Verletzungen durch Biegebeanspruchung während Stürmen und dergleichen. Das Holz von Nadelbäumen ist deshalb an den Ästen oft mit **steinhart mineralisiertem Harz** gesättigt.

Präzise Schläge.

Beim Entasten ist die Gefahr von Overstrikes und Abgleitern hoch. Unbedingt auf den eigenen Standort und **Schutzausrüstung** achten!

Entasten 1. Rodet man Äste über Kopf trägt man auf jeden Fall Helm und Schutzbrille.

Entasten 2. Äste rodet man mit wuchtigem Schlag. Um die Schienbeine nicht zu gefährden, steht man schräg vor dem Ast. Der Stamm ist dabei zwischen Füßen und Ast platziert.

Entasten 3. Die Axt kommt erst deutlich hinter den eigenen Beinen auf dem Werkstoff auf.

Entasten 4. Kleinere Äste werden mit einem Schlag parallel zum Stamm von der Wurzel in Richtung Krone abgetrennt.

Entasten 5. Dickere Äste lassen sich nicht mit einem Schlag entfernen – die Axt gleitet oft unkontrollierbar ab.

Entasten 6. Hier wird stattdessen ein Schlag waagerecht in Richtung Stamm auf den unteren Astansatz durchgeführt.

Entasten 7. Der nächste Schlag erfolgt parallel zum Stamm und schlägt eine Kerbe heraus.

Entasten 8. Spätestens der dritte Schlag, der ebenfalls parallel zum Stamm geführt wird, trennt den Ast ab.

Entasten 9. Bei sehr stark verwachsenen oder dicken Ästen wird der dreieckige Astansatz mit mehreren abwechselnd senkrechten und waagerechten Schnitten vor dem Durchschlagen entfernt.

Entasten 10. Stehende Stämmchen oder Äste werden durch einen in 45°-Richtung gehenden Schnitt mit einem Schlag durchtrennt.

Entasten 11. Reicht der Schlag nicht, wird ein weiterer Schlag von der anderen Seite im selben Winkel gesetzt.

Entasten 12. Entastet man lebende Bäume, dürfen nur parallel zum Stamm gehende Schläge durchgeführt werden.

Entasten 13. Idealerweise gleitet die Schulter an der Borke entlang. Der dadurch entstehende Absatz verhindert, dass der Stamm beschädigt wird.

ABLÄNGEN VON FRISCHHOLZ

Mit der Axt lassen sich frische Äste von etwa Daumendicke – bei weichem Holz auch noch stärkere – gut quer zur Faser durchtrennen. Notwendig wird das bei Fällarbeiten, wenn nach dem Entasten viele störende Äste am Boden liegen, die die Arbeit behindern.

Dabei sind allerdings zwei Dinge zu beachten. **Beim Durchschlagen entstehen hohe Spannungen** im Holz, die mit dem Schnitt durch die letzten Fasern gelöst werden. Die Enden können mit hoher Geschwindigkeit davonfliegen – das Tragen von Augenschutz und ggf. Helm ist empfehlenswert. Außerdem neigt man dazu, **die notwendige Kraft falsch einzuschätzen.** Entweder man drischt die Schneide tief in den Hackklotz oder die Axt prallt an den quer liegenden Fasern ab. Hier muss man sich etwas an das jeweilige Holz herantasten.

Gefahr für die Schneide.

Durchgetrocknete Laubbaumäste lassen sich kaum noch quer zur Faser durchtrennen. In diesem Fall schiebt man sie einzeln über den Hackklotz oder legt sie schräg über einen Absatz und zerbricht sie durch einen Schlag mit dem Axtnacken.

Ablängen 1. Die Äste werden gebündelt auf einen Hackklotz oder einen quer liegenden Stamm gelegt.

Ablängen 2. Möchte man lange Stangen mit der Hand nachführen, wird das Holz im 45°-Winkel zur Axt auf die Hackstelle geschoben.

Ablängen 3. Es sollten maximal so viele Äste gleichzeitig sein, dass die nur die Hälfte der Schneide benötigen.

Ablängen 4. Mit kurz gehaltener Axt oder dem Beil wird nur wenig ausgeholt und gerade so viel Kraft genutzt wie benötigt.

ENTRINDEN

Holz ohne Borke trocknet nicht nur schneller, sondern ist auch weniger angreifbar für Pilze und Schädlinge, die sich unter der nach Niederschlägen lange feuchten Schicht wohlfühlen. Zudem ist das Entrinden für zahlreiche Techniken wie dem Fällen, Zurichten und Bucking empfehlenswert, weil man ohne Rinde und Bast die Holzstruktur und Astlöcher viel besser erkennt.

Das Entrinden erfolgt mit einem Schnittschlag, damit beim versehentlichen Eindringen in das Holz der Span herausgetrennt wird und nicht der Faser folgend in Richtung Kern abgeleitet wird, was die Stabilität verringert.

Gut genug.

Möchte man Stämme nur als Brennholz nutzen, kann man natürlich erheblich robuster vorgehen. Hier kann man mit groben Schlägen die Borke mit etwas Holz abtrennen. Präzises Führen der Axt vermeidet allerdings ermüdendes Zerteilen des festen Holzes.

Entrinden 1. Man wählt einen Winkel, bei dem die Schneide nur knapp an der Borke anliegt und fast abgleitet. Der Erste Schlag erfolgt mit wenig Kraft etwas stumpfer als die späteren Schnitte.

Entrinden 2. Mit weichen Schnittschlägen wird der Spalt parallel zum Stamm und sehr flach an der Borke erweitert.

Entrinden 3. Dringt man tiefer als gewollt in das Holz ein, wird der herausstehende Span mit einem flachen Gegenschnitt glatt abgetrennt.

Entrinden 4. Bleiben Borke oder Bast in Fahnen stehen und brechen nicht ab, werden sie regelmäßig durch einen sachten Gegenschlag abgeschnitten.

PFÄHLE UND KEILE

Häufig mit der Axt durchgeführte Tätigkeiten sind das **Ablängen, Anspitzen und Abrunden** von etwa unterarmdicken Holzstücken, um Pfähle oder Keile zum Spalten und Fällen herzustellen. Die Technik hierzu ist denkbar einfach und lässt sich in den »Ernte-« oder Rodungsvorgang integrieren, wenn zahlreiche Pfähle für Zäune etc. benötigt werden. Für die feinere Bearbeitung kann man sich auch einen am Boden liegenden Stamm suchen oder nutzt einen Hackklotz.

Am Ende hacken.

Vor allem bei dem präzisen Bearbeiten der Enden besteht ein hohes Risiko, dass die Axt beim Schlag ausbricht und in Richtung der Schienbeine rauscht. Unbedingt geeignete **Schutzausrüstung tragen!**

Pfähle/Keile 1. Der Trieb wird leicht zur Seite gebogen. Das hilft, die Fasern von der Schneide abzuleiten.

Pfähle/Keile 2. Man schlägt dosiert in einem Winkel von 30–40° auf der konvexen Seite ein.

Pfähle/Keile 3. Der Schnitt soll nicht über die Hälfte des Stammdurchmessers gehen, sonst bricht das Holz aus.

Pfähle/Keile 4. Man biegt den Ast in die entgegengesetzte Richtung und schlägt ein zweites Mal – es entsteht ein Keil.

Pfähle/Keile 5. Möchte man einen Pfahl zum Einschlagen herstellen, wird er auf der gabelförmigen Schnittstelle bearbeitet.

Pfähle/Keile 6. Man schlägt eine der unbearbeiteten Kanten im vorher genutzten Winkel bis zur Mitte weg.

Pfähle/Keile 7. Nach einer 180°-Drehung wird die Vierkantspitze durch einen vierten Schlag ausgeformt.

Pfähle/Keile 8. Zum Anlängen wird der Pfahl an der gewünschten Stelle mit mehreren leichten Schlägen eingekerbt.

Pfähle/Keile 9. Er sollte sich nun einfach an der gewünschten Stelle abbrechen lassen.

Pfähle/Keile 10. Die Oberseite wird flach und sauber mit der Axt geschnitzt.

Pfähle/Keile 11. Möchte man einen Keil herstellen, bleibt die Spitze zweiseitig flach und der Keil wird kürzer abgetrennt

Pfähle/Keile 12. Das hintere abgerundete Ende wird fest mit Draht oder einer anderen Leine gegen Aufsplittern umwickelt.

BUCKING

Das Bucking oder Ablängen ist beim Arbeiten mit der Axt eine extrem wichtige, aber auch **anspruchsvolle und gefährliche Arbeit.**

Gefällte Bäume müssen nach dem Entasten in handlichere Stücke zerteilt werden. Wer Bucking für die Vorbereitung von Spaltholz nutzt, wird das höchstens bei dünneren Stämmen und Meterstücken machen, da bei der Technik **viel Verschnitt** entsteht. Teilt man einen dicken Stamm in brennkammerlange Stücke von etwa 40 Zentimetern, muss man mit rund 50% Abraum rechnen.

Fester Stand.

Das Bucking sieht gefährlich aus – ist es aber bei der falschen Technik und ungeübtem Schwung auch. Das Axtblatt darf nur unterhalb der Schuhsohlen landen und die Füße müssen deutlich von der Schnittstelle entfernt platziert werden.

Bucking 1. Am entasteten Stamm werden die Trennstellen angezeichnet. Ziel ist es, handliche Abschnitte zu erzeugen.

Bucking 2. Der Stamm wird angehoben und mindestens unter der jeweiligen Trennstelle auf einem eingekerbten Rundholz wegrollsicher gelagert.

Bucking 3. Man steigt auf den Baumstamm. Die Füße sind rechts und links der Trennstelle platziert.

Bucking 4. Man hackt eine Kerbe heraus, dessen Schnittkantenwinkel etwa am Zentrum des Stamms aufeinandertreffen.

Bucking 5. Die Kerbe wird durch wechselseitige Schläge ausgearbeitet. Dabei trifft die Axt jeweils ausschließlich unterhalb der Fußsohlen auf.

Bucking 6. Man wendet sich der unbearbeiteten Seite zu und schlägt auch hier eine Kerbe ein, bis sie sich mit der ersten vereinigt.

Bucking 7. Zerkleinert man dünnere Stücke, auf die man nicht stehen kann, stellt man sich schräg vor die Schlagstelle.

Bucking 8. Das Ablängen erfolgt hier mit abwechselnden Schlägen von beiden Seiten. Das Herausschneiden des Spans durch Gegenhacken ist meist nicht notwendig.

AXTPRAXIS: FÄLLARBEITEN.

Der Holzeinschlag mit der Axt erfordert nicht nur Können und Kraft, sondern auch Planung.

Seit jeher hat der Mensch Bäume für die Gewinnung von Brenn- und Konstruktionsholz geerntet. Dabei ist nicht jeder Baum für alle Zwecke geeignet. Krumm gewachsenes Holz dient größtenteils als Brennholz, nur gerade und astarme Stämme kann man als Ressource für den Bau von Hütten bzw. Häusern verwerten. Dabei gilt es abzuschätzen: Ist das Holz besonders hart und verwitterungsbeständig und eignet sich darum zum Beispiel als Ständerwerk oder verfault es schnell und ist nur für wettergeschützte und kurzfristig genutzte Konstruktionen geeignet?

Um ein steinzeitliches Lang- oder Wohnstallhaus zu bauen, mussten mit primitiven Werkzeugen mehrere dutzend stabile Stämme geschlagen und abgelängt werden – eine Werkzeug verschleißende, Zeit- und Kräfte zehrende Arbeit wie durch die jährlichen experimentalarchäologischen Ergersheimer Experimente eindrücklich nachgewiesen wurde: Für das Fällen einer mittleren Eiche wurde mit einer Steinaxt über 8.000 mal zugeschlagen. Erst dann fiel sie.

Brennholz sollte frühzeitig zum Trocknen gelagert werden. Dicke Stücke sollte man besser spalten, um sie im selben Jahr verbrennen zu können.

HOLZWERTE – WERTHOLZ

Der hohe Aufwand verwundert kaum, weil das besonders stabile und für den Bau genutzte Holz meist sogenanntes **Hartholz** ist. Hartholz ist so definiert, dass ein Kubikmeter trockenes Holz mehr als 550 kg wiegt. Ursache des hohen Gewichts bzw. der hohen Dichte ist, dass bei stabilen Holzsorten die Fasern dicht gedrängt aneinander liegen. Mit wenigen Ausnahmen (zum Beispiel Robinie) wachsen Hartholzbäume sehr langsam, was zu einer engen Jahresringschichtung und damit zur hohen Stabilität führt.

Entsprechend wertvoll und selten waren seit jeher **sauber gewachsene, lange Stämme von Buchen, Eichen oder Eschen** – sie wurden kaum zur Herstellung von Brennholz oder in der große Waldbestände verzehrenden Köhlerei verwendet. Auch heute sind meterdicke schnurgerade Stämme aus Eiche oder Buche sogenanntes **Wertholz** – mit einem Preis von 500 Euro je Kubikmeter Buche und bis über 2.000 Euro je Kubikmeter Eiche käme auch kaum jemand auf die Idee, solches Holz zu verbrennen. Als wichtigster »Brotbaum«, also die Baumart, die den größten wirtschaftlichen Gewinn erzeugt, gilt dennoch in Deutschland die von Ökologen eher verschmähte Fichte – sie wächst schnell und lässt sich einfach verarbeiten. Mittlerweile wird für den Konstruktions- und Möbelbau größtenteils Fichte genutzt. Sehr hochwertiges Mobiliar vom Tischler oder teure Furniere und Fußböden werden trotzdem noch immer aus Wertholz gefertigt.

Entsprechend dürfen für den **Brennholzeinschlag** meist nur kleinere »Kaliber« bis ca. 15 Meter und einem Brusthöhendurchmesser (BHD) von ca. 21–35 Zentimetern freigegeben, sogenanntes **»geringes Baumholz«** – und um dieses soll es im Folgenden auch größtenteils gehen. Einerseits sind das diejenigen Stämme, die mit einer Axt auch in annehmbarer Zeit gefällt werden können, andererseits steigt mit dem Durchmesser neben der Sturzmasse auch die Gefahr von innen, durch Fäulnis ausgehöhlten Stämmen und sogenannten Trockenästen, die vor allem bei der Fällarbeit mit der Axt zu tödlichen Unfällen führen können. Beispielsweise wenn sich ein schwerer Ast löst, der morsche Stamm unvorhergesehen splittert oder »stumpf« abbricht und über den Fällkeil rutschend auf dem Boden an ebenjener Stelle aufkommt, wo der Baumfäller seine Axt schwingt.

Um solche Zwischen- und Unfälle zu verhindern, **muss man das Fällen genau planen,** den passenden Baum suchen, geeignete Hilfsmittel einsetzen und mit größter Sorgfalt und Umsicht ans Werk gehen.

HILFSMITTEL

Fällarbeiten sind immer gefährlich. Der Grund ist, dass ein Baum durch seine Länge Masse weit oberhalb des Bodens hält, die beim Umstürzen eine unglaubliche kinetische Energie freigibt. Zudem ist der **Baum als großer Hebel** zu sehen – das Gelenk ist beim Fällen die nach dem Sägen oder Hacken übrig gebliebene Bruchleiste. Ist sie nicht stabil genug, kommt leichter Wind auf und bewegt die Krone nur gering in die falsche Richtung, ist das unkontrollierte Umstürzen die Folge. Insbesondere das »Herausdrehen« des Stamms beim Fall aus seiner »Gelenksverankerung«, der Bruchleiste und der Fall auf die Seite des Fällschnitts bzw. der Fällkerbe führen zu unvorhersehbaren Zwischenfällen. Diese Gefahren können mit relativ einfachen Mitteln verringert – aber nie gänzlich ausgeschlossen werden.

Zuggeräte.

Um einen in die falsche Richtung schräg hängenden Baum auf die richtige Seite zu bewegen oder wenn das Fenster, in das der Baum fallen darf, nur sehr schmal ist (etwa um Hänger zu verhindern), kann er in gewissem Maß mit Zuggeräten geführt werden. Um sie einzusetzen, wird zuallererst die Höhe des Baums bestimmt. Der Anschlagpunkt des Zuggeräts muss nämlich außerhalb des **Sicherheitsradius** sein. Zudem muss man entscheiden, auf welche Weise man das Zuggerät einsetzen möchte.

PILOTLEINE

Um Spannung auf den Stamm zu bringen, muss das Zuggerät an einem festen Punkt (zum Beispiel Wurzelballen, gesunder Stamm) angeschlagen werden. Die Leine wiederum

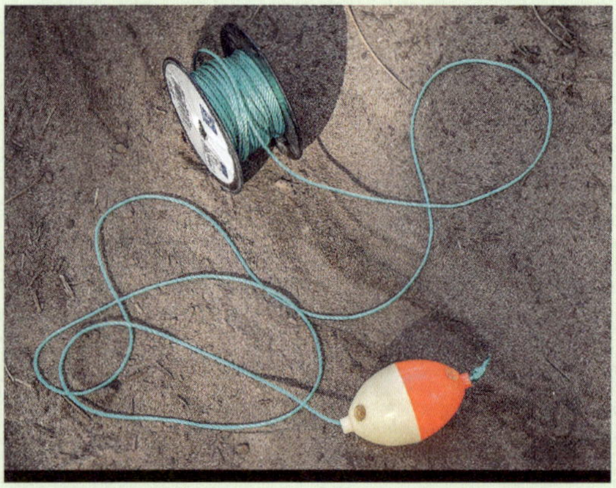

Pilotleine 1. Die Pilotleine ist eine dünne, lange Schnur mit einem Wurfgewicht.

Pilotleine 2. Man schleudert die Pilotleine durch kreisendes Schwung holen diagonal über dem Kopf in eine möglichst hohe Astgabel.

Pilotleine 3. Eine weitere Möglichkeit ist das Benutzen einer langen »Steinschleuder«, die aus einem festen »Theraband« und einer Astgabel vor Ort gebaut werden kann.

Pilotleine 4. Durch Schütteln an der Leine wird das Wurfgewicht zu Boden abgelassen.

muss am höchstmöglichen stabilen Punkt des zu fällenden Baums fixiert werden. Ist das Besteigen des Baums nicht möglich oder zu gefährlich, wird zuerst eine Pilotleine in die Krone geworfen, **an der das Tau fixiert und hochgezogen wird.**

SEIL

Der eigentliche Zug wird durch ein dickes Tau oder ein Stahlseil übertragen. Dabei haben Seile aus Kunststoff den Vorteil, dass sie federnd Spannung aufbauen und nicht so gefährlich reißen wie Stahlseile. Stahlseile sind dafür robuster und können im Vergleich zu normalen Tauen erheblich höhere Kräfte aufnehmen. Allerdings sind sie starr und können den Zug beim Stürzen des Baums nicht aufrecht erhalten. Eine Zwischenform sind Dynema-Seile, sehr stabile geflochtene Leinen, die vor allem bei KFZ-Winden genutzt werden. Sie sind statisch, dehnen sich also kaum, sehr belastbar und reißen nicht wie Stahlseile mit einem gefährlichen Peitschenschlag.

Statisch oder dynamisch?

Dynamische Seile dehnen sich wie ein Gummiband und ziehen sich bei Entlastung wieder zusammen. Sie haben den Vorteil, dass sie beim Lenken des Baums während des Sturzes länger Spannung halten und nicht sofort schlaff durchhängen. Statische Seile geben dafür mehr Kontrolle – man spürt unmittelbar im Seil, wenn der Baum nachgibt und stürzt.

Allzweckseile (links) sind meist leicht dynamisch und nicht sonderlich teuer. Stabiler und schwerer sind Stahlseile (Mitte) für Winden und Seilzüge. Fast nur an Motorwinden werden die sehr zuverlässigen, aber auch teuren Dynema-Seile genutzt.

Seil 1. Das Seil wird mit einem Schotenstek an der Pilotleine befestigt.

Seil 2. Durch vorsichtiges Ziehen an der Pilotleine wird das Seil in die Krone und wieder zu Boden geführt.

Seil 3. Ein Ende nach dem Ablassen um den Stamm führen. Daran wird eine Schlaufe geknotet, durch die das andere Ende gefädelt wird.

Seil 4. Durch Ziehen schließt sich die Schlinge in der Krone oberhalb des Astes um den Stamm.

WINDE UND FLASCHENZUG

Um möglichst viel Spannung auf die Leine zu bringen, sind neben großen Seilzügen oder Winden kleine und vergleichsweise **leichte Kurbel- oder Hebelwinden sowie Flaschenzüge** enorm hilfreich. Sie vervielfachen die Kraft, mit der gezogen werden kann.

Um Schäden an gesunden Bäumen zu vermeiden werden sie immer mit einem breiten Gurt nah am Boden angeschlagen. Obacht bei der Auswahl: Man kann mit einer Winde auch den »Haltebaum« umreißen.

Kleine Flaschen- oder Seilzüge eignen sich in Kombination mit Gurten und Rollen zum kontrollierten Fällen von „Wackelkandidaten“.

Winde/Flaschenzug 1. Kurbelwinden werden außerhalb des Gefahrenbereichs mit einem Gurt an einem gesunden Stamm befestigt.

Winde/Flaschenzug 2. Das Seil wird möglichst weit abgespult. Die Herstellervorgaben der Mindestwindungen dabei beachten.

Winde/Flaschenzug 3. An den Endhaken wird das unter Spannung stehende Seil eingehängt. Ohne diese Vorspannung besteht bei dynamischen Seilen die Gefahr, dass der Zugweg nicht reicht.

Winde/Flaschenzug 4. Flaschenzüge vervielfältigen die Kraft dadurch, dass durch mehrfache Umlenkung der Seilweg verlängert wird.

Winde/Flaschenzug 5. Eine Seite des Flaschenzugs wird befestigt, das Flaschenzugseil gelockert und die beiden Blöcke möglichst weit ausgezogen.

Winde/Flaschenzug 6. Das Zugende des Flaschenzugs unbedingt fixieren, sonst rutscht es beim nächsten Schritt durch die Wicklungen.

Winde/Flaschenzug 7. An den freien Block wird die vorgespannte Leine befestigt. Durch Zug am freien Seil des Flaschenzugs kann große Spannung aufgebaut werden.

Winde/Flaschenzug 8. Bei Seilen, die sich möglicherweise stark spannen, ein Gewicht (z. B. einen Pullover) in das Seil hängen, um es bei Bruch abzubremsen.

EINSATZMETHODEN

Bei Stämmen, die ggf. innen hohl sind und unkontrolliert bersten können, Hängern (Bäume, die sich in Nachbarbäumen verkeilen und nicht komplett umstürzen), oder wenn es keinen sicheren Fluchtweg in die dem geplanten Sturz abgewandte Richtung gibt, wird die Fällkerbe *(siehe ab Seite 209)* nur soweit ausgearbeitet, dass der Baum noch nicht von alleine stürzt. Dazu muss es absolut windstill sein, denn jede Bö kann den Baum umwerfen. **In sicherer Entfernung wird mit dem Zuggrät solange Spannung auf den Stamm gegeben, bis er letztendlich fällt.** Erreicht man diesen Punkt nicht, löst man die Spannung wieder komplett und arbeitet die Fällkerbe behutsam noch etwas weiter aus und versucht es ein weiteres Mal.

Ein weiterer Grund mit Zuggeräten zu arbeiten ist das **Verengen des Sturzfensters.** Insbesondere, wenn man ungeübt ist und die Fallkerbe nicht sehr sauber ausgearbeitet hat, weicht die Sturzrichtung teils erheblich von der vorgesehenen ab. Spannt man ein Seil vor dem eigentlichen Fällen, wird die Tendenz in die falsche Richtung zu fallen, deutlich reduziert. Dabei darf man aber nicht so viel Spannung erzeugen, dass der Baum sich stark am unteren Ende durchbiegt. Das kann vor allem bei Laubbäumen zu gefährlichen Spaltern führen.

Beim **»Leiten« des Baums** ist daran zu denken, dass mit zunehmendem Sturzwinkel das Seil durchhängt. Dynamische Seile halten den Zug dabei länger als Stahlseile, die schon bei leichter Neigung des Baums komplett wirkungslos werden. Generell darf das Seil während des Fällens nicht locker sein. Fällt der Stamm in eine unvorhergesehene Richtung, spannt sich das Seil abrupt und kann bersten oder die Krone abbrechen.

Fallkerbe, Fällkerbe, Fällschnitt?

Bei den folgenden Beschreibungen sollte man genau hinschauen, da die deutschen Begriffe nicht sehr präzise sind: Die **Fall**kerbe ist die erste Kerbe auf der geplanten Sturzrichtung.

Der **Fäll**schnitt und die **Fäll**kerbe sind die rückseitigen Einschnitte (engl. »Backcut«), die den Baum zum Fallen bringen.

HILFSMITTEL

Fällkeile.

Obwohl Fällkeile größtenteils bei Fällschnitten mit der Säge genutzt werden, **um das Einklemmen des Blatts bzw. der Kette zu verhindern,** können sie auch beim klassischen Fällen mit der Axt eine wichtige Rolle übernehmen. Insbesondere, wenn mit **Stützleiste bzw. Halteband** *(siehe Seite 212)* gefällt wird, erzeugen sie einen hohen Druck im Stamm, wodurch er sich in die gewünschte Richtung neigt.

Hydraulikstempel.

Hydraulische Druckgeräte – einfacher gesagt: **»Forstliche Stempelwagenheber«** werden beim Fällen geneigter Bäume oder niedriger Bäume mit dickem Stamm genutzt. Mit ihnen kann sehr dosiert Druck nach oben erzeugt werden, wodurch sich auch sehr »träge« Bäume zum Umfallen überreden lassen.

Handsäge.

Einfache Handsägen können eine schlecht gesetzte Fallkerbe retten, indem **nachgesägt** wird. Zudem kann das Stürzen des Baums in Kombination mit Keilen durch einen Fällschnitt herbeigeführt werden. Die Säge ist prinzipiell redundant zur Axt, da alle Arbeiten auch alleine mit der Axt durchgeführt werden können, ist aber ein wichtiger »Retter« bei Schlagfehlern, oder wenn bei schwindendem Tageslicht der letzte Baum umgelegt werden muss, und der Rücken von den erbrachten tausend Axthieben schmerzt.

Traditionell wurden hierfür früher die Trumm- oder Schrotsägen mit teilweise mehr als 2 Metern Länge genutzt. Für die meisten Bäume reichen aber einfache Klapp oder Bügelsägen.

1 Fällkeile aus Holz, Aluminium oder Kunststoff können mit den meisten normalen Äxten eingeschlagen werden. Für Stahlkeile sollte es ein Spalthammer sein.

2 Mit einem Wagenheber erreicht man zwar nicht die Presskräfte wie beim Keilen, er lässt sich dafür aber sehr viel präziser einsetzen.

3 Einfache und grobzahnige Bügel- oder Klappsägen reichen für die meisten Bäume aus. Bügelsägen mit schmalem Blatt neigen allerdings zum »Wandern« im Holz.

AUSWAHL DES BAUMS

Die meisten Fällarbeiten werden in vom Forst oder Waldbesitzer ausgewiesenen Arealen durchgeführt. Hier entnimmt man die (zumeist) mit einem Schrägstrich markierten Stämme. Tunlichst vermeidet man, den falschen Stamm zu entnehmen oder zu beschädigen. Das kann sehr teuer werden. Auch das Fällen oder Beschädigen von scheinbar wertlosen Stämmen, sogenannten Habitatbäumen, also meist sehr alten, teils schon stark beschädigten Individuen, ist nicht nur hochgradig gefährlich, weil sie im Kern oft komplett verfault sind, sondern zudem aus naturschutzrechtlichen Gründen untersagt. Das kann auch für Bäume auf dem Privatgelände gelten. Zudem ist in den meisten Ländern das Fällen zwischen dem 1. März und dem 31. September aus Naturschutzgründen untersagt.

Vor der eigentlichen Auswahl der zu fällenden Stämme ist also auf jeden Fall die **Freigabe zu klären.**

Wenn man das Fällen mit der Axt üben möchte, kann man sich vom Forst für sehr schmales Geld, meist sogar kostenlos in dichtem Fichtenstangenholz abgestorbene Stämmchen mit ca. 20 Zentimetern Durchmesser freigeben lassen – diese Bestände müssen ohnehin »durchgeforstet« werden, damit die gut gewachsenen »Zukunftsbäume« Platz zur Entwicklung haben. Allerdings sollte man darauf achten, dass es in dichten Beständen schnell zu »Hängern« kommt. Die Gefahr schwerer Verletzungen durch Stangenholz mit ca. 15 Zentimetern Durchmesser ist aber gering – so bietet sich andererseits eine gute Möglichkeit, »Fällschwierigkeiten« risikoarm zu üben.

Generell sei empfohlen, **verschiedene Techniken des Fällens und Sicherns** in diesen Jungbeständen zu üben, bevor sie bei großen und schweren Stämmen eingesetzt werden.

Baumklassen.

Geht man in den Wald oder fällt man auf dem eigenen Grundstück Bäume, ist für die nachhaltige Holzproduktion das Erkennen verschiedener **Wuchsphasen und Baumklassen** wichtig. Insbesondere, wenn man auf dem »kleinen Dienstweg« den Einschlag bestimmter Baumklassen frei hat.

Bepflanzte oder naturverjüngte Brachflächen nach Einschlag, Rodung, Sturmbruch oder Bränden wachsen dicht an dicht mit jungen Baumschösslingen zu, sofern es der krautige Unterbewuchs zulässt. Die enge Nachbarschaft und der zahlenmäßige Überschuss der Schösslinge sichern den Bestand, da zahlreiche Bäumchen durch Fraßschäden, Krankheiten oder mechanische Beschädigung eingehen werden. Es stellt sich ein harter Konkurrenzkampf ein. Einige Stämmchen schießen nach oben und lassen unmittelbare Nachbarn verkümmern bzw. drängen diese zur Seite ab.

Sobald sich die Kronen der Bäume gegenseitig überlappen spricht man vom **Bestandsschluss,** darunter wachsende krautige Vegetation stirbt größtenteils ab. Die nun dicht an dicht stehenden Jungbäume müssen selektiert und vereinzelt werden. Dazu werden schwache und krumm gewachsene Bäume beim **Durchforsten** geerntet. Sukzessive werden mit zunehmendem Alter die »minderwertigen« Bäume entfernt, bis – wenn weder Sturm, Käfer oder Dürre dazwischen kommen – viele Jahrzehnte, teilweise über hundert Jahre später, kerzengerade, gesunde und mächtige Wertholzstämme geerntet werden können.

Das meiste, was bis dahin aus dem Bestand entnommen wird, geht in die **Zellstoff-, Hackschnitzel- oder Brennholzproduktion.** Das beginnt mit dem Ausdünnen im undurchdringlichen Jungbestand, was bei Nadelgehölz vor der intensivforstwirtschaftlichen und unökologischen Zucht von Nordmanntannen jährlich als Weihnachtsbaum geerntet wurde.

Die nächste Ausdünnung erfolgt spätestens im **Stangenholz.** Ist der klassische »Wald« entstanden, werden nur noch einzelne Bäume um die Zukunftsindividuen herum geplentert. Dieses »schwache« bis »mittlere« Baumholz gehört zu dem Hauptteil, der auch von Privatpersonen aus dem Wald geholt wird.

Das Entfernen der »Ausschussware« hat immer das Ziel, einen ökologisch wertvollen Lebensraum zu erhalten **und** Holz zu gewinnen.

Baumklassen in der Praxis.

In der Regel wird man genau gesagt bekommen, welche Bäume für den Einschlag frei sind. Dennoch sollte man die wichtigsten Baumklassen erkennen können, da sie beim Fällen unterschiedliche Ansprüche an den Forstarbeiter stellen und unterschiedlich gefährlich sind: Beispielsweise ist starkes Baumholz innen oft morsch oder hohl.

Baumklassen 1. Jungwuchs nennt sich in der Forstwirtschaft der Baumbestand mit einer Höhe von ca. 2 Metern bevor die Kronen sich gegenseitig berühren.

Baumklassen 2. Zum Jungbestand oder Dickung gehören Stämme mit einem BHD (Brusthöhendurchmesser) bis 15 Zentimeter.

Baumklassen 3. Stangenholz nennt man dicht zusammen wachsende Bäume bis etwa 20 Zentimeter BHD.

Baumklassen 4. Schwaches Baumholz hat einen BHD von 21–35 Zentimeter und ist meist deutlich über 10 Meter hoch.

Baumklassen 5. Mittleres Baumholz mit einem BHD von 36–50 Zentimeter gehört zu richtig alten Bäumen mit oft über 30 Metern Höhe.

Baumklassen 6. Starkes Baumholz hat über 50 Zentimeter BHD und wird (gesund) nur von wenigen, sehr wertvollen und alten Bäumen erreicht.

Maße eines Baums.

Bei der Auswahl von Stämmen zum Fällen spielt der **Brusthöhendurchmesser** eine große Rolle. Oftmals werden in einem Bestand Stämme bis zu einem bestimmten BHD freigegeben. Zudem ist er ein ziemlich gutes Maß für die Größe und Schwere eines natürlich gewachsenen Baums. Dabei misst man in Brusthöhe, da Verwachsungen im Bodenbereich stark variieren.

Mit der **Verdoppelung des BHD steigt die Masse auf das etwa Vierfache** (zwar wird der Stamm nach oben hin schmaler, dafür wächst er in Höhe und Astmasse).

Formel für Volumen und Masse des Baums (gerundet auf etwa 500 kg je m³)

BHD² (in Zentimeter) / 1.000
= Volumen in Festmeter (tatsächliches Holzvolumen ohne Zwischenräume)

Volumen in Festmeter / 2
= Masse des Stamms ohne Äste

Eine Stange mit 20 Zentimetern BHD hat also etwa ein Volumen von 0,4 Festmetern und eine Masse von etwa 200 kg.

Ein Stamm »mittleren Baumholzes« von 40 Zentimetern hat nach selber Daumenregel 1,6 Festmeter Holz und 800 Kilogramm Gewicht. Ist der Stamm nur 10 Zentimeter dicker, hat er ein Volumen von 2,5 m² Festmeter und ein Gewicht von über 1,2 Tonnen.

Brusthöhendurchmesser.

Zum Abmessen des BHD wird normalerweise eine geeichte Messkluppe genutzt – eine Art übergroßer Messschieber. Wer mit einem Maßband näherungsweise misst, sollte entsprechend etwas Toleranz einrechnen, sofern das Holz nach dem Fällen abgerechnet wird. Das spart unangenehme Überraschungen bzw. Ärger mit dem Waldbesitzer.

Aus diesem Grund berechnen wir den Durchmesser, indem der **Brusthöhenumfang (BHU) durch drei geteilt wird,** nicht wie korrekt durch Π (Pi). Dadurch ist der errechnete BHD etwas größer als in Realität.

Als Anfänger sollte man sich mit der Axt an Stangen mit einem BHD von etwa 20 Zentimeter versuchen. Ab einem BHD von 50 Zentimeter ist das Fällen mit der Axt sehr anspruchsvoll, anstrengend und gefährlich.

BHD 1. Der Brusthöhendurchmesser wird in einer Höhe von 130 Zentimetern über dem Wurzelansatz gemessen.

BHD 2. Bei Stämmen am Hang wird der BHD am oberen Wurzelansatz gemessen.

BHD 3. Zum Bestimmen des Umfangs wird eine Schnur in dieser Höhe um den Stamm gelegt.

BHD 4. Die gemessene Strecke ist der BHU. Der BHD ist etwa ein Drittel des BHU.

BHD 5. Eine schnelle Alternative ist das Abmessen mit der Spannweite von Daumen zu kleinem Finger. Anzahl der Spannweiten um den Stamm mal 7.

Der Baum zum Einschlag.

Nicht jeder freigegebene Baum eignet sich zum sicheren Fällen mit der Axt oder überhaupt zum Fällen durch einen Laien.

Im Laufe eines Baumlebens können zahlreiche Zwischenfälle wie Blitzschlag oder Insektenfraß dazu führen, dass er geschwächt wird. Zudem kann eine Hangrutschung, zu weicher Untergrund oder Schneelast im Winter zu einer Biegung führen, die Fällen in die gewünschte Richtung ohne schweres Gerät unmöglich macht. So kann ein stark geneigter Baum so unter Spannung stehen, dass er beim ersten Schlag in die Fällkerbe auffächert und eine solche Kraft freigibt, dass der Forstarbeiter durch ihn buchstäblich halbiert wird. Ebenfalls können lockere, viele Tonnen schwere Wurzelteller beim Fällen um- und wieder zurückschlagen und eine Person einklemmen oder unter sich vergraben.

Mit den wichtigsten Problemen werden wir uns weiter unten noch ausführlicher beschäftigen. Notwendig ist es, **vor dem ersten Hieb zu überprüfen, ob der Baum zum Fällen mit der Axt überhaupt geeignet ist.**

Baum zum Einschlag 1. Der Baum darf in der Krone keine lockeren oder schweren und morschen Äste haben – sie brechen oft durch den Schlagimpuls.

Baum zum Einschlag 2. Die Neigung des Baums darf nicht zu stark sein – insbesondere bei langen Bäumen bauen sich enorme Spannungen auf.

Baum zum Einschlag 3. Morsche, ausgehöhlte oder stark verpilzte Bäume überlässt man den Profis.

Baum zum Einschlag 4. Dasselbe gilt für Bäume mit lockerem Wurzelballen. Sie sind hochgefährlich und verletzen häufig sogar Profis.

Baum zum Einschlag 5. Leichte Neigungen in die falsche Richtung lassen sich mit Hilfsmitteln wie Winden oder Hydraulikstempeln bewältigen.

Baumhöhe bestimmen.

Hat man sich entschieden, einen bestimmten Baum zu entnehmen, da er zur passenden Klasse gehört, gesund und nicht gefährdet ist, in die falsche Richtung zu fallen bzw. in den Kronen anderer hängen zu bleiben, wird seine Höhe vermessen.

Zum einen möchte man sichergehen, dass beim Umstürzen nicht die Gefahr besteht, dass die Krone auf einem Gebäude oder Fahrzeug landet, zum anderen sollte man sich, sobald der Baum stürzt, aus dem Gefahrenbereich zurückziehen und bei Sturz in die falsche Richtung wissen, wie weit von der Wurzel entfernt der Aufschlagpunkt sein wird.

Eine einfache Methode, den sicheren Bereich zu bestimmen, ist das **»Försterdreieck«.** Wenn man die Höhe des Baums genau messen möchte, nutzt man einen Laser-Entfernungsmesser. Beide Male erfolgt die Messung über ein rechtwinkliges gleichschenkliges Dreieck.

Der **sichere Bereich** beginnt außerhalb eines Umkreises von mindestens anderthalbmal der Baumhöhe.

Baumhöhe bestimmen 1. Gemessen werden kann mit dem Försterdreieck. Dazu wird ein Ast geschnitten, der genau so lang ist wie der ausgestreckt Arm.

Baumhöhe bestimmen 2. Man nimmt den Ast in die Hand und hält ihn mit ausgestrecktem Arm senkrecht.

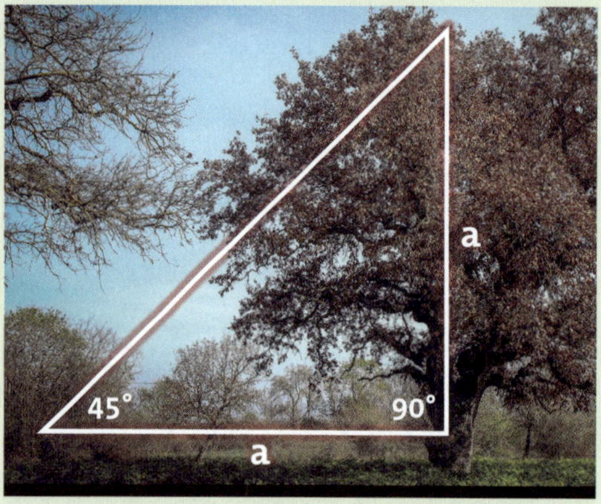

Baumhöhe bestimmen 3. Es wird über die Spitze des Asts auf den Baumwipfel gepeilt und man entfernt sich, bis beide in einer Flucht liegen.

Baumhöhe bestimmen 4. Mit einem Winkel-Entfernungsmesser entfernt man sich vom Stamm, bis die Krone im 45°-Winkel-liegt.

VORBEREITUNGEN

Hat man sich einen Überblick über die Fallmöglichkeiten des Baums sowie des Gefahrenbereichs gemacht, geht es an die Vorbereitung der eigentlichen Fällarbeiten. Hierzu zählen das **Anlegen des Arbeitsbereichs, das Anbringen von Sicherungen und ggf. Absperrungen und die Organisation des Abtransports.**

Hierbei sind einige Dinge zu beachten:

Gegebenenfalls muss man einen öffentlichen Weg sperren. Hierzu benötigt man rot-weißes Absperrband sowie bestenfalls **offizielle Schilder** vom Ordnungsamt oder vom Forst. Leider werden selbst diese oft ignoriert.

Zeiteinteilungen.

Mit geübtem Schwung und einer guten Axt fallen Bäume schnell. Die meiste Arbeit liegt in der Planung, der Vorbereitung – und dem Zerkleinern für den Transport.

Bei einer längeren Aktion wie dem Fällen mit der Axt im öffentlichen Raum ist eine Meldung an das Ordnungsamt sowie die örtliche Polizeistelle (bitte nicht über die Notrufnummer!) sinnvoll. Häufig melden Passanten **»verdächtige Tätigkeiten«** im Wald und man möchte nicht, dass die diensthabenden Polizisten in genau jenem Moment eine Ortsbesichtigung durchführen möchten, wenn der Baum kippt.

Zudem sollte man sich Gedanken über das Zerkleinern und den Abtransport des Holzes machen. Idealerweise sind einige Helfer verfügbar. Die Telefonnummer eines Landschaftsgärtners oder des zuständigen Försters sollte greifbar sein, falls ein **verunglückter Fällversuch** »gerettet« werden muss.

Oftmals schließt man im Rahmen der Fällvorbereitungen einen vorher zum Ernten ausgewählten Stamm wieder aus, wenn absehbar ist, dass das Holz nicht gekürzt bzw. zeitnah abtransportiert werden kann, ein Fluchtweg durch Niederschlag zu rutschig ist oder sich Waldbesucher nicht an Absperrungen des Weges halten.

Checkliste vor dem Fällen.

- Eine Freigabe des Baums ist erfolgt bzw. er darf (mit der Axt) gefällt werden.
- Abtransport, Verarbeitungsort und Lagerung sind organisiert.
- Mindestens eine zweite Person ist in Rufweite, für den Notfall ist Kommunikation und Verbandsmaterial sichergestellt.
- Der Baum steht so, dass die Fallrichtung frei ist und verschiedene Fluchtwege vorhanden sind.
- Der Baum ist gerade gewachsen, gesund und hat keine abgestorbenen Trockenäste in der Krone.
- Der Sicherheitsbereich ist definiert, keine Personen halten sich darin auf.
- Die Schutzausrüstung ist vollständig, unbeschädigt und das benötigte Werkzeug ist in einwandfreiem Zustand und scharf.
- Der Arbeitsplatz ist sicher und sauber.

FÄLLTECHNIKEN

Das Grundprinzip der genutzten Fälltechniken ist sehr ähnlich und **variiert nur vom Einschlagen der Fällkerbe bzw. des Fällschnitts.** Allerdings darf auf keinen Fall die in in Onlinevideos oft gezeigte Technik des »Biberns« des Stammes im Kreis angewandt werden – hier kann der Baum in alle Richtungen fallen und nur mit geringer Wahrscheinlichkeit in die gewünschte.

Fallkerbe.

Das Fällen des Baums wird mit dem Hacken der Fallkerbe begonnen. Sie ist **nur etwa 1/3 des Stammdurchmessers tief** und hat eine waagerechte Sohle. Der Kerbengrund muss schnurgerade angelegt sein. Genau rechtwinklig zu ihm liegt die Fallrichtung. Damit ist die Fallkerbe **der wichtigste Schnitt,** der entsprechend sorgfältig ausgeführt werden muss. Hierzu ist es notwendig, dass man gut an den

Die Fallkerbe (1) wird auf der Richtung eingeschnitten, in die der Baum fallen soll (R). Der Kerbengrund ist dabei **genau** rechtwinklig zur Sturzrichtung. Die Kerbe selbst ist nur 1/3 des Stammdurchmessers tief. Die meisten Fasern des Baums (rot) sind noch unbeschädigt.

Schnitt herankommt. Idealerweise wird die Fallkerbe kurz über dem Wurzelballen angelegt. Allerdings kann man hier kaum waagerecht hacken oder sägen, in Bodennähe sind zahlreiche Verwachsungen und der Stamm ist besonders unsymmetrisch im Querschnitt. Zudem sollte man vermeiden, sich kniend oder in der Hocke neben einem Stamm zu kauern, der jederzeit unerwartet umschlagen kann – in diesem Fall zählt jeder Moment.

Fallkerbe 1. In einer geeigneten Arbeitshöhe (aber so niedrig wie möglich) wird die Maximaltiefe der Fallkerbe angezeichnet.

Fallkerbe 2. Durch wechselseitige Schläge schräg von oben und senkrecht auf den Baum wird eine Kerbe ausgearbeitet.

Fallkerbe 3. Mit dem eingelegten Axtblatt regelmäßig die Senkrechte zum Kerbengrund als Fallrichtung bestimmen. Frühzeitig korrigieren.

Fallkerbe 4. Die fertige Fallkerbe hat einen Winkel von etwa 45°. Etwas mehr ist in Ordnung, bei schmaleren Kerben kann es zum frühzeitigen Ausreißen der Bruchleiste kommen.

Fällen.

Nachdem die Fallkerbe ausgearbeitet worden ist, wird von der anderen Seite derjenige Schnitt gesetzt, der den Baum zum Umfallen bringen soll. Er kann mit Axt oder Säge in verschiedenen Techniken und Ausformungen durchgeführt werden.

Wichtig dabei und immer gleich ist allerdings, dass die Sohle des Schnitts einige Zentimeter (Daumenregel 1/10 des Stammdurchmessers) oberhalb der Sohle der Fallkerbe erfolgt. Der Schnitt wird zudem **nie schräg oder komplett durch den Stamm** geführt, sondern nur bis auf wenige Zentimeter (oberhalb versetzt) an den Fallkerbengrund. Dadurch verbleibt ein Steg mit durchgehenden Fasern, die sogenannte Bruchleiste. Jene übernimmt gleich mehrere Funktionen. Ist der Abstand zwischen Fallkerbengrund und Fällschnitt oder Fällkerbe groß genug, kann sich die Bruchleiste auf der gesamten Breite bis zu einer gewissen Maß verbiegen und fungiert als Drehgelenk für den Baum.

Der Baum wird ziemlich präzise gesteuert und gleichzeitig festgehalten, sodass er nicht im Sturz hochspringen kann. Ist dieser Absatz allerdings zu niedrig ausgeführt, oder aber die Fallkerbe zu flach, reißt die Bruchleiste frühzeitig und der Baum kann nach hinten »ausschlagen« oder aufsplittern. Stürzt der Baum schlussendlich, bewegt man sich – immer wieder mit Blick auf den fallenden Baum – rasch aus dem unmittelbaren Gefahrenbereich. Dabei geht man immer **versetzt von der Falllinie** des Baums.

Timber!

Fällt der Baum, wird traditionell **»Baum fällt!«** gerufen. Wichtiger als diese (reichlich späte) Warnung ist es sicherzustellen, dass ab dem ersten Schlag sich niemand mehr im Gefahrenbereich aufhält.

FÄLLSCHNITT

Die scheinbar einfachste Methode ist das Ausführen des Fällschnitts mit der Säge. Allerdings kann dabei einiges schief gehen. Beim Sägen werden die Fasern durch die Sägezähne aus ihrem Verbund geschnitten. Da die Fasern allerdings abhängig von ihrer Wuchsgeschwindigkeit und dem Grad der sogenannten **Lignifizierung** (Aushärtung durch

Beim Fällen mit Axt und Säge wird nach dem Einbringen der Fallkerbe (1) ein Fällschnitt (2) deutlich oberhalb des Fallkerbengrunds eingebracht, der nie bis über die Fallkerbe geht. Es verbleibt die Bruchleiste (B), die den Baum beim Sturz stabilisiert. Sowohl Höhe als auch Breite der Bruchleiste sind mindestens 1/10 des Stammdurchmessers. Hier muss meist gekeilt werden.

den rötlich schimmernden Holzbestandteil Lignin) unterschiedlich fest sind, führt der Sägeschnitt durch unterschiedlich stabile Radien. Dabei kann das Sägeblatt auch bei korrekter Führung im Holz »wandern« und schlimmstenfalls einen bogenförmigen Schnitt erzeugen, der die Säge einklemmt und selbst durch Keile nicht weiter bearbeitet werden kann.

Grundsätzlich ist das **Keilen bei Sägeschnitten** dennoch notwendig, weil auch Sägen mit starker Schränkung über kurz oder lang durch geringe Stammbewegungen in Richtung des Fällschnitts festklemmen. Ein weiteres Problem ist, dass es mit der Säge erheblich schwieriger ist, den gewünschten Winkel schon zu Beginn anzusetzen und beizubehalten.

Schnitte durch Axtschläge können hingegen jederzeit korrigiert werden.

Form und Tiefe des Fällschnitts ist sowohl bei der Nutzung von Handsägen als auch bei der Verwendung von Kettensägen gleich. Kleine Handhabungsfehler mit der Motorsäge können allerdings schnell zum Beschädigen der Bruchleiste führen.

Fällschnitt 1. Die Schnitthöhe wird so angezeichnet, dass sie mindestens 1/10 des Stammdurchmessers über dem Fallkerbengrund liegt.

Fällschnitt 2. Die Maximaltiefe anzeichnen. Niemals zu nah bis an oder gar über die Fallkerbe kommen, sonst wird das Bruchband (rot markiert) instabil.

Fällschnitt 3. Die Säge wird genau waagerecht angesetzt und man beginnt zu sägen.

Fällschnitt 4. Sobald das komplette Sägeblatt im Stamm ist, wird gekeilt, um den Schnitt offen zu halten.

Fällschnitt 5. Je weiter die Säge im Holz verschwindet, desto weiter wird der Fällkeil eingetrieben.

Fällschnitt 6. Beim ersten deutlichen Knacken bzw. wenn die Maximaltiefe erreicht wurde, die Säge entfernen und den Baum durch Keilen zu Fall bringen.

FÄLLKERBE

Wer mit der Axt die einfache Fällkerbe schlägt, muss mehrere Dinge beachten. Aufgrund des breiten, keilförmigen Ausschnitts ist es nicht möglich, während des Bearbeitens den Stamm durch das Einschlagen von Fällkeilen in die richtige Richtung zu leiten. Bei »Wackelkandidaten«, deren Schwerpunkt nicht abgeschätzt werden kann, wird deshalb unbedingt mit einem Zuggerät Spannung auf den Stamm gebracht, damit die Falltendenz vorgegeben ist.

Störrisches Holz.

Beim Fällen mit der Fällkerbe ist ein Zuggerät in vielen Fällen zum endgültigen Umlegen notwendig.

Beim Weg dorthin läuft man nie durch den geplanten Sturzweg des Baums, sondern im großen Radius darum herum!

Die mit der Axt eingebrachte Fällkerbe (2) lässt mehr Platz zum Arbeiten als ein Schnitt. Das Bruchband (B) wird durch den Kerbengrund von Fallkerbe (1) und darüber versetzter Fällkerbe gebildet.

Fällkerbe 1. Die geplante Fällkerbe wird in die Borke vorgezeichnet. Man achtet besonders auf das Ende und die Höhe des Kerbengrunds.

Fällkerbe 2. Man beginnt mit dem ersten Schlag senkrecht auf den Baum, der den Kerbengrund markiert.

Fällkerbe 3. Durch wechselseitige Einschläge wird die Kerbe erweitert und tiefer gehackt.

Fällkerbe 4. Ist der Fällkerbengrund bis auf maximal 1/10 des Stammdurchmessers an den Fallkerbengrund herangerückt, wird durch Druck am Stamm oder Zug am Seil gefällt, sofern der Baum nicht vorher stürzt.

FÄLLKERBE MIT ABSATZ

Weil das Fällen mit eingeschlagener Fällkerbe nicht immer Erfolg hat und sich der Baum manchmal auch durch kräftigen Zug am Seil nicht zum Fallen überreden lassen möchte, sollte die Technik der Fällkerbe mit Absatz geübt werden. Es schließt sich nämlich aus, die Fällkerbe bei zu stabilem Stand des Baums tiefer zu schlagen und so die **Bruchleiste zu schwächen.**

Die korrekte Technik ist, das Fällkerbendach durch **waagerecht auf den Stamm gesetzte Schnitte** abzuflachen. Es entstehen zwei sich gegenüber stehende waaggerechte Flächen, die als Widerlager für Keile oder einen Hydraulikstempel dienen. Dabei ist zu beachten, dass mit zunehmender Neigung der obere Absatz schräg wird, was zum Abrutschen der Keilung führen kann.

Wenn der Baum nicht fallen will, keinesfalls die Fällkerbe (2) in Richtung Fallkerbe (1) erweitern und das Bruchband (B) schwächen. Stattdessen einen Absatz (A) ausschneiden, der mit einem Hydraulikstempel oder durch Keilen aufgepresst wird.

Fällkerbe Absatz 1. Ausgangslage ist die korrekt gesetzte, fertig geschnittene Fällkerbe bei stehendem Baum.

Fällkerbe Absatz 2. Die Oberseite der Kerbe wird waaggerecht ausgearbeitet. Der Schnitt muss bis ins stabile Holz gehen.

Fällkerbe Absatz 3. Ein festes Holzstück wird so abgelängt, dass es genau zwischen die beiden Absätze passt.

Fällkerbe Absatz 4. Ideal ist es, wenn es beim Einsetzen schon ein wenig unter Spannung steht und nicht rausfällt.

Fällkerbe Absatz 5. Ein Keil wird auf der Unterseite zwischen Fällkerbengrund und Holzstück geschlagen bis der Baum fällt.

Fällkerbe Absatz 6. Hat man einen Wagenheber verfügbar, nutzt man ihn statt Holzstück und Keil zum Umwerfen des Baums.

FÄLLKERBE MIT HALTEBAND

Eine sehr anspruchsvolle Technik, die für gewöhnlich nur bei sehr hohem und starkem Baumholz genutzt wird, ist das Fällen mit Fällkerbe und Halteband. Allerdings spricht nichts dagegen, diese Technik auch bei kleineren Bäumen übungsweise einzusetzen. Insbesondere **breite, kurze Stämme mit ausladender Krone und unklarem Schwerpunkt** können auf diese Weise gezielt umgelegt werden. Dabei wird die Fällkerbe nicht komplett durch den Stamm geschnitten, sondern es werden zwei keilförmige Ausschnitte gesetzt, die in der Mitte einen etwa 5 Zentimeter (bei sehr starkem Holz auch erheblich mehr) breiten Steg belassen. Die hierdurch geführten Fasern verhindern das vorzeitige Neigen und Fallen in die falsche Richtung. Der Steg wird nahe am Fällkerbengrund mit der Axtspitze oder einem Messer durchstochen und gekeilt. Erst dann durchschlägt man von außen mit wiederholtem Nachschlagen des Keils das Halteband bis der Baum stürzt. Bei innen morschen Stämmen müssen Öffnung und Keilung in einem stabilen Bereich außerhalb des weichen Kerns erfolgen.

Wenn schwierig gewachsenes mittleres oder starkes Baumholz mit der Axt gefällt wird, wird die Fällkerbe (2) nicht komplett ausgearbeitet. Stattdessen wird ein breiter Keil, als Halteband (H) belassen. Dieses bekommt ein Keilloch (K). Bis gekeilt und das Halteband von außen durchtrennt worden ist, bleibt der Hauptteil der Fasern unbeschädigt.

Fällkerbe Halteband 1. Das Fällkerbenpaar wird angezeichnet und ausgearbeitet. Hierfür sind präzise und geübte Hackschnitte und Spaltschläge notwendig.

Fällkerbe Halteband 2. Der mittig stehende Steg hält den Stamm auf Zug und Druck – er verhindert das vorzeitige Stürzen bzw. Fallen in die falsche Richtung.

Fällkerbe Halteband 3. Der Fallkerbengrund wird sauber geschnitten. An diese Stelle kommt die Keilöffnung.

Fällkerbe Halteband 4. Die Keilöffnung wird mit einem kleinen Beil oder einem Stechbeitel durch das Halteband geschlagen.

Fällkerbe Halteband 5. Ein Keil oder zwei gegeneinander stehende Keile werden durch die Öffnung getrieben und festgeschlagen.

Fällkerbe Halteband 6. Zum Schluss wird das Halteband von außen durch einzelne starke Schläge entfernt. Nach jedem Schlag wartet man einen Moment und horcht, ob der Baum stürzt.

BESONDERE GEFAHREN

Bei Fällarbeiten gibt es einige extrem gefährliche Zwischenfälle, die sich kaum verhindern lassen. Jeder Baum wächst anders. Er kann innen ausgehöhlt (»stockfaul«) sein, geschwächte oder abgestorbene Äste im Kronenbereich besitzen oder durch Beschuss oder Blitzschlag in der inneren Struktur gestört sein. Als wichtigste Regel gilt: Hat man einmal das Fällen angesetzt und merkt, dass man mit dem Baum überfordert ist, muss der Gefahrenbereich abgesichert und ein Profi verständigt werden. **Lieber eine Standpauke und Rechnung als eine tödliche Verletzung.**

Doch auch wenn scheinbar alles wie am Schnürchen läuft, gibt es einige gefährliche Situationen, die man kennen sollte. Oft sind es nicht die offensichtlich gefährlichen Stämme, die mit entsprechender Vorsicht oder – wenn gar nichts anderes mehr geht – mit schwerem Gerät gefällt oder durch Besteigen von einem Fachmann von der Krone aus entastet und in Stücken abgelassen wird. Unscheinbare Stämme, die vergleichsweise einfach zu legen sind, können unerkannte **innere Beschädigungen oder Spannungen** haben. Ebenfalls können Flüchtigkeitsfehler zur Katastrophe führen. Ein schräg auslaufender Kerbengrund oder das frühzeitige Durchtrennen der Bruchleiste führt zum unkontrolliertem Sturz.

Tödliche Routine.

Grund für tödliche Verletzungen in der Forstarbeit ist häufig zu große Routine und Selbstsicherheit. **Jeder Baum ist anders,** jeder Baum kann tödlich sein.

Der **Kickback** entsteht bei morscher oder schlecht angelegter Bruchleiste. Beim Sturz löst sich der Baum komplett und schlägt nach hinten aus – und landet in Richtung des Baumfällers.

Spalter können auch Profis nicht vermeiden. Vor allem Laubbäume können während des Falls der Länge nach aufplatzen und zerschlagen alles, was ihnen im Weg steht.

Springer sind oft Bäume mit ausladender Krone oder wenigen Ästen. Beim Aufschlag der Krone hebt es den Stamm an und setzt ihn nochmals um.

Sind Fallkerbe oder Fällkerbe nicht sauber waagerecht angelegt, reißt der Baum seitlich aus dem Bruchband und fällt als **Dreher** in die falsche Richtung.

Abrutscher entstehen bei Wind, oder wenn Fall- oder Fällkerbe zu tief bzw. schräg angelegt sind. Der Stamm landet aufrecht neben dem Stumpf und kippt ggf. in die falsche Richtung.

Barberchair nennt man das fehlerhafte Abknicken der Bruchleiste bei inneren Spannungen oder zu kleiner Fallkerbe . Der Baum neigt sich, die Bruchleiste löst sich aber nicht, wodurch der Stamm aufsplittert.

Kapitel 7

Do-it-yourself.

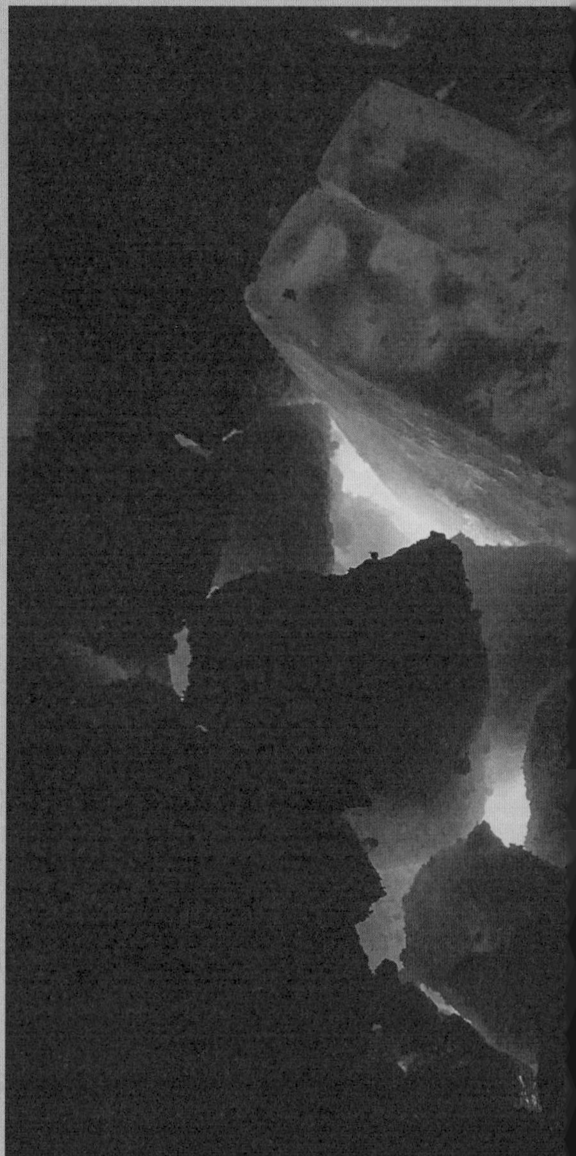

EINFACH SELBER MACHEN.

Auch wenn es nicht immer perfekt wird, ist Selbstgemachtes besonders wertvoll.

Selbst gemacht ist preiswert und man kann sich seine Gegenstände nach eigenem Wunsch fertigen. Das sind die häufigsten »Do it yourself«-Argumente. Tatsächlich steckt aber sehr viel mehr dahinter.

In einer Gesellschaft, in der jederzeit per Mouseklick Waren bestellt werden können, die noch am selben Abend geliefert werden, in der praktisch-handwerkliche Berufe immer geringer geschätzt werden als Dienstleistungen und viele Berufe aussterben, in einer Zeit in der sich das Karussell der Obsoleszenz, Neuentwicklung und Neubeschaffung immer schneller dreht, scheint das »Selbermachen« ein absoluter Anachronismus zu sein. **Warum soll man etwas selbst schaffen, wenn es preiswert zu kaufen ist?** Wird die berufliche Arbeitszeit nicht besser vergütet als das Sparen weniger Euro durch das Selbsterschaffen in vielen unbezahlten Arbeitsstunden? Selber machen ist ineffizient und anstrengend, es rechnet sich selten.

Man kann sich dabei in den Finger schneiden und oft enden nicht nur die ersten Versuche buchstäblich in einem unbrauchbaren Haufen Schrott oder Anzündholz.

Ebenso wie die Axt an sich ein Anachronismus ist, da man mit Vollernter, Kettensäge und Hydraulikspalter viel schneller und sicherer arbeiten kann, ist auch das »Selbermachen« heute eigentlich überholt. Dabei mag es rationale Gründe geben wie die Möglichkeit, sich einen Axtstiel an die eigenen Bedürfnisse anzupassen.

Für jedes dieser Argumente hat die globalisierte und vernetzte Gesellschaft aber eine passende Antwort. Ja, man kann sich mittlerweile von Lohnhandwerkern in Südostasien seinen personalisierten Axtstiel schnitzen lassen – das Porto ist dabei noch die größte Investition.

Was dabei allerdings fehlt, ist die Beschäftigung mit seinem ganz Eigenen. **Die Haptik, das Schweifen lassen der Gedanken,** wenn man mal wieder sein Projekt hervorgeholt hat und es mit liebevollen Handgriffen über Nachmittage und Wochenenden ausarbeitet bis es einem endlich gefällt oder man es verwirft, um es nochmal, noch besser und sorgfältiger zu versuchen.

Vielleicht ist aber genau diese Abwendung von Effizienz und »Rendite« der Wert, der die eigene handwerkliche Tätigkeit so ansprechend macht. Statt im Akkord für andere, schafft man sich in mühevoller Kleinarbeit **etwas Eigenes.** Es muss dabei nicht perfekt sein oder gar schön aussehen. Der Wert entsteht alleine durch die eigene Beschäftigung damit. Es verleiht ihm die Seele.

Im folgenden wollen wir ein paar Beispiele vorstellen, **Selbermachprojekte, die beliebig »ausgeweitet« werden können.** Einen einfachen Axtkopf kann man beispielsweise auch mit Baumarktwerkzeugen und einer mit dem Blasebalg angefachten Grillkohleglut schmieden. Um ihm einen Stiel zu fertigen, fällt man sich einen entsprechenden Baum, kürzt den Stamm, spaltet ihn und richtet ihn nach dem Trocknen zu. Für die Lederscheide gerbt man sich Leder aus einer Rehhaut. Aus selbiger werden auch Bänder zum Knüpfen der Overstrike-Manschette geschnitten.

Es ist aber eigentlich egal, ob man sich seine komplette Axt nur aus selbst aufbereiteten Rohstoffen herstellt oder »nur« einen Axtstiel aus einem Baumarktbrett schneidet. Am Ende hat man etwas Eigenes geschaffen, das viel mehr wert ist, als die paar Cent, die man gegenüber dem Einkauf eingespart hat.

WORKSHOP #1

Einen Axtkopf schmieden.

Wie in der Eisenzeit wird aus einem im Kohlefeuer zum Glühen gebrachter Stahlblock zum Werkzeug.

Eine im traditionellen Verfahren geschmiedete Axt besitzt einen Körper aus besonders zähem Stahl und eine eingesetzte Schneidleiste hoher Güte. Wir schauen uns diesen Vorgang Schritt für Schritt an.

Vor der industriellen Erzeugung von Stahl wurde dieser kostbare Werkstoff mit besonderer Sorgfalt verwendet. Axt- und Beilköpfe etwa besaßen einen Grundkörper aus einfachem Eisen. Nur für die mittige Kernlage, also den tatsächlich schneidenden und spaltenden Bereich des Axtkopfs, wurde hochwertiger, härtbarer Stahl verwendet.

Der Axtkopf ist dabei wie ein Sandwich mit stahlharter Mittellage aufgebaut. Der Kern und die Seiten werden im Schmiedefeuer untrennbar miteinander verbunden. Diesen laminierten **Dreilagen-Aufbau** findet man auch heute noch bei traditionellen Koch- und Gebrauchsmessern aus Japan (dort nennt man diesen dreilagigen Aufbau San-Mai), japanischen Schwertern oder den traditionellen Messern Skandinaviens.

Neben dem ökonomischen Hintergrund spielt auch die gesteigerte Belastbarkeit der so erzeugten Klingen und Axtköpfe eine Rolle. Denn die weichen und zähen Außenlagen schützen die harte und schnitthaltige Kernlage vor Schlag- und Biegebelastungen. Beim Schleifen und Schärfen bringt dieser Aufbau den Vorteil, dass sich die Eisenflanken ungleich leichter schärfen lassen, als wäre die Klinge oder das Axtblatt gleichförmig durchgehärtet.

Das Schmieden eines Axtkopfs mit eingesetzter Schneidleiste stellt eine hohe Kunst dar. Nur wenige Schmiede beherrschen diese anspruchsvolle Technik noch. Eine Ausnahme ist die sehr gut ausgestattete Kursschmiede von Tobias Haselmayr (www.haselmayr.de) im niederbayerischen Ruhmannsfelden. Für den ersten Axtkopf ist ein Seminar in einer solchen Lehrschmiede unbedingt empfehlenswert. Zu viele Dinge müssen beachtet werden und bedürfen professioneller Unterstützung. Wer dort die Arbeit mit Amboss, Hammer und anderen wichtigen Werkzeugen sowie das Erkennen der Glühfarben, die Wärmebehandlung sowie das Schärfen gelernt hat, kann sich am eigenen Schmiedefeuer versuchen. Ein selbst geschmiedeter Axtkopf kann an eigene spezielle Bedürfnisse angepasst werden und stellt nicht nur emotional einen ganz besonderen Wert dar.

Betrachten wir die wichtigsten Schritte dieses traditionellen Schmiedeverfahrens **vom rohen Eisenblock zum fertigen Axtkopf** und worauf man dabei achten muss.

In wenigen Schritten zur eigenen Axt mit eingesetzter Schneideleiste, die für viele Jahrzehnte gute Dienste leisten wird.

Man markiert an einem rechteckigen Stahlblock aus ST52 den Ort des Auges sowie die Lage der Schneidleiste.

Die angerissenen Stellen werden anschließend mit dem Meißel »vorgezeichnet«. Die Vertiefung bleibt während des Schmiedevorgangs erkennbar.

Der Grundkörper aus zähem Eisen wird im Schmiedefeuer auf Umformungstemperatur gebracht. Das sind etwa 1.000 Grad Celsius.

Zunächst wird die Nut vorne mit dem Spaltmeißel aufgespalten. Die Schneidleiste wird eine Breite von 30 Millimetern haben ... genauso tief wird der Spalt.

Damit die verwendeten Werkzeuge keinen Schaden nehmen, müssen sie regelmäßig gekühlt werden.

Beim Schmieden ist die richtige Temperatur ausschlaggebend. Nur dann lässt es sich effizient umformen. Der Bereich liegt zwischen 600 und 1.000 °C, der sogenannten Rotglut.

Ist der Spalt tief genug, werden die Flanken mit Hammerschlägen wieder zusammengebracht. Danach wird das Auge durch den Grundkörper geschlagen.

Die Flanken des späteren Axtkopfs werden regelmäßig mit dem Hammer gestreckt und nach und nach ausgeformt.

Zum Schluss wird das Auge von oben und unten mit dem kleinen und großen Formlochdorn so aufgeweitet, dass es sich nach unten verengt.

Die Nut für die Schneidleiste wird anschließend wieder aufgeweitet – hier an der Kante des Ambosses.

Die Keilform der Schneidleiste aus belastbarem und schnitthaltigem C100-Stahl wird in einem speziellen Gesenk geschmiedet.

Der in der Nut hinten liegende Teil der Schneidleiste wird zum besseren Verschweißen mit Kerben versehen.

SCHRITT FÜR SCHRITT: EINEN AXTKOPF SCHMIEDEN

Mit der Drahtbürste wird der Spalt von Verunreinigungen befreit, mit Borax-Schmelzpulver gefüllt und wieder zusammen gebracht.

In den Spalt des glühenden Axtkopfs wird der Keil eingeschlagen und durch Ausschmieden der Flanken untrennbar mit ihm verschweißt.

Die Schneidleiste wird mit dem dünnen Ende voraus bündig eingesetzt. Damit ist Teil 1 des sogenannten Packprozesses geschafft.

Durch das anschließende weitere Ausschmieden der Flanken (Ausrecken) wird die Verbindung zwischen dem Axtkopf und der Schneidleiste untrennbar.

Das Ausrecken der Flanken oder Wangen kann mit dem Schmiedehammer erfolgen oder mit dem Lufthammer (wie hier im Bild gezeigt).

Mit jedem Hammerschlag nähert sich der Axtkopf seiner Form an. Mit dem Bandschleifer oder der Feile soll später nur noch die Schneide ausgeformt werden.

Beim Ausschmieden nähert sich der Kopf seiner späteren Form. Hier ein schlank auslaufender Axtkopf mit leicht bogenförmigem Schneidenverlauf.

Man entfernt den Zunder und überprüft die Verschweißung. Hält alles, wird das Auge mit einem Dorn komplett durchschlagen.

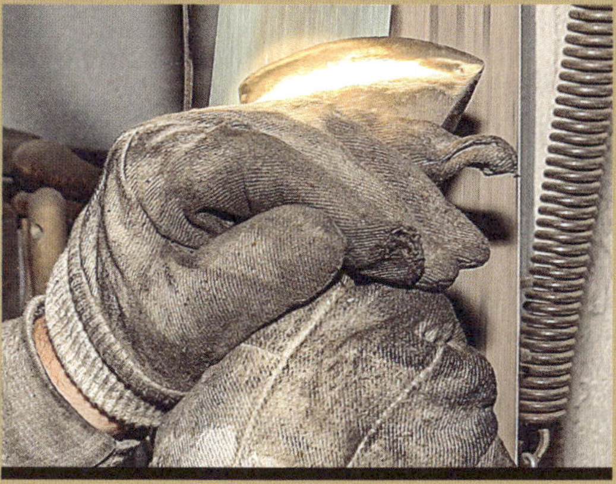

Die finale Formgebung des Schneidenbereichs erfolgt händisch mit der Feile oder maschinell mit dem Bandschleifer.

Der Axtkopf wird gehärtet und angelassen *(siehe auch Seite 97)*, geschärft und eingestielt.

Die Zunderschicht an Wangen und Nacken bleibt beim fertigen Stück erhalten. Nach dem Schärfen wird der Axtkopf passend eingestielt. Bei so einem Unikat natürlich nicht mit einem Baumarktstiel, sondern mit einem selbst hergestellten Stiel aus geflammter, heimischer Esche.

WORKSHOP #2

Aus alt mach Axt.

Altes Eisen ist noch lange kein Schrott.

Äxte werden seit langer Zeit aus Stahl geschmiedet. Hunderttausende Äxte wurden beim Einschlag im Wald verloren, in feuchten Schuppen gelagert oder als Schrott entsorgt. Diese Schätzchen lassen sich mit wenig Aufwand wiederherstellen.

Ein massiver Axtkopf aus Eisen vergeht nicht so schnell. Blankes Eisen rostet zwar innerhalb weniger Stunden im Regen, **meist ist der Rost aber nur oberflächlich.** Beim Rosten wird aus Eisen mit Luftsauerstoff und Wasser ein komplexes Gemisch von Eisenoxiden wie FeO und Fe_2O_3. Ähnlich wie Gips lagert Rost sogenanntes Kristallwasser ein, also im Gefüge gebundenes und nicht mehr flüssiges Wasser.

Das Eisen macht dabei eine Gefügeänderung durch, das Volumen steigt erheblich. Die Mengenzunahme führt dazu, dass rostende Stahlstücke prinzipiell nicht vor weiterem Rost geschützt werden. Feuchtigkeit und Sauerstoff erreichen den blanken Stahl, der sich unter der rostenden Oberfläche befindet. Deshalb rosten Stahlstücke über kurz oder lang komplett durch, vor allem wenn sie im Wasser liegen. Eine dünne und gleichmäßige Schicht von **oberflächlichem Rost** (umgangssprachlich »Flugrost«) schützt in gewissem Maße vor dem Weiterrosten, sofern die Oberfläche nicht wirklich nass wird.

Jedes Stück Stahl wird mal als Rostklumpen enden – heißt das noch lange nicht, dass verrostete Werkzeuge verloren sind. Im Gegensatz zu Stahlblech am KFZ, das innerhalb weniger Jahre durchrosten kann, dauert das komplette Verrosten bei massiven Gegenständen buchstäblich Jahrhunderte bis Jahrtausende.

Bodenfunde vergangener Epochen bis hin zu frühen eisenzeitlichen Werkzeugen **können auch in feuchter Erde lange überdauern** – viele von ihnen wären nach der Restauration heute noch einsetzbar. Allerdings gibt es mehrere Faktoren, die eine Wiederherstellung beeinflussen. Befand sich der Stahl im oder in der Nähe von Salzwasser, können auch dicke Stahlgegenstände binnen weniger Jahre zu einem durchgehenden **Rostklumpen ohne Reststahl** werden. Zudem spielt eine Rolle, ob und welche anderen Metalle mit dem Stahl in Kontakt standen. Besonders, wenn man alte Schrottgruben öffnet, kann man antike Garten- und Forstwerkzeuge im fast blanken – bis hin zum unkenntlich zerfressenen Zustand auffinden. Je nachdem, in welcher Kombination das Stahlkonglomerat sich befand. Man nutzt diese Wirkung bei sogenannten »Opferanoden« aus Magnesium oder Zink, die Rohrleitungen, Bootsmotoren und Schiffsrümpfe vor dem Zerfressen schützen. Zudem ist ausschlaggebend, wie fein das Werkzeug ausgearbeitet gewesen ist. Dünne Strukturen können unwiederbringlich verloren gegangen sein.

Der größte Feind bei der Restauration alter Werkzeuge ist allerdings der **Lochfraß.** Je nach Legierung und Beschichtung des Werkzeugs entstehen elektrochemische Vorgänge, die aktiv den Werkstoff durchbohren. Dabei wirkt die beschichtete Oberfläche als »Zersetzungsbatterie«. Lunker, Schmiedefehler oder kleine Risse im Material führen außerdem zu sogenannter »Spaltkorrosion«, einem ähnlichen Vorgang, der große Hohlräume erzeugt.

Ob und wie ein Axtkopf restauriert werden kann, sieht man meist erst, wenn nach dem Reinigen die **blanke Oberfläche** vor einem liegt.

Auch Stahl kann ein Schatz sein.

Wer einen Axtkopf auf dem Acker oder im Wald findet und sich unsicher über seinen historischen Wert ist, sollte beim Landesdenkmalamt nachfragen, bevor er sich an die Arbeit macht.

SCHRITT FÜR SCHRITT: EINE AXT RESTAURIEREN

Restauriert wird eine alte landwirtschaftliche Axt, die zum Entasten (und Hühnerschlachten) genutzt worden ist. Sie lag in einem feuchten Schuppen.

Den Stiel entfernt man, indem er unmittelbar unter dem Kopf mit einer Stahlsäge abgesägt wird. Dann kann er oft ausgeschlagen werden.

Ist der Stiel mit einem Holz- oder Metallkeil unlösbar festgepresst, darf die Axt keinesfalls im Feuer ausgeglüht werden – das zerstört das Gefüge.

Stattdessen bohrt man mit kleinen Metallbohrern um den Keil herum, bis er sich lockert.

Spätestens jetzt kann der Kopf nach unten ausgedrückt werden. Ist er eingeklebt, benutzt man Meißel und Hammer.

Ist der Stiel gelöst, wird die Axt mit einer groben Bürste und Seifenlauge von Schmutz befreit.

Mit einer Drahtbürste und einem Spachtel löst man alle lockeren Roststellen, Lack und Kleber.

Der Axtkopf wird mit Brennspiritus oder Benzin abgerieben und komplett entfettet.

Man füllt einen Eimer mit Wasser und rührt einen Esslöffel Soda ein.

Die Axt wird an einem blanken Kupferdraht ins Wasser gehängt, ohne dass sie aufliegt.

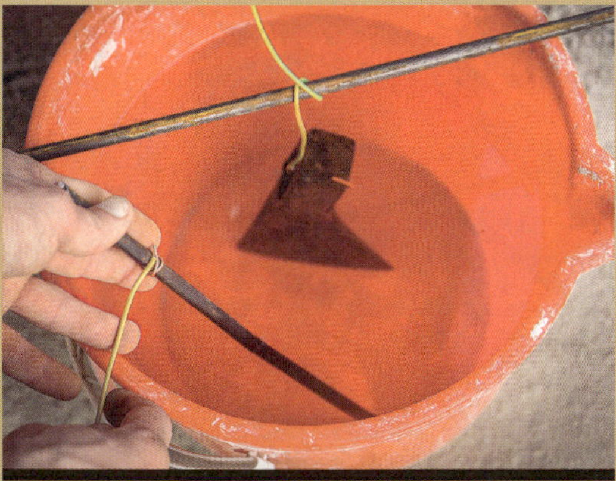

Ein Stück Baustahl wird an einem weiteren Kupferdraht an den Rand des Eimers ins Wasser gehängt. Beide Stahlstücke dürfen sich nicht berühren können.

Das Baustahlstück wird mit dem Pluspol, der Axtkopf mit dem Minuspol eines 12-Volt-Netzteils verbunden.

SCHRITT FÜR SCHRITT: EINE AXT RESTAURIEREN

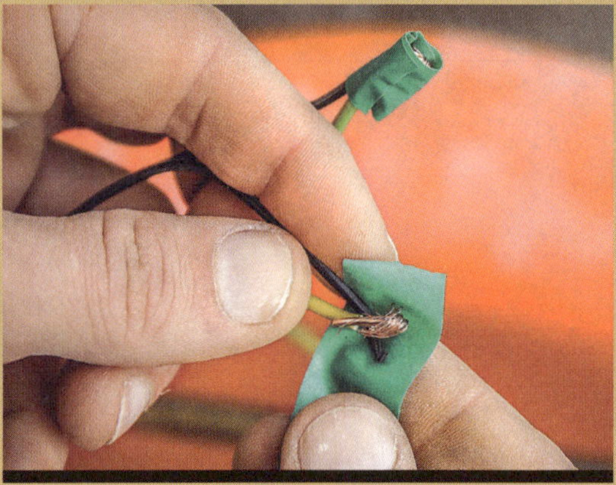

Die blanken Enden werden mit Isolierband bedeckt, damit es keinen Kurzschluss gibt.

Es steigen Blasen am Werkstück auf – diese Elektrolyse erzeugt explosionsfähiges Knallgas – gut lüften.

Der Eimer bleibt ein bis zwei Tage »unter Spannung«, bis sich eine schwarze Schicht auf dem Axtkopf gebildet hat. Der Baustahl ist nun mit Rost überzogen.

Die schwarze Oberfläche wird bis auf den blanken Stahl mit Drahtbürste und Sandpapier entfernt.

Endlich kann der Axtkopf begutachtet werden. Das offensichtlich freihand geschmiedete Stück hat einige Löcher, Scharten, sowie scharfe Grate am Nacken.

Scharfe Grate und Scharten in der Schneide werden mit einer Feile abgeschliffen. Sehr tiefe Löcher und Risse zum Auffüllen durch Ausschleifen vorbereitet.

Die Löcher an Wangen, Schultern, Nacken und im Auge werden mit Schweißpunkten aufgefüllt. An der Schneide müssen sie ausgeschliffen werden.

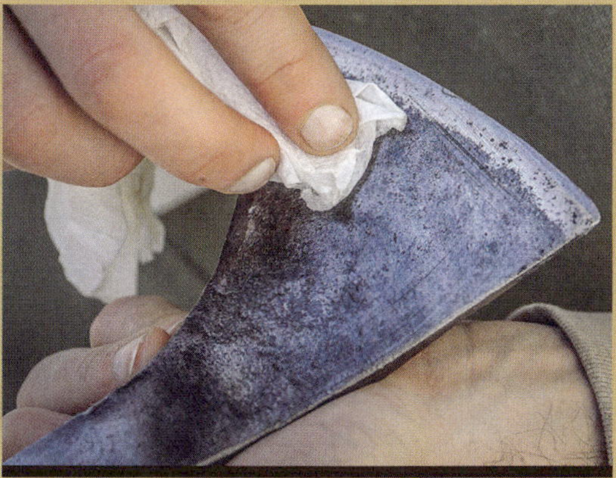

Sind alle Scharten komplett ausgeschliffen, wird die Schneide geschliffen *(siehe Seite 120)*. Der Axtkopf wird eingefettet und kann neu eingestielt werden *(siehe Workshop ab Seite 232)*.

Mit einer Feile oder einer langsam drehenden Sandpapierschleifscheibe die Schweißpunkte abschleifen und die Schneide blank neu ausformen.

Alte handgeschmiedete Gebrauchsäxte sind unersetzliche Unikate. Unsere ist wieder komplett einsatzbereit.

WORKSHOP #3

Einen Axtstiel fertigen und einstielen.

Nach langer Nutzungszeit gönnt man dem Kopf neues Holz.

Mamor, Stein und Eisen bricht … ein Axtkopf ist aber praktisch unverwüstlich und hält Generationen. Der Holzstiel ist aber irgendwann am Ende. Einen neuen kann man sich vergleichsweise einfach herstellen.

Eine gute Axt hat man ein Leben lang. Und wenn man irgendwann zu schwach wird, die Axt selber zu schwingen, kann man sie an die nächste Generation vererben. Während dieser langen Lebensdauer wird man um eines jedoch nicht herumkommen. **Irgendwann muss ein neuer Axtstiel angeschafft werden.**

Man kann ihn sich natürlich einfach kaufen. Individueller und oft besser ist es, sich einen eigenen Axtstiel herzustellen. So schwierig ist das nämlich gar nicht. Das hat verschiedene Vorteile.

Man hat bei selbst gemachten Axtstielen die Möglichkeit, **Länge, Schwung, Knauf und Querschnitt an die eigenen Bedürfnisse anzupassen.** Zahlreiche Menschen schätzen beispielsweise einen leichten Axtkopf mit langem Stiel – eine eher selten im Handel verfügbare Variante. Zudem hat man die freie Auswahl an Holzarten, sofern sie geeignet sind. Wird der Stiel nicht sehr stark belastet, beispielsweise bei Stummelbeilen für den Rucksack, ist es aber durchaus möglich, weniger stabiles, aber dafür besonders schönes Holz aus Wurzelknollen oder mit schmückenden, aber schwächenden Astlöchern zu verwenden.

Grundsätzlich nutzt man dennoch hauptsächlich **klassische langfaserige Werkzeugstielhölzer** wie Esche oder Robinie. Sie lassen sich trotz ihrer hohen Festigkeit gut durch Abspalten bearbeiten. Man kommt dem Ergebnis sehr schnell näher. Hierzu benötigt man kaum mehr als den Beilkopf, eine Säge und ein Schnitzmesser. Schönes Holz bekommt man beim Tischler, wenn ein passender Baum in der Umgebung gefällt wird oder zum Üben im Baumarkt in der Werkzeugabteilung. Mit denselben Techniken (mit Ausnahme des groben Zurichtens) kann man auch plumpe Baumarktstiele zu eleganten Axtstielen umarbeiten.

Bei den ersten Versuchen sollte man nicht unbedingt auf Rosenholz oder Maserbuche zurückgreifen. Es gibt nämlich ein paar »Stolperstellen«, die den Axtstiel unbrauchbar machen. Spaltet man beispielsweise zu nah an der späteren Form, können von außen nicht sichtbare Querfasern dazu führen, dass der Schnitt wandert und man beim Versuch, die Form zu retten, den Stiel erheblich schmaler macht, als geplant. Ebenfalls ist ein häufiger Fehler, der sogar bei industriell gefertigten Werkzeugstielen oft vorkommt, dass man die **Radien der Jahresringe und den Faserverlauf** falsch abliest und beim weiteren Bearbeiten erhebliche Schwachstellen in den Stiel einbaut.

Wenn man mit einfachen Hölzern geübt hat, ggf. zum ersten Ausprobieren auch mit ansonsten unbrauchbaren Fichtenrahmen, kann man sich daran machen, **seinen komplett eigenen Axtstiel** zu fertigen.

Der Axtkopf wird vom Stiel getrennt *(siehe Workshop Seite 228)*. Gegebenenfalls vorhandene Klebereste und Splitter im Auge werden entfernt.

SCHRITT FÜR SCHRITT:
1. EINEN AXTSTIEL FERTIGEN

Wir nutzen ein Stück ungeschälte, trocken gelagerte Esche. Im Gegensatz zum fertig geschäfteten Axtstiel darf das Holz komplett ausgetrocknet sein.

Mit einem Schindelmesser oder einer spitzwinkligen Axt wird ein Kantholz aus dem Scheit heraus gespalten. Der Schnitt geht senkrecht über die Jahresringe.

Die Holzschichten unter der Borke werden abgespalten. Die Fasern werden nicht, wie beim Sägen, willkürlich durchtrennt, sondern der Schnitt folgt dem Faserverlauf.

Für einen belastbaren Axtstiel müssen die Fasern durchgehend vom oberen Stielende bis zum Knauf verlaufen. Diagonale Fasern mindern die Belastbarkeit.

Beim neuen Axtstiel wird vieles besser als beim alten. Die Jahresringe werden in der Schneiden-Nackenachse verlaufen. Das gilt als der stabilste Faserverlauf.

Das Kantholz wird auf die maximale Dicke des späteren Stiels gebracht (meist der Knauf). Hier ist der künftige Faserverlauf noch einmal deutlich zu erkennen.

Die Form des Aststiels wird auf dem Brett angezeichnet. Dabei versucht man, mit der Linie möglichst wenige der durchgehenden Fasern zu schneiden.

Über die Skizze stehende Bereiche werden vorsichtig abgesägt. Dabei schneidet man nicht genau auf Linie, sondern belässt etwas Übermaß.

Quer zur Faser werden so genannte Stoppschnitte angebracht. Sie verhindern, dass der Spalt komplett durchs Holz geht und z. B. den Schwung verletzt.

Mit der Spaltklinge werden die mit Stoppschnitten vorbereiteten Teilabschnitte abgespalten. Je mehr gespalten wurde, desto weniger muss man schnitzen.

Bevor man zum Schnitz- oder Ziehmesser greift, wird der Stiel vorsichtig mit einer scharfen Axt durch zahlreiche kleine Schnitte grob ausgeformt.

SCHRITT FÜR SCHRITT:
1. EINEN AXTSTIEL FERTIGEN

Die rudimentäre Form des Axtstiels hat nur wenig Ähnlichkeit mit seiner späteren eleganten Form. Tatsächlich ist diese nur noch wenige Arbeitsschritte entfernt.

An den Enden des Rohlings markiert man die gewünschte Form. Dazu nutzt man das Auge bzw. den alten Stiel als Schablone.

Mit einem scharfen Schnitzmesser arbeitet man sich immer näher an die endgültige Form des Axtstiels heran.

Bei der Ausformung des Bereichs, der später im Auge sitzt, ist Genauigkeit angebracht. Immer wieder überprüft man, wie nah man an der endgültigen Form ist.

Die letzten Kanten des Stiels werden mit dem Messer gebrochen, ggf. geschliffen, bevor er zum Einstielen fertig ist.

Eine korrekt eingestielte Axt lässt sich durch gewöhnliche Nutzung praktisch nicht mehr zerstörungsfrei vom Stiel lösen. Bei klassisch von unten geschäfteten Äxten und Beilen wird der durch das Auge geführte Teil des Stiels durch einen oder mehrere Keile aufgefächert und mit enormem Druck an die Innenwände des Auges gepresst.

Um einen Axtkopf abzuziehen, sind Kräfte von einigen Tonnen notwendig. Spätestens wenn der Axtstiel durch falsche Lagerung morsch oder komplett ausgetrocknet ist oder durch zahlreiche Fehlschläge beschädigt wurde, muss er ausgetauscht oder neu eingestielt werden. Wichtig für den Vorgang ist, dass der neue oder reparierte Stiel **absolut trocken** ist.

Sorgfalt entscheidet.

Das Einstielen braucht Ruhe und dauert seine Zeit. Die sollte man sich nehmen. Nichts ist schlimmer, als einen von Hand geschnitzten Stiel durch Abnahme von zu viel Material komplett nutzlos zu machen.

Mit diesem Metallkeil war der alte Stiel der Axt gesichert. Für den neuen Stiel werden Hartholzkeile und eine Kreuzkeilung verwendet.

Man drückt den Axtkopf probeweise auf den Stiel. Durch das Aufdrücken erkennt man an den zu engen Stellen Metallspuren und feine Kerben am Holz.

Stückchenweise werden diese Klemmstellen mit einer Klinge abgetragen und der Stiel dabei immer wieder auf Sitz kontrolliert. Man will nicht zu viel abnehmen.

Gut angepasst ist der Stiel, wenn er sich mit Kraft komplett aufschieben lässt und oben etwas übersteht.

SCHRITT FÜR SCHRITT:
2. EINSTIELEN

Der Stiel wird wieder aus dem Kopf genommen. Für die Kreuzkeilung setzt man zwei rechtwinklige Sägeschnitte. Bei der Längskeilung entsprechend nur einen.

Der Sitz des Stiels wird noch einmal überprüft. Passt alles, wird der Stiel locker gehalten und durch einige Schläge auf den Knauf fest aufgepresst.

Die Keile werden vorbereitet. Sie werden aus Hartholz wie Buche oder Robinie gespalten.

Man schnitzt abwechselnd die eine, dann die andere Seite, damit die meißelförmige Kante mittig liegt.

Der Keil wird genauso breit wie die jeweilige Sägespalte im Stiel. Die Keilspitze sollte spitz und möglichst gerade ausgearbeitet werden.

Der Keil kann mit etwas Holzleim oder einigen Tropfen Leinöl benetzt werden. Das ist nicht unbedingt notwendig, verklebt den Keil allerdings zusätzlich.

Der Keil wird durch genau senkrecht aufgesetzte Schläge eingetrieben und mit etwa einem halben Zentimeter Überstand abgesägt.

Der nun kürzere und damit stabilere Überstand wird mit einem Hammer noch weiter eingeschlagen.

Als Ansatzpunkt für den zweiten Keil schlägt man bei der Kreuzkeilung mit dem Beitel oder mit dem Messer eine Nut auf Höhe des Sägeschnitts in den ersten Keil.

Mit kräftigen Hammerschlägen wird der zweite Keil so tief es geht im Axtstiel versenkt. Dabei wird der schon sitzende Keil gespalten.

Zum Versäubern wird der Axtstiel noch einmal abgelängt. Je nach Geschmack darf der Überstand einen halben Zentimeter aus dem Axtkopf hervorstehen.

Die Kanten des Axtstiels werden durch kleine Schnitte in etwa 45° gebrochen. Dadurch werden sie widerstandsfähiger und splittern nicht so schnell auf.

WORKSHOP #4

Einen Schneidenschutz herstellen.

Um Schäden an der Klinge und Verletzungen vorzubeugen, gehört zu jeder Axt ein passender Schneidenschutz.

Zahlreiche Äxte werden ohne brauchbaren Schnitt- oder Schneidenschutz ausgeliefert. Auch restaurierte Flohmarkt- oder Scheunenfunde haben in der Regel keinen mehr.

Wer eine Axt mit Gebrauchsschärfe transportiert, hat schnell einen Schnitt im Finger – und Scharten in der Schneide. Äxte, die auf Reisen oder zur Jagd mitgenommen werden, müssen gut geschützt werden. Hängt die Axt am Gürtel oder ist sie scheinbar sicher mit Stoff eingewickelt im Rucksack verpackt, reicht ein Sturz auf die Schneide und sie **dringt durch alle Gewebeschichten** bis in den Rücken oder den Oberschenkel.

Ein zuverlässiger Schnittschutz wird durch eine solche Belastung kaum beschädigt oder gar zerstört. Umso verwunderlicher ist es, dass zahlreiche Axtmodelle ohne ausreichenden Schnittschutz bzw. Scheide geliefert werden. Selbst eine große schwedische Schmiede liefert zu einem Beil einen Schneidenschutz aus, der aus weichem Spaltleder gefertigt und ohne Keder kaum diesem Zweck genügt.

Wie der Lederfachmann Markus Grassmann (ledergrasy.de) zeigt, ist das Anfertigen einer **hochwertigen Lederscheide für die Axt** gar nicht so schwer. Geeignetes festes Glattleder bekommt man im Fachhandel oder als Schnittrest vom Schuster.

Ein Blatt Papier locker um den Axtkopf falten und die Kontur nachzeichnen. Dabei etwas Spiel lassen: Leder braucht etwas mehr Platz als Papier.

Auf die Kontur die gewünschte Scheidenform zeichnen. An Schneide und Bart einen zusätzlichen Zentimeter für den Keder, die Schnittschutzeinlage, auftragen.

Die gefaltete Schablone und zusätzlich eine Kopie des eingezeichneten Keders ausschneiden und die Form auf das Leder übertragen.

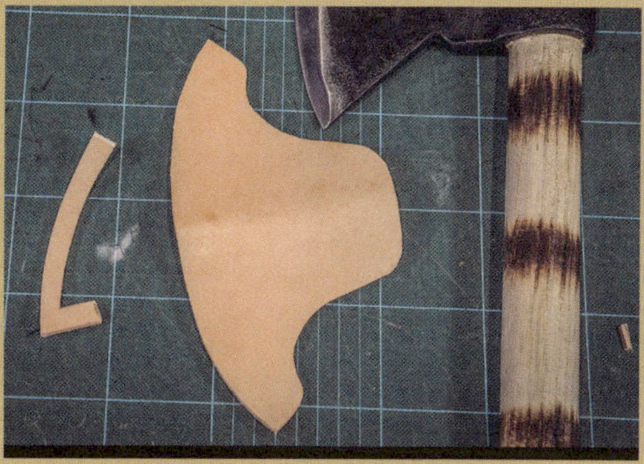

Das Leder mit einer starken Schere oder einem Cuttermesser ausschneiden. Im Zweifel lieber etwas größer schneiden, als zu klein.

Den Schneidenschutz an der Knickstelle mit Wasser befeuchten, damit er sich besser formen lässt. Den Keder so einlegen, wie er später liegen soll.

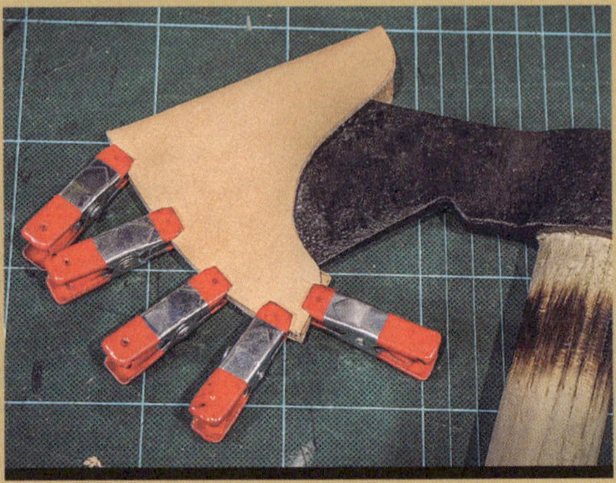

Das Lederstück zusammenfalten und klammern. Nach der ersten »Anprobe« werden Überstände markiert und entfernt und der Keder genau auf Form geschnitten.

Die glatte Narbenseite des Keders mit Sandpapier aufrauen und mit Alleskleber beidseitig benetzen. Alles zusammenkleben und mit Klammern fixieren.

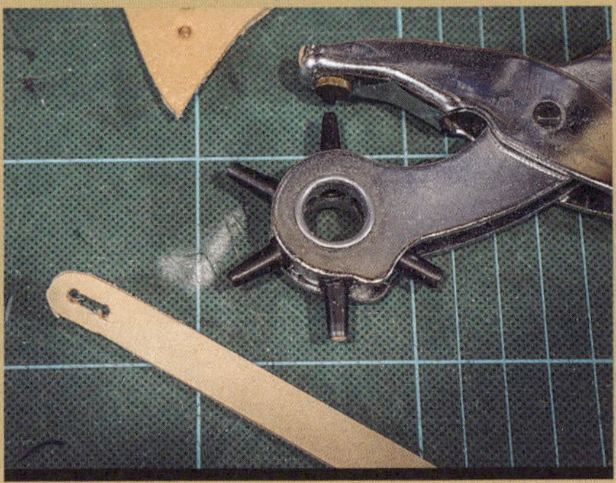

Zum Fixieren am Axtkopf wird ein Lederstreifen genutzt. Er wird an einem Ende mit zwei Löchern versehen, die zu einem Schlitz verbunden werden.

Der Axtschutz erhält an einer Seite ebenfalls einen Schlitz, durch den das Lederband von innen durchfädelt und durch sich selbst gezogen wird.

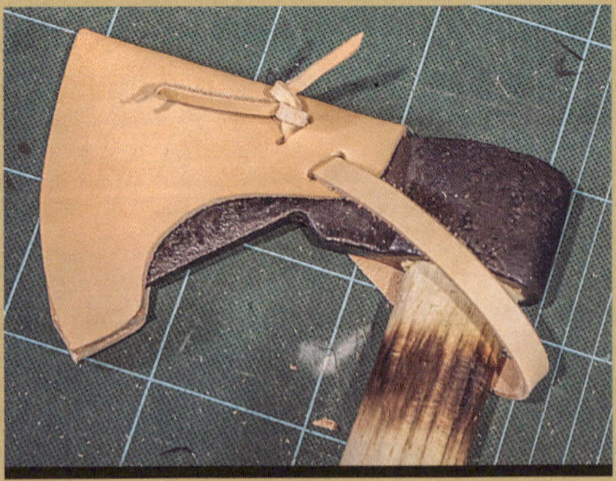

Auf der anderen Seite wird der Bändel durch zwei Schlitze gezogen, am Ende gespalten und so verknotet, dass sich der Bändel gerade noch so über den Nacken der Axt ziehen lässt.

Die Naht wird als Linie 5 mm vom Rand bzw. mittig über dem Keder eingezeichnet. Die einzelnen Stiche in etwa 6 mm Abstand markieren.

Die Löcher bohren. Das zweite und vorletzte Loch werden mit 2 mm gebohrt, für alle anderen Löcher nutzt man einen 1,5-mm-Bohrer.

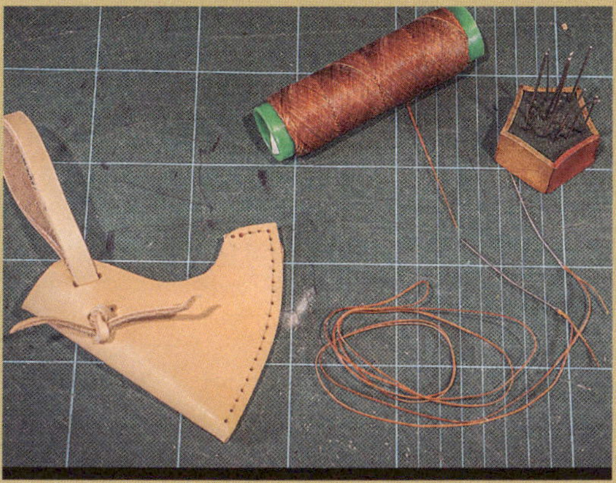

Etwa die achtfache gelochte Strecke festes Garn abmessen und beide Enden in stabile Nadeln einfädeln. Den Schneidenschutz in einen Schraubstock einspannen.

Das Garn durch das zweite Loch bis zur Hälfte fädeln. Eine Nadel durch das erste Loch ziehen, die andere von der anderen Seite einstecken.

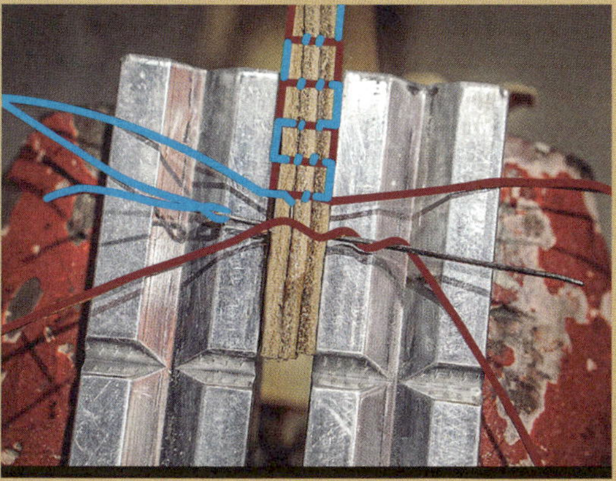

Das Garn von der ersten Nadel zweimal um das Garn der zweiten wickeln und festziehen. Der sogenannte »Sattlerstich« erzeugt jeweils eine Doppelumwindung innerhalb des Leders. Bis zum Ende so durchnähen.

Am letzten Loch angelangt, wenden und zum vorletzten Loch zurücknähen. Garn mit einigen Millimetern Überstand abschneiden und mit dem Feuerzeug verschmelzen und glattstreichen.

Overstrike-Manschette aus Paracord.

Eine hübsche Applikation und ein gewisser Schutz gegen Kopfverlust.

Richtig eingesetzt und gepflegt halten Axtkopf sowie Stiel eigentlich ein Leben lang. Fehler in der Handhabung kann man aber nie ausschließen. Schnell ist der Stiel durch einen Fehlschlag beschädigt.

Die Wucht, die ein beschleunigter Axtkopf entfalten kann, ist schon gewaltig. Sie durchtrennt auch schweres und hartes Holz, weil an der Schneide ein Druck von einigen Tonnen erzeugt wird. Eine Axt kann durch das Abgleiten in Richtung Füße oder Schienbeine schlimme Verletzungen verursachen. Für den Axtbesitzer ist es (zumindest emotional) oft nicht minder schlimm, wenn er dabei eine tiefe Scharte in die Schneide schlägt oder den Stiel beschädigt, gar abbricht. Das ist mit entsprechenden Fehlschlägen gar nicht so unwahrscheinlich.

Von einem Schlag zum nächsten kann man den Kopf verlieren – beim gefürchteten **Overstrike.** Schlägt man beim Entasten, bei Fällarbeiten oder beim Spalten über den Werkstoff, trifft der kopfnahe Stiel darauf mit ähnlicher Wucht auf, wie es die Schneide würde. Der Kopf »möchte« in seiner Flugbahn bleiben, es entsteht ein Angelpunkt unter dem Kopf und der Stielknauf wird durch den Impuls nach oben gerissen. Der Kopf bricht vom Stiel.

Um der Gefahr zu begegnen, verpressen einige Hersteller ihre Äxte in eine **Metallmanschette, das sogenannte Overstrike-Collar.** Manschetten aus Leder oder Paracord sind bei weitem nicht so effektiv, sie schaffen es aber, das Abbremsen etwas zu verlangsamen und Beschädigungen der äußeren Holzfasern des Stiels durch den Aufprall des Werkstoffs zu verringern.

Je nach Länge der Manschette werden 1,5–2 Meter Paracord verwendet.

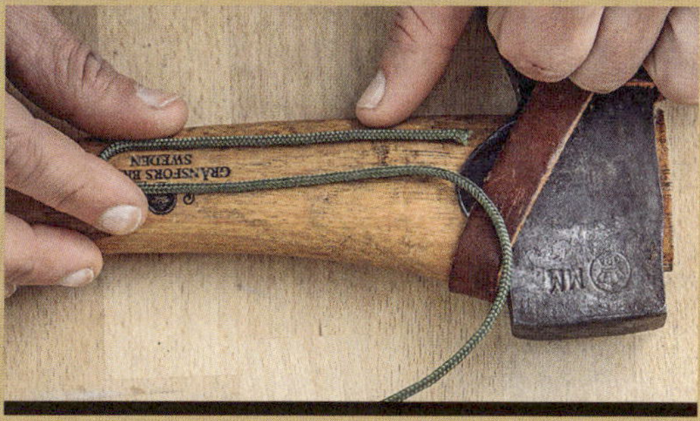

Man legt die Leine in einer langen Bucht, einer »Haarnadel«, nach unten auf den Stiel.

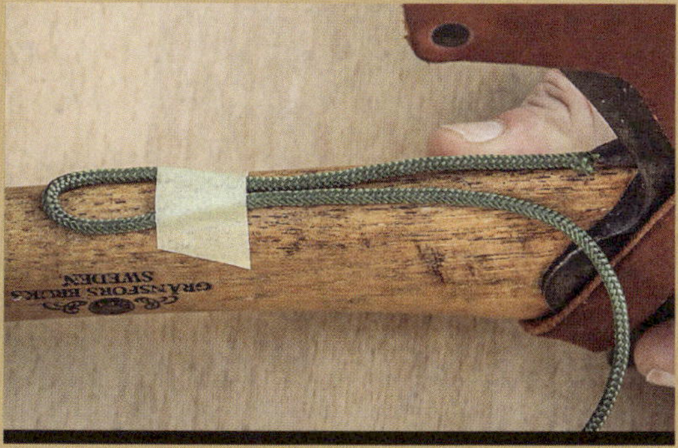

Die Schlaufe wird mit etwas Klebeband gesichert, damit sie nicht verrutscht.

Das längere Ende wird zu einer Schlaufe so über die lange »Haarnadelbucht« gelegt, dass das lange Ende oben liegt.

Das freie Leinenende wird zu einer Bucht gelegt. Dabei achtet man darauf, dass sich die obere Schlaufe nicht lockert.

Die Bucht wird hinter dem Stiel durchgeführt, so dass das lange Ende unten liegt.

Die Bucht wird durch die schon auf dem Stiel stehende Schlaufe gezogen.

Man legt die Leine so, dass die beiden Stränge parallel liegen.

Die Leine wird so angespannt, dass die Schlaufe aus (3) zugezogen wird.

Nun liegt eine neue Schlaufe auf dem Axtstiel. Zu diesem Zeitpunkt liegen die Wicklungen noch sehr locker.

Es wird eine Bucht auf das freie Ende gelegt und nun in entgegengesetzter Richtung hinter dem Stiel durchgeführt.

Die Bucht wird ebenfalls von der anderen Seite durch die nun oben liegende Schlaufe gelegt, die dann zugezogen wird.

Die Vorgänge werden abwechselnd wiederholt, bis etwa 5–10 Zentimeter unterhalb des Kopfs abgedeckt sind.

Durch die letzte Schlaufe zieht man die Leine als Einzelstrang, nicht mehr als Bucht.

Das Leinenende wird nun durch die Öffnung der Haarnadel aus (2) gefädelt, das Klebeband entfernt, die Haarnadel nach oben straff gezogen.

Den besten Schutz hat die Wicklung, wenn der dickste Bereich in Richtung Schneide zeigt.

Kapitel 8

Nachschlag.

The Lumberjack Song

I'm a lumberjack and I'm OK
I sleep all night and I work all day

I cut down trees, I eat my lunch
I go to the lavatory
On Wednesdays I go shopping
and have buttered scones for tea

I'm a lumberjack and I'm OK
I sleep all night and I work all day

I cut down trees, I skip and jump
I like to press wild flowers
I put on women's clothing
and hang around in bars

I'm a lumberjack and I'm OK
I sleep all night and I work all day

I cut down trees, I wear high heels
Suspendies and a bra
I wish I'd been a girlie,
just like my dear Papa

(Monty Python)

Bis jetzt haben wir uns darum gekümmert, wie Äxte aufgebaut sind, welche Modelle und Typen es gibt oder gab, wie sie funktionieren und welche Techniken damit durchgeführt werden. Um dabei möglichst nahe beim Thema zu bleiben, wurde beispielsweise auf Holz als Axtstiel und Werkstoff eingegangen aber weniger als Brennstoff. Ebenfalls wurden dem Leser mit einer Vielzahl schöner oder aber funktioneller Modelle vorgestellt, ihn aber mit der Frage alleine gelassen: **»Welche Axt soll ich denn nun kaufen?«.**

Jene Themen sollen nun hier aufgegriffen werden.

BRENNHOLZ

Wer Brennholz macht, kümmert sich nicht immer um die Holzsorte bzw. Baumart, die er verbrennen möchte. Zwar gibt es Unterschiede im Heizwert, ebenso wie in der Neigung zu rußen, aber mit wenigen Ausnahmen wie Pappel (Pappmaché) oder Eibe (zu wertvoll), sind die allermeisten heimischen Hölzer gut zum Verbrennen geeignet.

Der Holzeinschlag erfolgt in der Regel so, dass man nicht all zuviel Auswahlmöglichkeiten hat, sofern man keinen eigenen Wald besitzt. In einem Areal werden Bäume markiert, die umgelegt und abtransportiert werden dürfen *(siehe »Auswahl des Baums« Seite 198)*. In Mischwäldern sind das zumeist Kiefer, Fichte, Tanne, manchmal Douglasie als Nadelholz sowie Buche und Eiche (Stiel-, Trauben- und amerikanische Roteiche), selten noch Esche und Robinie als Laubholz. Im Norden Mitteleuropas kommt Birke, im Alpenraum Lärche dazu. Trotz der Vielzahl anderer Baumarten fallen die als Brennholz kaum ins Gewicht – oder dürfen nicht eingeschlagen werden. Auf Privatgeländen fallen zudem Obst- und Nussbäume an. Dabei variiert das Holz weniger in seinem **Brennwert,** sondern in seiner **Spalt- und Axtfällfähigkeit.**

Einkauf und Einschlag.

Verkauft wird entweder ein Flächenlos zum Selbsteinschlag, was für den Axtkundigen zur Übung des Fällens am sinnvollsten ist, oder per Raummeter auf dem Polder. Für den Verkauf

Tabelle der wichtigsten Brennholzarten.

Baum	Brennwert (kWh/kg)	Holzdichte (t/m³)	Spaltbarkeit	Fällschwierigkeit/ Besondere Gefahren
Birke	4,3	0,64	schwer	innen oft morsch
Buche	4	0,68	einfach	Reißer, Springer, Trockenäste
Eiche	4,2	0,66	einfach	sehr mühsam, Trockenäste
Esche	4,1	0,65	einfach	Springer (ausladende Krone)
Robinie	4,1	0,75	sehr schwer	Reißer, sehr schwere Stämme
Obstholz	4,3	0,6	sehr schwer	schwer zu bearbeiten und umzulegen
Douglasie	4,4	0,5	einfach	unproblematisch
Fichte	4,5	0,43	sehr einfach	zahlreiche Äste am Stamm
Kiefer	4,4	0,5	einfach	verwachsener Wurzelbereich, Hänger
Tanne	4,4	0,41	sehr einfach	zahlreiche Äste am Stamm

von Holz durch den Staatsforst ist in den meisten Bundesländern der eintägige **»Kettensägeschein«** zwingend notwendig, selbst wenn man vor hat, Holz alleine mit Handkantenschlägen zu zerteilen. Zum Fällen in Baden-Württemberg (nicht eines der holzreichsten Bundesländer, aber Wohnort einer der Autoren) wird ein mindestens zweitägiger »qualifizierter Kettensägelehrgang« vorausgesetzt.

Am besten informiert man sich über diese Formalitäten beim entsprechenden Landesforst oder Waldbesitzer.

Verkaufseinheiten sind neben dem Flächenlos das ungekürzte Polderholz, das gekürzte, ungespaltene Schichtholz, geviertelte Meterlinge als sogenanntes »Brennholz lang« sowie ofenfertiges Brennholz, in der Regel um die 35 Zentimeter lang. Natürlich wird das Holz je nach Verarbeitungsstufe teurer. Am günstigsten ist das Flächenlos, am teuersten das fertige Brennholz.

Nicht verunsichern lassen sollte man sich durch die variierenden Einheiten. Am einfachsten ist der Festmeter **Fm** *(siehe Seite 200)*, also das tatsächliche Volumen von Holz. Stapelt man Holz mit engen Lücken, rechnet man oft in Raummetern **Rm**. Die Lücken lassen etwa 1/3 Kubikmeter »Luft«. Entsprechend ist ein gestapelter Raummeter 0,7 Festmeter. Kippt man gespaltenes, ofenfertiges Festholz, statt es zu stapeln, verbraucht es rund den doppelten Platz des eigentlichen Holzvolumens. Etwa zwei dieser sogenannten Schüttraummeter **SRm** entsprechen einem Festmeter Holz.

Unterschiedliche Holzvolumina.

Entspricht jeweils grob gerundet:

1 Fm = 1,5 Rm = 2 Srm

0,7 Fm = 1 Rm = 1,5 SRm

0,4 Fm = 0,6 Rm = 1 SRm

Trocknen.

Wer eingeschlagenes Holz im Ofen verfeuern möchte, muss es vorher trocknen lassen. Rund die Hälfte seines Frischgewichts können Feuchtigkeit sein. Zu feuchtes Holz hat einen niedrigen Brennwert, flammt nicht gut und qualmt stark.

Das eigentliche Problem ist allerdings, dass durch das verdampfende Wasser **Rauchgase im Rauchrohr und Kamin in dicken Schichten als Glanzruß** ablagert werden. Beim Einheizen kann er sich entzünden, aufblähen und Kamin- und Dachstuhlbrände verursachen und den Abzug komplett blockieren. Mitunter tödliche Rauchgasvergiftungen und Brände sind die Folge.

Daumenregel ist, dass man im Frühjahr gespaltenes und trocken, aber belüftet gelagertes Holz meist im nächsten Winter schon verfeuern kann. Mehrjährige Lagerzeiten und sehr langsames Trocknen wird nur für Wertholz vor dem Einsatz in der Tischlerei notwendig.

Lagert man Holz falsch und trocknet es zu langsam, kann es vielmehr durch Zersetzung, wie schon 1790 von Jung-Stilling in seinem »Lehrbuch der Forstwirtschaft« beschrieben, »entschlafen«, es wird morsch federleicht, knochentrocken und flammt mit wenig Hitzeabgabe ab.

Ziel der Lagerung sollte eine **Trocknung innerhalb eines Sommers** sein. Entsprechend wird gespalten und ein Stapel auf der Süd- oder Westseite unter Wellblech aufgebaut, nicht unter Plastikfolie. Korrekt gelagertes Holz ist allerdings dauerhaft haltbar und wird nicht »schlecht«.

KAUFBERATUNG

Früher oder später kommt man an den Punkt, an dem man sich eine (oder die nächste) Axt kaufen möchte. Bei der Vielzahl der Typen und Modelle kann man schnell den Überblick verlieren. Wir möchten an dieser Stelle unterscheiden zwischen denjenigen Äxten, die man braucht, und solchen, die man haben möchte. Für letztere benötigt man keine Beratung – Axtkauf ist oft eine sehr emotionale Sache.

Bei Äxten, die man benötigt, sieht die Sache anders aus. Selbst wenn man sich (und das sei unbedingt empfohlen) in einem Ladengeschäft informiert oder beraten lässt, sollte man schon wissen, welche Arbeiten größtenteils anfallen werden. Hier lassen sich die am stärksten nachgefragten Hauptgruppen in Spalt-, Universal- und Trekking- bzw. Reiseäxte unterteilen.

Prinzipiell beginnt die Kaufberatung mit der Informationsbeschaffung darüber, wie die zur Auswahl stehenden Äxte aufgebaut sind, welche Funktions- und Qualitätsmerkmale sie haben und für welche Arbeiten sie geeignet sind. Genau mit diesen Fragestellungen haben wir uns nun mehr als ausgiebig beschäftigt. Nun soll es um den tatsächlichen Kaufvorgang gehen.

Um eine grundsätzliche Auswahl zu treffen, müssen die Umstände beachtet werden:

Wird die Axt größtenteils im Fahrzeug, in einer Waldhütte, draußen am Rucksack oder der Satteltasche gelagert bzw. transportiert, kann sie dabei über längere Zeit Regen ausgesetzt sein oder nach einer Wildwasserstrecke im Kanu liegend mit Wasser bedeckt werden, wählt man besser ein Modell mit Synthetikschaft und beschichteter Klinge.

Kann man die Axt regelmäßig abtrocknen und pflegen, entfällt diese Vorgabe und man hat freie Auswahl. **Dabei vermeidet man die häufigsten Fehler:**

▶ **Die Universalaxt wird häufig mit zu hohem Kopfgewicht gekauft.** Die Person sollte die Axt nur mit der Griffhand *(siehe Seite 158)* im 45°-Winkel einen Moment nach oben halten können. Dies gilt natürlich nicht für schwere Spaltäxte- und Spalthämmer.

▶ **Die Spaltaxt wird mit zu geringem Kopfgewicht gekauft.** Die Energie kommt ganz klar aus der Geschwindigkeit, besonders bei verwachsenem Holz wird dennoch Trägheitsmasse gebraucht. Wenn eine Axt größtenteils zum Spalten benötigt wird, wird man damit nicht entasten können.

▶ **Die Grifflänge der Axt ist falsch gewählt.** Der Axtstiel einer zweihändig geführten Axt für den Einsatz im Wald sollte so lang sein, dass der Kopf bei Abrutschern mindestens auf Höhe der Sicherheitsschuhe aufkommt, besser aber im Boden. Ganz gefährlich sind Modelle, die bei den Schienbeinen enden – man kann mit ihnen zwar dennoch gut arbeiten, die Arbeit ist aber gefährlicher.

▶ **Das Beil wird zu klein gewählt.** Kleine Beile mit Stummelgriff können sehr adrett aussehen. Die Arbeit mit ihnen ist aber mühsam und gefährlich. Anfänger nutzen idealerweise ein langes Beil oder eine kurze leichte Axt, wenn das Modell transportabel sein soll.

▶ **Das Modell ist zu teuer für den Nutzen.** Hand aufs Herz, bei Messern und Äxten darf es gerne »etwas mehr sein«. Allerdings reicht für den Spalteinsatz für Anzündholz an der Jagdhütte bei der jährlichen Drückjagd ein Baumarktmodell für wenige Euro. Insbesondere, wenn es ohnehin in der klammen Hütte liegen bleibt. Dennoch macht es mit der handgeschmiedeten Axt mit persönlichen Intarsien (Goldeinlage, Rosenholzknauf) nicht weniger Spaß.

Hat man sich auf eine bestimmte Modellgruppe festgelegt, empfiehlt es sich sehr, **verschiedene Äxte im Fachgeschäft zu begutachten.**

- Die Axt muss sich beim ersten Anheben **»richtig« anfühlen,** d.h. die Arme und Hände sollten zu Stiellänge und -durchmesser sowie Knauf passen.
- Das **Gesamtgewicht** sollte nicht zu hoch für den zukünftigen Besitzer aber auch nicht zu niedrig für die gewünschte Arbeit sein.
- Passen **Hang, Schneidenform, Anschliff und Wangenwinkel** zum geplanten Verwendungszweck *(S. 16 ff.)*?
- Ist die Faserung im Auge **parallel** zur Nacken-Schneidenlinie *(S. 237)*, sind Stege oder der Schwung nicht **über die Maserung gesägt** sondern folgt die Maserung dem Schwung *(S.111)*?
- Sitzt der Stiel **stramm** im Auge, ohne zu wackeln und hat **keine größeren Lücken** zwischen Holz und Metall?
- Sind im Auge, Nacken oder an den Schultern keine größere **Schmiedefehler, Lunker** oder mit Epoxyd und Lack **kaschierten Herstellungsfehler,** die zum Bruch des Stahls führen können *(S. 17)*?

Bewertung der Modelle.

Die folgenden Bewertungen und Einschätzungen beziehen sich jeweils auf den dem Modell zugedachten Einsatzbereich. Die Bewertungen sind damit explizit keine Negativ/Positiv-Attribute.

Auf einen Blick.

Neben diesen allgemeinen Qualitätsmerkmalen sind persönliche Attribute wichtig, die im Folgenden am Beispiel der im Buch vorgestellten Modelle detailliert aufgelistet werden:

I Größe, Ergonomie und Gewicht:
Das Verhältnis des Kopfgewichts zu Stiellänge und Gesamtgewicht ist zum effizienten und ermüdungsfreien Arbeiten wichtig.
+ Gut geeignet, auch für Anfänger
/ Eher für geschickte, erfahrene oder kräftige Nutzer gedacht
– Kein ideales Verhältnis zum effizienten oder ermüdungsfreien Arbeiten

II Verarbeitung, Material und Robustheit:
Ist die Axt sehr pflegebedürftig oder ist sie eher robust und toleriert auch kleinere Pflegevergehen?
+ Pflegeleicht durch moderne Materialien
/ Axt übersteht kleinere Pflegefehler ggf. mit etwas Rost
– Modell ist eher empfindlich und möchte sorgsam behandelt werden

III Ästhetik, Aussehen, eingesetzte Werkstoffe: Natürlich eine sehr subjektive Einschätzung, wir bewerten:
+ Modell ist besonders ästhetisch oder sieht so aus, wie man sich eine archetypische Axt vorstellt
/ Eher funktionelles aber stilvolles Design
– Aussehen ist klar der Funktion untergeordnet

IV Preis im Verhältnis zur Verarbeitung und den eingesetzten Werkstoffen:
+ Überzeugendes Preis-Leistungs-Verhältnis
/ Hochwertige Axt zu recht hohem Preis
– Für die Qualität, Verarbeitung oder (maschinelle) Herstellung im Vergleich zu ähnlichen Modellen teuer

Auswahlhilfe anhand der im Buch vorgestellten Modelle, geordnet nach Einsatz.

Hersteller	Modell	Preis (ca.)	Länge	Gewicht	I	II	III	IV	*siehe*
Äxte ausschließlich zum Spalten von Brennholz									
Gränsfors	Spalthammer	160 EUR	80 cm	3.200 g	/	/	+	–	*Seite 49*
Ochsenkopf	Big Ox 635	90 EUR	90 cm	4.200 g	/	+	–	+	*Seite 50*
Datum	Spalthammer	160 EUR	90 cm	3.500 g	+	+	/	–	*Seite 50*
Äxte zum Fällen von Bäumen und Spalten von Brennholz									
Cold Steel	Trail Boss	45 EUR	70 cm	1.200 g	/	+	/	+	*Seite 44*
Ochsenkopf	Gold-Forstaxt	80 EUR	70 cm	2.100 g	/	+	/	/	*Seite 46*
Gränsfors	Amerikan. Fällaxt	200 EUR	80–90 cm	2.400 g	/	/	+	–	*Seite 47*
Fiskars	X17	50 EUR	60 cm	1.500 g	+	+	–	+	*Seite 51*
Fiskars	Norden N12	65 EUR	52 cm	1.300 g	–	/	/	+	*Seite 51*
Äxte zum Entasten und Fällen von Bäumen									
Gränsfors	Forstaxt	130 EUR	64 cm	1.200 g	+	/	+	–	*Seite 43*
Condor	Double Bit	90 EUR	66 cm	1.400 g	–	/	+	/	*Seite 45*
Pallares	Hacha Catalana	50 EUR	55 cm	800 g	–	–	+	+	*Seite 47*
Leichte Universaläxte/-beile für alle leichteren Fäll-, Entast- und Spalttätigkeiten									
Gränsfors	Forstbeil	120 EUR	50 cm	900 g	+	/	+	/	*Seite 44*
Gränsfors	Jägerbeil	140 EUR	50 cm	900 g	+	/	+	–	*Seite 57*
Hultafors	Ekelund	100 EUR	50 cm	850 g	+	/	+	/	*Seite 58*
Kompakte Beile für alle leichten Tätigkeiten									
Condor	Camping Hatchet	70 EUR	35 cm	800 g	/	/	/	/	*Seite 59*
Datum	Beil 32	65 EUR	32 cm	800 g	/	+	–	+	*Seite 62*
Kompakte Beile für den gelegentlichen Einsatz.									
Karesuando	Unna Aksu	170 EUR	25 cm	350 g	–	–	+	–	*Seite 58*
Gränsfors	Minibeil	120 EUR	26 cm	350 g	+	/	+	–	*Seite 61*
Outdoor Edge	Wood Devil	50 EUR	25 cm	400 g	–	+	–	–	*Seite 62*
Fiskars	X5	30 EUR	23 cm	550 g	–	+	–	+	*Seite 63*
Walther	Compact Axe	30 EUR	23 cm	300 g	–	+	–	+	*Seite 64*
Hultafors	Agelsjön	80 EUR	25 cm	800 g	/	/	+	/	*Seite 65*

Stichwortverzeichnis.

Das Buch ist so aufgebaut, dass notwendige Fachbegriffe in den einleitenden Kapiteln vorgestellt und erklärt werden. Einen Überblick der behandelten Themen findet sich im Inhaltsverzeichnis *(Seite 2)*. Im Buch wiederkehrende und wichtige Begriffsdefinitionen und Grundlagen sind im Folgenden thematisch gegliedert und verweisen auf die Seite des jeweiligen Kapitelabschnitts, in dem sie ausführlich behandelt werden.

Anatomie/Materialkunde

Techniken

Ausrüstung/Erste Hilfe

Jetzt zwei
Ausgaben
gratis testen!
outdoor
REISEN, WANDERN, ABENTEUER
04 APRIL 2020
outdoor
REISEN, WANDERN, ABENTEUER
Die 28 schönsten Outdoor-Highlights zum Saisonstart
Deutschland
für Entdecker
EXTRA:
GREEN ISSUE
Nachhaltig und
fair unterwegs
WALES PUR
Bergwandern im
wilden Snowdonia
SONNIGE PFADE
IM TESSIN
GEHEIMTIPPS
IN EUROPA
Outdoor-Perlen in
Spanien, Georgien,
Friaul, Albanien
CAMPERVANS
19 Vermieter
auf einen Blick
ESSEN AUF TOUR
Tipps und Rezepte für
die Rucksackküche
BAYERNS BERGE
Vier grandiose Tage an der Zugspitze
TEST
WANDER-
RUCKSÄCKE
Welche überzeugen
auf Tagestouren?
TEST GÜNSTIGE REGENJACKEN IM CHECK
Die besten Modelle zum Wandern und Trekking

Bildnachweis.

Die Abbildungen stammen von Patricia Braun und Joe Vogel mit folgenden Ausnahmen:

Boehler: S. 102 o, S. 103 o-li

Boeker Baumwerk: S. 58 o, S. 62 u, S. 74 o-re

Cold Steel: S. 44 o

Daniel Winkler: S. 73 re, S. 74 u-re, S. 77 u-re, S. 78

Datum-Werkzeuge: S. 50 re, S. 62 o

Dönges: S. 79

Estwing: S. 69 o

Finnish Vitage Axes: S. 1, S. 80–81

Fiskars: S. 51 u-re

Frank Vincentz, unverändert Wikipedia unter Creative Commons: S. 10

Gränsfors Bruks: S. 27 re-Mi, S. 43, S. 47 u-li, S. 49, S. 53, S.55 li, o-re, S 57, S. 61, S. 82 u-re, S. 90–91, S. 93, S. 96

Herbertz: S. 37 u, S. 65 re

Hultafors: S. 58 u-li, S. 16-17 o (verändert)

InAlpinus Design, Christoph Schmidt: S. 44 u, S. 45, S. 46, S. 50 u, S. 51 M, S. 54, S. 59, S. 63, S. 64, S. 68, S. 74 u-li, S. 75, S. 76, S. 77 u-li, S. 83–84, S. 89 o, Umschlagrückseite li

Markus Grassmann: S. 240–243

Mirko Günther: S. 82 u-li, S. 85, S. 89 u-li

Oliver Lang: S. 2 u, S. 12–13, S. 15, S. 23 o-re, S. 28 M, S. 36 o, S. 39 o-re, S. 40, S. 41, S. 42, S. 47 u-re, S. 48, S. 52, S. 55 u. re. S. 65 u-li, S. 82 o, S. 95, S. 116–118, S. 122, S. 123 o, S. 220–225, S. 232–239, Umschlagrückseite M

Pallares: S. 47 o-re

Picard: S. 69 u

Till Knechtges, Archäologische Reproduktionen: S. 2 li, S. 9 re, S. 10 u-li

Tobias Haselmayr: S. 2 u, S. 93, S. 216–217, S. 220–221, S. 225 u

Impressum.

ISBN 978-3-613-50886-6

Ein Unternehmen der Paul Pietsch Verlage GmbH & Co. KG

1. Auflage 2020

Sie finden uns im Internet unter www.pietsch-verlag.de

Lektorat: Ulrike Ruh

Covergestaltung: Patricia Braun und Kornelia Erlewein
Coverfoto: Oliver Lang

Innengestaltung: Patricia Braun

Druck und Bindung: Graspo CZ, 76302 Zlín
Printed in Czech Republic

Dank.

Dieses Buch musste in einem sehr engen Zeitfenster fertiggestellt werden. Die Arbeit daran wurde nicht zuletzt durch die große Pandemie im Frühjahr 2020 erheblich beeinflusst. Dass das Buch dennoch erscheinen konnte, ist der deutlich über die Gestaltung des Buchs herausgehenden Mitarbeit durch meine Frau Patricia Braun und der weit über das Lektorat gehenden Hilfe durch Ulrike Ruh möglich geworden. Des Weiteren bedanke ich mich bei allen Fotografen und Firmen, die Modelle und Bilder zur Verfügung gestellt haben, insbesondere bei Christoph Schmidt, Konradsky, Giorgos Papios, Markus Grassmann (Bild und Text), Mirko Günther, Oliver Lang (Bild und Text) sowie Tobias Haselmayr. Besonders bedanke ich mich bei Till Knechtges für die Abbildungen der steinzeitlichen Werkzeuge und gemeinsam mit Mark Sabau für die fachliche Beratung.